普通高等教育“十三五”规划教材

新编大学化学实验

张丽丹　李顺来　张春婷　主编

化学工业出版社
·北京·

内 容 提 要

本书为化学、化工类大学一二年级基础化学实验教材。内容包括无机及分析化学实验、有机化学实验、物理化学实验四个二级学科基础化学实验内容。单元内容包括化学实验基本技能训练、从事化学研究的基本研究方法训练、综合化学实验、设计性和研究型实验。通过本教材的学习，可以全面掌握化学实验的基本原理、基本实验技能和基本研究方法，学会无机物的制备、提纯、性质表征及应用的研究过程，学会有机物的合成、分离、结构鉴定、性质表征及应用的研究过程，学会物质的物性表征及反应原理研究。通过学习全面培养学生化学领域科学研究的基本能力和创新思维方法，为未来的学业深造和职业发展打下良好的实验能力基础。

本书将纸质教材内容和视频教材融为一体，在实验原理学习时，配备了实验原理理论讲授视频，在实验操作部分学习时，配备了实验操作演示视频。这种新形态教材可以帮助学生在实验课前预习和课后复习，帮助青年教师提高实验教学水平。同时，对于缺乏实验教学条件的地区，可以通过本教材进行纸质教材和视频教学在线学习。

图书在版编目（CIP）数据

新编大学化学实验/张丽丹，李顺来，张春婷主编．—北京：化学工业出版社，2020.5（2023.9 重印）
普通高等教育“十三五”规划教材
ISBN 978-7-122-36385-5

Ⅰ. ①新… Ⅱ. ①张…②李…③张… Ⅲ. ①化学实验-高等学校-教材 Ⅳ. ①O6-3

中国版本图书馆 CIP 数据核字（2020）第 039211 号

责任编辑：赵玉清　周　倜　　　　装帧设计：韩　飞
责任校对：刘曦阳

出版发行：化学工业出版社（北京市东城区青年湖南街 13 号　邮政编码 100011）
印　　装：大厂聚鑫印刷有限责任公司
787mm×1092mm　1/16　印张 17¾　字数 439 千字　　2023 年 9 月北京第 1 版第 5 次印刷

购书咨询：010-64518888　　　　售后服务：010-64518899
网　　址：http://www.cip.com.cn
凡购买本书，如有缺损质量问题，本社销售中心负责调换。

定　　价：58.00 元

前言

近10年科技发展突飞猛进，我国高等教育教学改革不断发展进步，这些对化学、化工的人才水平能力的要求也越来越高。同时，互联网技术在教学中的辅助作用，也对教育教学质量的提高起到重要的促进作用。为深入贯彻习近平总书记关于高等教育系列重要论述精神，大学化学实验课程在教学体系、实验内容、教学方法等方面创新发展、与时俱进。因此，我校的化学实验教学团队的老师们对教材全面进行了更新工作，主要体现在以下几方面。

1. 教学体系上，遵循化学二级学科的实验体系进行了整合，分为三篇。第一篇无机及分析化学实验，主要内容有：无机及分析化学实验的基本操作，基本实验技能，单元实验，无机物的制备、提纯、成分分析、性质表征及应用研究等相关的综合实验，以及与生活生产实践相关的研究型实验。第二篇有机化学实验，主要内容有：有机化学学科实验的基本操作，单元实验，有机物的合成、分离、结构鉴定、性质表征及应用研究等相关的综合实验，以及与生活生产实践相关的研究型实验。第三篇物理化学实验，内容包括：控温控压技术的单元操作的能力培养、物质的性质表征、物理化学性质常数的测定、化学工艺条件优化等实验。

2. 教材内容上，对原有的内容全面进行优化，对化学实验基础能力培养的内容进一步细化，单元实验加强了性质表征实验和仪器使用实验，补充增加部分综合性实验和研究型内容，形成了以化学二级学科为体系的从基本操作到综合性、研究型实验梯度提升的能力实验内容，有助于学生实验能力的全面提高。

3. 出版形态上，随着互联网时代新技术的发展，我校的大学化学实验课程全部内容在中国大学慕课上线，网络资源录制了每个实验的理论讲授视频和操作演示视频（都在本书的二维码中，可以直接扫码学习），形成了纸质教材与网络视频相结合的混合式学习模式。全书57个实验，每个实验的原理部分、操作部分分别配有2～3个视频，读者根据需要观看，可取得最佳的学习效果。

本书的文字部分由张丽丹、李顺来、张春婷、靳兰、崔猛编写。视频资源制作由以下人员完成，无机及分析化学实验：靳兰、张春婷、瞿梅梅；有机化学实验：李顺来、李春闯；物理化学实验：张丽丹、崔猛、徐向宇、张瑶。

在本书的编写过程中，得到了许多老师的支持，有：徐庆红、吕志、曹鼎、张瑶、瞿梅梅、李春闯等。另外，韩春英、金鑫、楚进锋、孙鹏、李明磊、孙文军等在研发新实验中提供了帮助，我校前期出版的大学化学实验教材为本书的编写奠定了基础，对以往参与化学实验教材建设的老师们，在此表示感谢！

本教材在编写和出版过程中，得到了编者所在单位的教务处和学院的大力支持，得到了化学工业出版社有限公司、沈阳向日葵教育科技有限公司的大力帮助，在此一并表示感谢。

本书在编写工作中力求教材质量有新的提高和创新，但是由于水平有限，难免有不足之处，恳请同仁与读者指正。

编者

北京化工大学

目录

第一篇　无机及分析化学实验

第二篇　有机化学实验

第三篇　物理化学实验

第一篇　无机及分析化学实验

实验一

固体物质的称量

一、实验目的

1. 了解电子天平的构造和称量原理。
2. 熟记分析天平的使用规则，掌握电子天平的直接称量法和递减称量法。
3. 培养及时并准确地记录原始实验数据且不涂改原始数据的习惯。
4. 掌握有效数字、绝对误差和相对误差的概念。

二、实验原理

1

电子天平称量是根据电磁平衡原理设计的。秤盘通过支架连杆与线圈相连，线圈置于磁场中。秤盘加载物体前，处于初始平衡状态。秤盘加载物体后，在被称量物体的重力作用下，天平处于不平衡状态，线圈中电流通过，在磁场作用下产生向上的作用力，与被称量物体的重力大小相等，天平回到平衡状态，利用该电流的大小可测量被称物体的质量。

三、仪器和试剂

1. 仪器

分析天平（电子天平，分度值为 0.1mg）；250mL 锥形瓶 3 个；小表面皿（每人两块，在天平箱内）；称量瓶 1 个；培养皿一块；细纱白手套一副（学生自己准备）。

2. 试剂

固体样品（供称量练习用，由实验室提供）。

四、实验内容及操作步骤

1. 实验内容

2

掌握电子天平的使用方法及注意事项，学会直接和递减两种称量方法。

2. 操作步骤

(1) 直接称量法

按直接称量法操作步骤，称出两块小表面皿 A 和 B 的各自质量，并把称得的结果与实验室提供的参考值对照。若相差甚大，应请教师帮助查找原因，重新称量，最后记录称得的结果。

(2) 在 0.2～0.3g 范围内的递减称量法

按递减称量法操作步骤，称取 3 份固体试样，分别放置于 3 个已编号的锥形瓶中，每份试样的质量在 0.2～0.3g 范围内。

(3) 在 0.11～0.16g 范围内的递减称量法

按递减称量法操作步骤，称取 3 份固体试样，分别放置于 3 个已编号的锥形瓶中，每份试样的质量在 0.11～0.16g 范围内。

3. 注意事项

(1) 调平：天平开机前，应观察水平仪内的水准泡是否位于圆环的中央，否则通过天平的地脚螺栓调节，左旋升高，右旋下降。

(2) 天平已经过校准，故不可轻易移动天平，否则校准工作需重新进行。

五、数据记录及处理

称量质量记录表见表 1-1。

表 1-1 称量质量记录表

表面皿质量 $m_A=$____g			表面皿质量 $m_B=$____g	
次数		1	2	3
范围/g	0.2～0.3			
	0.11～0.16			

六、思考题

以下各种错误操作会给天平和称量结果带来什么影响？

(1) 称量时天平未处于水平位置；

(2) 不戴手套进行操作；

(3) 读数时天平两侧门未关；

(4) 不等天平自检结束就放入称量物。

实验二

滴定分析基本操作及酸碱浓度的比较

一、实验目的

1. 学会滴定管的洗涤、涂油、试漏和气泡排除方法。
2. 练习滴定操作技术，学会正确使用酸式、碱式滴定管和读数方法。
3. 学会正确判断酚酞和甲基橙两种酸碱指示剂的滴定终点（即变色点）。
4. 掌握有效数字的概念，学会正确记录原始数据及数据计算。

二、实验原理

3

酸碱中和反应：$NaOH+HCl \xlongequal{} NaCl+H_2O$

HCl溶液滴定NaOH溶液时采用甲基橙做指示剂，终点颜色由黄变橙。NaOH溶液滴定HCl溶液时，采用酚酞做指示剂，终点颜色由无色变微红色，且保持30s不褪去。当到达滴定终点时，NaOH与HCl发生等物质的量的中和反应，$n_{HCl}=n_{NaOH}$，即 $c_{HCl}\times V_{HCl}=c_{NaOH}\times V_{NaOH}$，所以，$c_{NaOH}/c_{HCl}=V_{HCl}/V_{NaOH}$。

三、仪器和试剂

1. 仪器

250mL锥形瓶3个；500mL棕色试剂瓶；500mL无色试剂瓶；100mL量筒；50mL酸式滴定管；50mL碱式滴定管；400mL烧杯；500mL去离子水瓶；大理石滴定台；蝴蝶夹。

2. 试剂

$1mol \cdot L^{-1}$ NaOH溶液；$1mol \cdot L^{-1}$ HCl溶液；0.1%酚酞指示剂；0.1%甲基橙指示剂。

四、实验内容及操作步骤

1. 实验内容

（1）学会酸式滴定管和碱式滴定管的使用。
（2）通过氢氧化钠滴定盐酸和盐酸滴定氢氧化钠分别计算酸碱溶液浓度的比值。

2. 操作步骤

4

(1) 滴定管的使用

滴定管是滴定时准确测量标准溶液体积的量器，是具有精确刻度、均匀内径的细长玻璃管。滴定管一般分为两种：一种是酸式滴定管，下端有玻璃活塞开关，适用于酸性、中性溶液和氧化性溶液；另一种是碱式滴定管，下端通过一段乳胶管连接尖嘴玻璃管，乳胶管内有玻璃珠，通过玻璃珠与乳胶管空隙的大小来控制流速，适用于碱性溶液或其他不与乳胶管反应的溶液。还有一种新型的聚四氟乙烯旋塞滴定管，为通用型滴定管，由于聚四氟乙烯旋塞有弹性，可通过旋塞尾部螺帽来调节旋塞与旋塞套的紧密度，因此无需涂凡士林，使用起来更加简单。

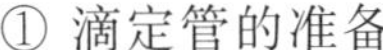

① 滴定管的准备

Ⅰ. 检查　对酸式滴定管检查活塞是否匹配，管尖是否完好；对碱式滴定管检查乳胶管直径是否合适，玻璃球大小是否适中，管尖是否完好。然后试漏，按规定酸式滴定管是在活塞不涂油时进行试漏检查。将活塞芯和活塞套用水润湿后旋紧关闭，加水至零线，用滤纸条将活塞周围水分吸干，直立约 3min，观察活塞周围及管尖有无水渗出。也可将滴定管直立夹在滴定管架上静置 10min，观察液面是否下降，管尖是否有液珠。碱式滴定管检查方法同上。

Ⅱ. 涂油　如果酸式滴定管不漏且活塞转动灵活，则不用涂油；反之则必须涂油，通常涂的是凡士林或真空油脂。先用滤纸将活塞和活塞套擦干（如果活塞孔中堵有凡士林，需用热水除去），用手指蘸取少量凡士林在擦干的活塞孔两边沿圆周均匀地涂一层［见图 1-1］，避开活塞孔，油层必须薄而均匀，然后将活塞小心直着插入活塞套中，向同一方向转动活塞，直至凡士林呈透明状，无气泡和纹路，且转动灵活。为防止活塞掉落，在活塞尾部的凹槽内套上乳胶圈，在套圈时要顶住活塞大头，以免将活塞顶出，或者用橡皮筋将活塞捆好。

涂油是准备工作中的关键一步，涂油过少，活塞转动不灵活导致操作困难，也容易漏液；涂油过多，造成活塞孔和管尖的堵塞。如果是活塞孔堵住，可以取下活塞，用细铜丝疏通或热水溶化凡士林。如果是管尖堵塞，则将水充满全管，把管尖浸没在热水中，温热片刻后打开活塞，水会将溶化的油带出，也可以用四氯化碳等有机溶剂浸溶。

涂油后的滴定管要重新试漏，不漏水且转动灵活，则涂油成功。否则重新操作，直至成功为止。

Ⅲ. 洗涤　滴定管内壁必须完全被水润湿不挂水珠，充液后弯月面边缘处不起皱变形，否则溶液沾在壁上影响容积测量的准确性。洗涤方法：先用自来水冲洗滴定管内外，再用特制的滴定管软毛刷蘸合成洗涤剂刷洗内管，如仍不能洗净，可用洗液洗涤。洗酸式滴定管时先将管内的水放掉，关闭活塞，倒入 10～15mL 洗液，横持滴定管转动直至洗液布满内壁，放置一会，将管直立后打开活塞，将洗液放回原瓶中。若滴定管油垢严重，可将洗液充满滴定管，浸泡 15min 或更长时间。放出洗液后，先用自来水冲洗，再用去离子水洗 3 次，每次用水 10～15mL，水从下口放出，若从上口放出，务必不要打开活塞，以免活塞上油脂流入管内沾污管壁。碱式滴定管用水洗涤方法同上，但是洗液洗涤时应将乳胶管取下，避免接触洗液。

Ⅳ. 装溶液和赶气泡　在装溶液前，应将试剂瓶中的标准溶液摇匀。然后用标准溶液润洗滴定管 3 次，洗法与用去离子水洗相同。关闭活塞，倒入 10～15mL 标准溶液，横持滴定管转动，使溶液与内壁充分接触，从下口放出约 1/3 洗涤管尖部分，再关闭活塞横持滴定管转动，然后将剩余溶液从上口倒出，边倒边旋转，使溶液充分润洗滴定管内壁，如此重复 3

次。润洗及装入标准溶液时应使用标准溶液的储液瓶直接倒入滴定管，不得借助其他容器，避免标准溶液浓度改变或者被污染。若装标准溶液的试剂瓶较大，在装溶液时，可将试剂瓶放在实验桌边缘，右手握住瓶颈，使试剂瓶倾斜，另一手拿滴定管，管口与瓶口接触［见图1-2］缓慢顺内壁将溶液倒入管中。溶液装满后（装至超过“0”刻度线以上约5～10cm），在调零之前先应排除管尖气泡。对于酸式滴定管，可将活塞全部打开使溶液快速冲出，排出气泡。对于碱式滴定管，可将乳胶管向上弯曲，滴定管尖端斜向上，用两指挤压稍高于玻璃球所在处，使溶液从尖端喷出而带走气泡，然后边挤乳胶管，边将管嘴放直，对光检查乳胶管内是否有气泡，若有，可重复上述操作［见图1-3］。至此滴定管的准备工作全部完成，可以开始滴定。

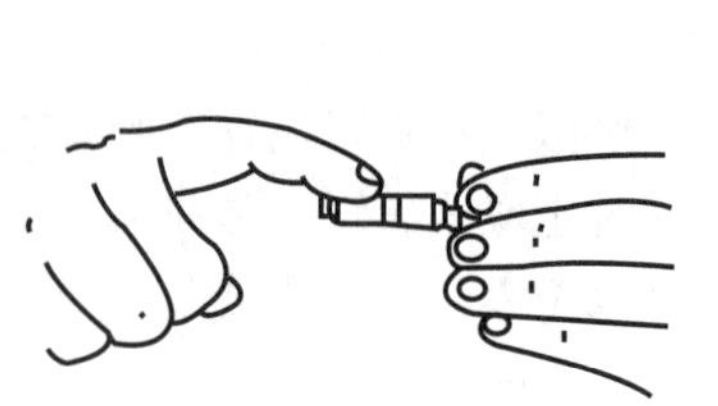

图1-1　酸式滴定管涂凡士林

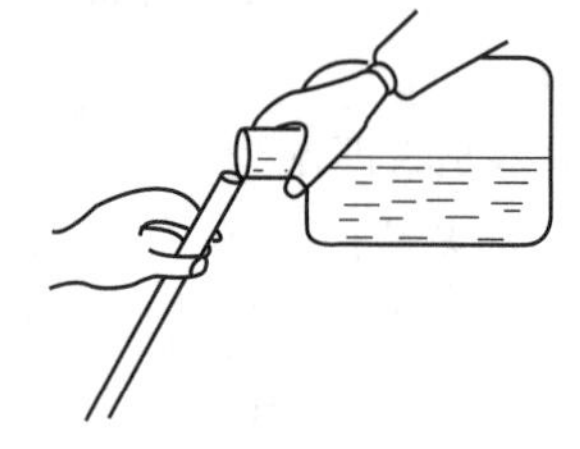

图1-2　向滴定管中加入溶液

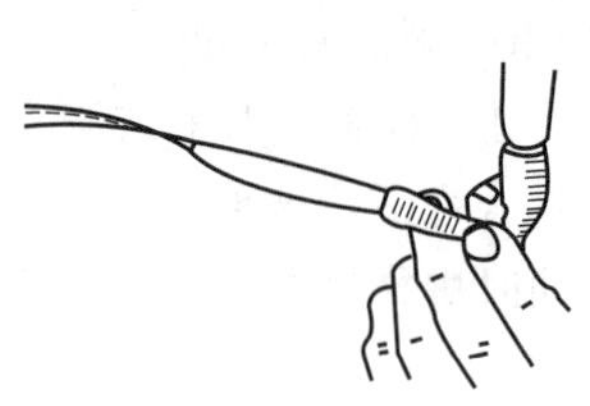

图1-3　碱式滴定管排气泡

② 滴定管的读数　滴定管的读数应遵守以下规则：

Ⅰ. 读数时，必须等到附在内壁上的溶液流下后再读数，当放出溶液速度很慢时，如滴定到终点时，一般等0.5～1min即可；如是刚刚装入溶液或放出溶液速度较快时，必须要等1～2min。

Ⅱ. 读数时，滴定管必须处于垂直状态，可以夹在滴定管夹上，也可用右手拇指和食指轻轻握住滴定管没有溶液的位置。

Ⅲ. 读数时眼睛应与弯月面最下缘在同一水平线，对无色或浅色溶液应读弯月面下缘最低点，溶液颜色太深时，可以读两侧最高点。初读与终读都采取同一种读数标准［见图1-4］。为了协助读数，可在滴定管后侧衬一黑色的纸或涂有一长方形黑色方块（约3cm×1.5cm）的白纸，黑色部分处于弯月面下约1mm，读此黑色弯月面下缘最低点，这种方法易于观察。若使用有白底蓝线的滴定管，此读数点为两个弯月面相交于滴定管蓝线的点。读数时视线应与此点在同一水平线上。

Ⅳ. 初始读数应在“0”刻度线位置，读数必须精确到0.01mL。

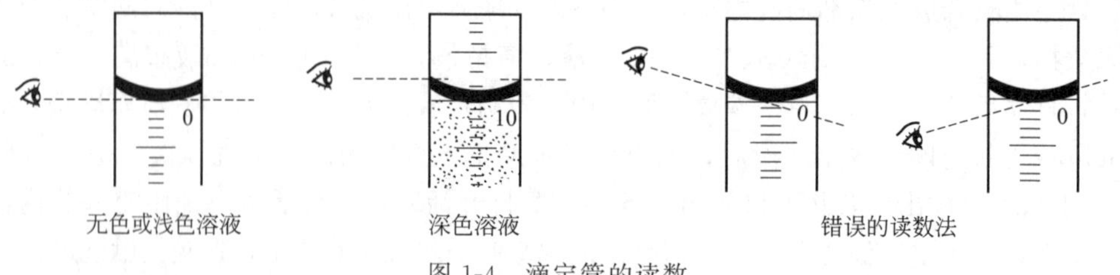

图1-4　滴定管的读数

③ 滴定操作

Ⅰ. 调零　初始读数必须在“0”刻度线位置，故需调零。调零时，手不能握住滴定管有液体的部分，滴定管保持垂直。视线与“0”刻度线在同一水平线上。

使用酸式滴定管时，持活塞的方法见图 1-5，左手握住滴定管活塞柄。此时左手大拇指从滴定管内侧，放在活塞柄上中部。食指和中指从滴定管外侧，放在活塞柄上下两端，三指平行地轻轻拿住活塞柄。无名指和小指向手心弯曲，手腕略向外弯曲，以防手心碰到活塞尾部致使漏液，以拇指和食指用力方向和大小控制活塞按反时针方向或顺时针方向转动及活塞开启的大小，以此来调节溶液流出的速度。转动活塞缓慢地放出溶液，使液面慢慢下降直至弯月面下缘刚好与“0”刻度线相切，立即关闭活塞。

使用碱式滴定管时，挤压方法见图 1-6，左手拇指及食指挤压玻璃球所在部位右侧略微偏上的乳胶管处，无名指及小指夹住出口管，使管口垂直而不摆动，乳胶管与玻璃珠之间形成空隙使溶液流出，以挤压力大小控制流速。在挤压时不能使玻璃球移位，也不能挤压玻璃球的下部乳胶管以免形成气泡。挤压乳胶管缓慢地放出溶液，使液面慢慢下降直至弯月面下缘刚好与“0”刻度线相切，立即松开。

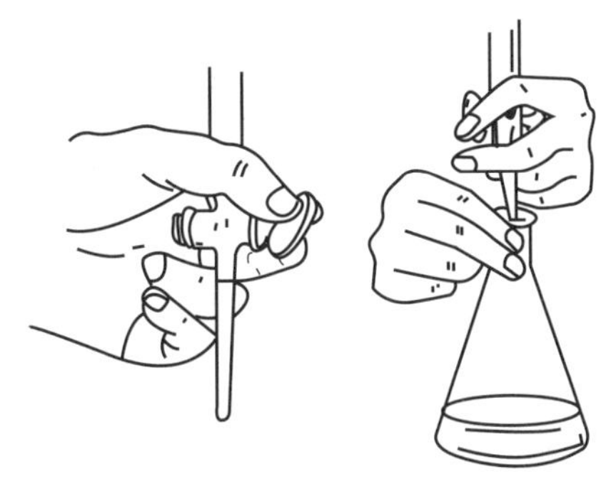

图 1-5　酸式滴定管的使用

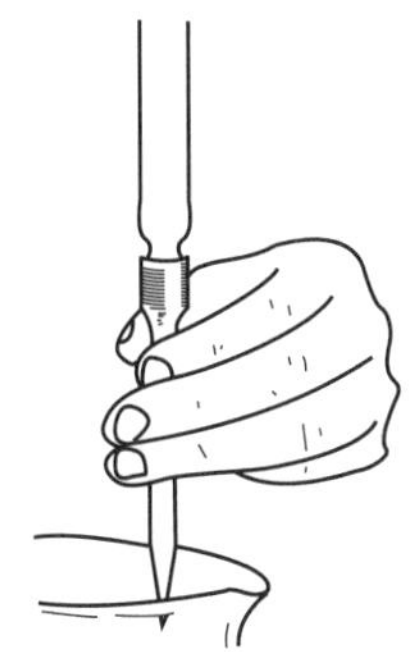

图 1-6　碱式滴定管的使用

Ⅱ. 滴定操作　滴定一般在锥形瓶中进行，也可在烧杯中进行。滴定管垂直夹在滴定管架上，通常夹在右边，活塞柄向右，右手握住锥形瓶瓶颈，使滴定管管尖垂直悬空（不接触）伸入锥形瓶口约 1cm，瓶底距离滴定台底板约 2～3cm。

滴定开始前，检查并记录零点。滴定管管尖如有液滴，可用烧杯碰下，弃去。滴定时右手持锥形瓶，左手操控活塞柄，边摇动，边滴定。摇动时，锥形瓶按一个方向转动，瓶口不晃动，不碰管尖。滴定过程中左手自始至终不能离开活塞柄任溶液自流，溶液滴入速度以每秒 3～4 滴为宜。临近终点时，要放慢滴定速度，每加 1 滴或半滴要充分摇动直至指示剂变色，停止滴定，等待 0.5～1min，读取并记录读数。

由活塞来控制流速要求做到：能逐滴放出溶液；能只放出一滴溶液；能将液滴悬于管尖，即能滴加半滴甚至 1/4 滴溶液。在临到终点时，要用去离子水瓶冲洗锥形瓶内壁，避免锥形瓶内壁上留存没有完全反应的溶液，然后放出半滴溶液悬于管尖，用锥形瓶内壁靠下，然后用去离子水瓶将其冲下，充分摇动至指示剂恰好变色。

在烧杯中滴定时，用右手持玻璃棒绕圈搅动溶液。注意玻璃棒不要碰滴定管管尖、杯壁及杯底。滴加半滴溶液时，用玻璃棒轻碰管尖，将液滴碰下，置于烧杯中搅拌均匀。其他与在锥形瓶中滴定相同。

滴定管使用结束后，倒出剩余溶液，用自来水冲洗后，再用去离子水冲洗，然后倒置夹于滴定管架上。若滴定管长期不用时，酸式滴定管玻璃活塞部分应垫上纸片，碱式滴定管需将乳胶管取下，乳胶管、玻璃珠和管尖分开保存。

（2）酸碱溶液浓度的比较

① 0.1mol·L^{-1} HCl 溶液的配制：用 100mL 量筒量取 40mL 1mol·L^{-1} HCl 溶液，置于试剂瓶中，再用量筒加入 360mL 去离子水，摇匀，得到 0.1mol·L^{-1} HCl 溶液，备用。

② 0.1mol·L^{-1} NaOH 溶液的配制：用 100mL 量筒量取 40mL 1mol·L^{-1} NaOH 溶液，置于另一个不同颜色的试剂瓶中，再用量筒加入 360mL 去离子水，摇匀，得到 0.1mol·L^{-1} NaOH 溶液，备用。

③ 将洗好的酸、碱式滴定管分别用 0.1mol·L^{-1} HCl 溶液和 0.1mol·L^{-1} NaOH 溶液 5～10mL 润洗滴定管内壁和尖嘴 3 次，然后分别装入 HCl 和 NaOH 溶液，观察有无气泡，如果有气泡要将气泡排除，并把液面刻度调到近"0"处，静置 1min 再调至刻度"0"处，记录初始读数。

④ HCl 溶液滴定 NaOH 溶液：由碱式滴定管放出 25.00mL NaOH 溶液于锥形瓶中，加 1～2 滴甲基橙指示剂，用 HCl 溶液进行滴定，溶液由黄变橙即为滴定终点，记录最终读数。

按此方法重复滴定 3 次，计算酸碱溶液的浓度比 c_{NaOH}/c_{HCl}。若溶液呈现橙红色说明滴过了终点，可以从碱式滴定管加几滴 NaOH 溶液，再用 HCl 溶液滴定至由黄变橙为止，根据最终读数计算浓度比。

⑤ NaOH 溶液滴定 HCl 溶液：由酸式滴定管放出 25.00mL HCl 溶液于锥形瓶中，加 1～2 滴酚酞指示剂，用 NaOH 溶液滴定，溶液呈微红色保持 30s 不褪即为终点，记录最终读数。

依此方法重复滴定 3 次，计算酸碱溶液浓度比 c_{NaOH}/c_{HCl}。若滴定过了终点，也可以进行返滴，滴定到溶液微红色，保持 30s 不褪，根据最终读数计算浓度比。

3. 注意事项

（1）向滴定管中加入溶液时，必须用装有标准溶液的试剂瓶直接加入，不得将溶液转移至烧杯或量筒等其他容器中再向滴定管中加入，也不能借用胶头滴管来调液面至刻度"0"处，以免溶液被污染或被稀释。

（2）锥形瓶中的酸或者碱溶液必须由滴定管准确放出，不能用量筒量取。

（3）实验中酸、碱溶液的浓度均为 0.1mol·L^{-1} 左右，可能略大或略小，滴定体积偏离 25.00mL 为正常现象，一定要以指示剂的颜色变化来判定终点。

（4）HCl 溶液滴定 NaOH 溶液和 NaOH 溶液滴定 HCl 溶液都采用同一瓶稀释的 HCl 溶液和 NaOH 溶液，且分别计算 c_{NaOH}/c_{HCl}，比较不同指示剂得到的结果。

五、数据记录及处理

见表 1-2 和表 1-3。

表 1-2　酸碱溶液浓度比较实验数据记录及处理（碱滴定酸）

记录项目	滴定次数		
	1	2	3
NaOH 初始读数/mL			
NaOH 最终读数/mL			
V_{NaOH}/mL			

续表

记录项目	滴定次数		
	1	2	3
HCl 初始读数/mL			
HCl 最终读数/mL			
V_{HCl}/mL			
c_{NaOH}/c_{HCl}			
浓度比平均值			
绝对偏差			
平均偏差			
相对平均偏差/%			

表 1-3　酸碱溶液浓度比较实验数据记录及处理（酸滴定碱）

记录项目	滴定次数		
	1	2	3
NaOH 初始读数/mL			
NaOH 最终读数/mL			
V_{NaOH}/mL			
HCl 初始读数/mL			
HCl 最终读数/mL			
V_{HCl}/mL			
c_{NaOH}/c_{HCl}			
浓度比平均值			
绝对偏差			
平均偏差			
相对平均偏差/%			

六、思考题

1. 在装入标准溶液之前，滴定管为什么要用标准溶液润洗 3 次？滴定中使用的锥形瓶是否需要用试液润洗 3 次？

2. 用碱标准溶液滴定酸时，酚酞为指示剂滴定到微红色终点后放置较长一段时间为什么微红色会褪去？是否需要再滴定？

3. 滴定时在锥形瓶中加入少量去离子水，是否影响终点读数？为什么？

4. 采用甲基橙和酚酞两种指示剂的浓度比结果一样吗？为什么？

实验三

氢氧化钠溶液的标定和工业醋酸含量的测定

一、实验目的

1. 掌握氢氧化钠溶液的标定原理和方法。
2. 学会正确使用容量瓶和移液管。
3. 掌握强碱滴定弱酸的基本原理、指示剂的选择和测定结果计算。
4. 进一步熟悉分析天平减量称量和滴定操作技术。

二、实验原理

1. 氢氧化钠溶液的标定

5

标定 NaOH 溶液的基准物有邻苯二甲酸氢钾（$KHC_8H_4O_4$）和草酸（$H_2C_2O_4 \cdot 2H_2O$）。邻苯二甲酸氢钾作为基准物的优点是：①纯度高；②不吸湿；③具有较大摩尔质量，称取量大，可降低称量相对误差。但它的价格较高，本实验采用草酸作为基准物，标定反应为：

$$H_2C_2O_4 + 2NaOH = Na_2C_2O_4 + 2H_2O$$

产物为 $Na_2C_2O_4$，是一种二元碱，化学计量点的 pH 值为 8.45，因此选用酚酞作为指示剂。

2. 工业醋酸含量的测定

醋酸的 $pK_a = 4.74$，用 NaOH 标准溶液滴定 HAc 的滴定反应为：

$$HAc + NaOH = NaAc + H_2O$$

滴定到化学计量点时为 NaAc 的水溶液，pH 值为 8.7，故应选用酚酞作为指示剂，终点溶液由无色变为微红色，30s 内不褪色。

三、仪器和试剂

1. 仪器

250mL 锥形瓶 3 个；500mL 试剂瓶；100mL 量筒；50mL 碱式滴定管；250mL 容量瓶 2 个；100mL 烧杯；400mL 烧杯；10mL 移液管；25mL 移液管；玻璃棒；滴管；去离子水

瓶；大理石滴定台；蝴蝶夹。

2. 试剂

$1mol \cdot L^{-1}$ NaOH 溶液；0.1%酚酞指示剂；$H_2C_2O_4 \cdot 2H_2O$ 基准物（s）置于称量瓶中，称量瓶置于干燥器中；HAc 样品置于公共实验台试剂瓶中。

四、实验内容及操作步骤

1. 实验内容

（1）学会容量瓶和移液管的使用，复习碱式滴定管的使用。

（2）配制 NaOH 溶液，并以 $H_2C_2O_4 \cdot 2H_2O$ 为基准物，酚酞为指示剂进行标定，计算 NaOH 溶液的浓度。

（3）将 NaOH 溶液用于滴定工业醋酸，通过消耗的 NaOH 溶液的体积计算醋酸含量。

2. 操作步骤

（1）容量瓶的使用

6

容量瓶是一个细颈、球部呈梨形的平底瓶，带有磨口塞，颈上有刻度线，表示在所指温度下（一般为 20℃）当液体充满到刻度线时，液体体积与瓶上所标明的体积相等。在滴定分析中用于准确确定溶液的体积，如在直接法配制标准溶液时或制备确定体积的试样溶液时都要使用到容量瓶。容量瓶有棕色和无色两种，对见光易分解的物质应选择棕色的。容量瓶有 25mL、50mL、100mL、250mL、1000mL 及 2000mL 等多种规格。

① 容量瓶的洗涤与试漏　在使用容量瓶之前先检查：容量瓶容积与所要求的是否一致；刻度线距离瓶口的远近如何；瓶盖是否漏水。试漏的方法为：放入自来水至刻度线附近，盖好后，用滤纸擦干瓶口和盖，左手按住瓶塞，右手指尖顶住瓶底边缘，倒置 1～2min，观察有无水渗出（可用滤纸一角在瓶塞和瓶口的缝隙处擦拭，查看滤纸是否潮湿）；如果不漏，把瓶直立，瓶盖转动约 180°后，再倒过来试一次，进一步确认瓶盖与瓶口在任何位置都是密合的。若漏水绝不能使用。

容量瓶的洗涤原则是先用自来水冲洗，必要时才用洗液浸洗，不能用硬毛刷刷洗。用洗液时，倒入约 10～20mL（瓶中尽可能没有水），边转动边向瓶口倾斜，至洗液布满全部内壁。放置数分钟后，将洗液慢慢倒回原来装洗液的瓶中，倒出时边倒边旋转使洗液充分洗涤瓶颈。然后用自来水充分冲洗，再用去离子水洗 3 次，向外倒水时，顺便用去离子水冲洗瓶塞。洗涤时应遵守少量多次，250mL 容量瓶每次用水量约为 30mL。每次都要充分振荡，并倒净残余的水，洗完后立即将瓶盖好，以免再被沾污。

洗净的标准是观察装液后，弯月面边缘是否起皱变形，内壁不挂水珠，尤其是刻度线以上内壁要完全润湿不挂水珠。

② 容量瓶配制溶液的方法　若样品是固体，一般是将样品准确称量在 50mL 或 100mL 的烧杯中，加少量的水或适当的溶剂溶解，如果必须加热使试样溶解或在溶解处理时有大量热放出，则需等待冷却至室温时才能转移，溶解时可用玻璃棒搅拌加速溶解。固体样品必须完全溶解后才能转移。

转移时将烧杯放在容量瓶口上方后将玻璃棒取出并插入容量瓶中，玻璃棒下端与瓶颈内壁接触。烧杯嘴紧靠玻璃棒中下部，倾斜烧杯，使溶液缓缓地沿玻璃棒和容量瓶颈内壁全部流入瓶内［见图 1-7(a)］。流完后，将烧杯嘴贴紧玻璃棒向上提，同时使烧杯直立，并将玻璃棒放回烧杯中。用去离子水冲洗玻璃棒和烧杯内壁 3～5 次，每次用水约 5～10mL，洗涤液按上述方法转移至容量瓶中。然后加水或其他溶剂至总容积的 3/4 时，水平方向旋转摇动容量瓶（不要加塞）使溶液初步混合，继续加水或其他溶剂至接近刻度线 1cm 左右，等待 1～2min。

用左手拇指和食指轻轻捏住容量瓶颈刻度线上方，保持容量瓶垂直，使刻度线和视线保持在同一水平线上，用细长滴管加水至弯月面下缘最低点与标线相切为止。用滴管加水时，尽量使滴管管口接近液面，稍向旁侧倾斜，水顺壁流下，勿使其接触液面［见图 1-7(b)］。

定容后，盖好瓶塞，左手大拇指在前，中指、无名指及小指在后拿住瓶颈刻度线以上部分，以食指顶住瓶塞，用右手指尖顶住瓶底边缘［见图 1-7(c)］。将容量瓶倒转，使气泡上升到顶并将瓶振荡。再倒转过来，如此反复 10～20 次，使溶液充分混匀。

试样为液体时可用移液管移取所需体积的溶液直接放入容量瓶，按以上方法定容、摇匀。

容量瓶不得放在烘箱中烘烤，不能进行加热，且不能长久储存溶液，如需长久保存溶液应转移到试剂瓶中，使用后的容量瓶应立即洗净，不用时，可在瓶口与瓶塞之间垫一小纸条以防磨口黏结。

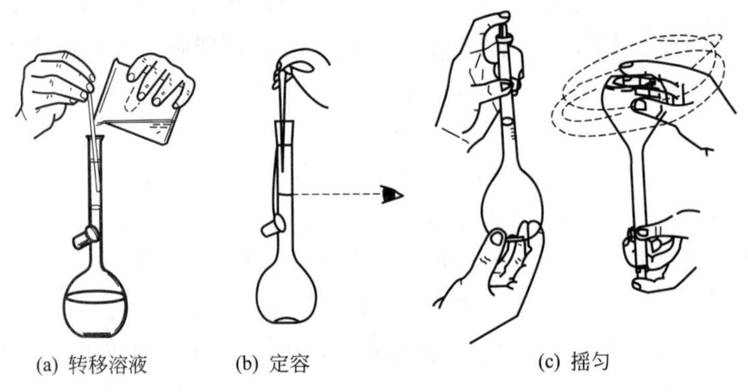

(a) 转移溶液　(b) 定容　(c) 摇匀

图 1-7　容量瓶的操作

(2) 移液管和吸量管的使用

移液管、吸量管都是准确移取一定体积溶液的容量仪器。

移液管的上端有环形标线，椭圆球上标有它的容积和标定温度，在规定的温度下，当溶液的弯月面最低点与环形标线相切时，让溶液自然流出，所放出的体积与标注体积相同。常用的移液管规格有 2mL、5mL、10mL、25mL、50mL 等多种。吸量管是带有刻度的玻璃管，常用来移取小体积的溶液；其准确度不如移液管。常用的吸量管有 1mL、2mL、5mL 和 10mL 等几种规格。

① 移液管和吸量管的洗涤　在洗涤前要检查移液管或吸量管的管口和尖嘴有无破损。移液管和吸量管的洗涤操作方法如下：先用自来水冲洗移液管的内外壁，然后用洗耳球将管内残留的水吹去后插入洗液中。此时左手握洗耳球，右手用拇指和中指捏住移液管标线以上处。捏紧洗耳球将球内的空气排出后，把洗耳球的尖嘴插入或紧压在移液管的管口上，注意

不能漏气。慢慢松开左手，吸取洗液至移液管容量的约 1/5 时，移开洗耳球，右手食指迅速按住移液管上口，放平转动，使洗液布满管内壁。等待片刻后，从上口将洗液放回原洗液瓶中。用自来水充分冲洗，再用去离子水洗涤内壁 3 次。然后，用一小块滤纸吸去管外和管尖内残留的水，置于移液管架上备用。

②移取溶液的方法

Ⅰ. 吸取溶液　所吸取的溶液必须均匀，在吸取前要摇匀待吸溶液。在滴定分析中所吸取的标准溶液通常存放在容量瓶中，最好不直接插入吸取溶液进行润洗，而是将待吸溶液倒出一小部分于干净干燥的小烧杯中进行吸取润洗。如果不具备干净干燥的小烧杯，可以采用洗耳球将移液管中的去离子水吹出，然后使用滤纸吸干移液管尖端水分并擦干移液管外壁残留的去离子水，直接插入容量瓶吸取少量溶液润洗内壁 3 次也可以，溶液从下端尖口排入废液杯内，并要尽量避免已吸入的溶液再回流到烧杯中或容量瓶中，润洗 3 次之后，即可吸取溶液。

吸取溶液时左手持洗耳球，右手大拇指和中指拿住移液管标线以上处，移液管插入待吸液面下 1～2cm 处并要边吸边往下插，始终保持此深度。插入太浅容易吸空。当管内液面上升至标线以上约 1～2cm 处时，迅速用右手食指堵住管口（此时若液面落至标线以下，应重新吸取）并将移液管提出液面，提出后用滤纸吸干移液管外壁下端沾附的少量溶液。

Ⅱ. 调节液面　移液管垂直，标线与视线在同一水平，微微松开食指（也可微微转动移液管）使管内液面缓慢连续下降（不是跳跃式下降）直至弯月面下缘与标线上缘相切为止。立即用食指压紧管口，使溶液不再流出。若尖口处有液滴，可用废液烧杯内壁轻碰除去。将移液管小心移至承接溶液的容器中（为方便控制液面，食指应微潮湿又不能太湿）。

Ⅲ. 放出溶液　将移液管垂直，接收器倾斜，管尖紧靠接收器内壁，松开食指，使溶液自由地沿容器壁流下。当管内溶液流完后，仍保持放液状态，停 15s 后，移去移液管。上面的操作可简单归纳为“垂直、靠壁、停放 15s”。必须牢牢记住。

移液管使用完毕后，洗净移液管，放置在移液管架上。

移液管的操作见图 1-8。

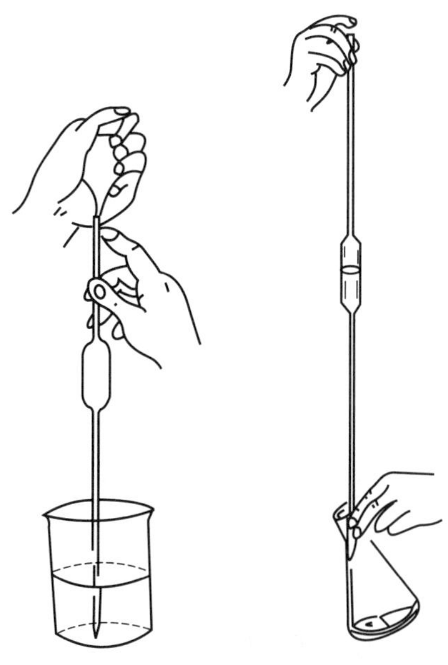

图 1-8　移液管的操作

吸量管的使用方法与移液管基本相同，只是用它放出管内部分溶液时食指不可完全放开，一直要轻轻按住管口，以免溶液流下太快，使放出的溶液体积达到所需要的体积时来不及按住。

使用吸量管时，通常是使液面从最高刻度降到另一较小的刻度，使两刻度之间的刻度之差恰好为所需移取的溶液体积。

③ 使用移液管和吸量管时注意事项

Ⅰ. 取完毕，管尖留有的少量溶液不得吹出或用力甩出，除刻有“吹”字标记之外。

Ⅱ. 同一实验必须使用同支移液管的同一部位和与其联合使用的容量瓶。

Ⅲ. 移液管和吸量管均不允许烘烤或加热。

Ⅳ. 用毕洗净放在专用管架上。

(3) 0.1mol·L^{-1}NaOH 溶液的配制

用 100mL 量筒量取 1mol·L^{-1} NaOH 溶液 40mL，置于试剂瓶中，再加入 360mL 去离子水，摇匀，得到 0.1mol·L^{-1} NaOH 溶液，备用。

(4) 草酸标准溶液的配制

使用分析天平准确称取草酸____g(称准至 0.2mg) 于 100mL 小烧杯中，加去离子水 50mL，用玻璃棒轻轻搅拌溶解，绝对不得溅出来。然后将溶液毫无损失地转移到 250mL 容量瓶中，玻璃棒引流。用少量去离子水洗涤烧杯和玻璃棒 3～4 次，洗涤液也移入容量瓶。最后用去离子水稀释至标线，盖好瓶塞、摇匀。

(5) 氢氧化钠溶液的标定

洗净的移液管用草酸标准溶液润洗 3 次，然后移取 25.00mL 草酸标准溶液于锥形瓶中，加 1～2 滴酚酞指示剂，用 NaOH 溶液滴定至微红色，30s 内不褪色即为终点。记下滴定所消耗的 NaOH 溶液体积。重复标定 3 次，极差不大于 0.05mL，计算 NaOH 溶液的准确浓度，保留 4 位有效数字。

(6) HAc 样品的稀释

用移液管吸取 HAc 样品 10.00mL，放入 250mL 容量瓶中，加去离子水稀释至标线，盖好塞子，充分摇匀。

(7) 醋酸含量的测定

用移液管从容量瓶中吸取 25.00mL 稀释后的 HAc 溶液，放入锥形瓶中，加 1～2 滴酚酞指示剂，用 NaOH 标准溶液滴定至微红色，30s 内不褪色，即为滴定终点，记下消耗 NaOH 标准溶液的体积。重复滴定 3 次，要求极差不大于 0.05mL。计算公共实验台试剂瓶中醋酸含量。

3. 注意事项

(1) 草酸一定完全溶解之后，才能转移至容量瓶中；在搅拌溶解和转移的过程中，绝对不能溅出或者洒出。

(2) 移液管使用时要保持竖直状态，应该用食指堵移液管口，不得用大拇指。

(3) 若将标准溶液倒出到烧杯中对移液管进行润洗，烧杯必须是干净干燥的，不得用湿润的烧杯，更不得用废液杯。

(4) 用移液管移取标准溶液转移至锥形瓶时，移液管尖端应紧贴锥形瓶内壁；溶液自然流完停留 15s 后，若移液管尖端有溶液残留，不可用洗耳球吹出至锥形瓶中。

五、数据记录及处理

见表 1-4 和表 1-5。

表 1-4　NaOH 溶液标定实验数据记录及处理

称量草酸的质量/g			
滴定次数	1	2	3
NaOH 初始读数/mL			
NaOH 最终读数/mL			
NaOH 消耗体积/mL			
计算公式			
$c_{NaOH}/mol \cdot L^{-1}$			
$\bar{c}_{NaOH}/mol \cdot L^{-1}$			
绝对偏差/$mol \cdot L^{-1}$			
平均偏差/$mol \cdot L^{-1}$			
相对平均偏差/%			

表 1-5　醋酸含量测定实验数据记录及处理

取原 HAc 样品体积/mL	10.00		
HAc 样品稀释后体积/mL	250.0		
吸取稀释后试液体积/mL	25.00		
滴定次数	1	2	3
NaOH 初始读数/mL			
NaOH 最终读数/mL			
消耗 NaOH 体积/mL			
计算公式			
测定结果/$g \cdot L^{-1}$			
平均值/$g \cdot L^{-1}$			
绝对偏差/$g \cdot L^{-1}$			
平均偏差/$g \cdot L^{-1}$			
相对平均偏差/%			

六、思考题

1. 用固体 NaOH 试剂能否直接配制标准溶液？为什么？

2. 本实验草酸称量范围是多少？称量过多或过少有什么不好？

3. 容量瓶中的草酸标准溶液未充分摇匀会造成什么后果？

4. 不用待移取的溶液润洗移液管，移取溶液时给分析结果带来什么样的误差？

5. 以草酸为基准物标定 NaOH 标准溶液，为什么要选用酚酞作为指示剂？

6. 用 NaOH 标准溶液测定 HAc 溶液中醋酸的含量属于哪一类滴定？为什么必须用酚酞指示剂？

7. 在储存过程中 NaOH 标准溶液吸收了空气中的 CO_2，对测定结果有无影响？

8. 本实验滴定终点怎样掌握？为什么滴定到终点放置较长一段时间后酚酞的微红色会逐渐消失？

实验四

pH 法测定醋酸的电离平衡常数和电离度

一、实验目的

1. 了解 pH 法测电离常数和电离度的原理与方法。
2. 学会 pH 计的使用方法及注意事项。
3. 加强有效数字概念在数据处理上的正确运用。

二、实验原理

7

电离平衡常数又叫电离常数，用 K_i 表示，其定义为：当弱电解质电离达到平衡时，电离的离子浓度的乘积与未电离的分子浓度的比值叫做该弱电解质的电离平衡常数。一种弱电解质的电离平衡常数只与温度有关，而与该弱电解质的浓度无关。因为弱电解质通常为弱酸或弱碱，所以可以用 K_a、K_b 分别表示弱酸和弱碱的电离平衡常数。

电离度是弱电解质在溶液里达电离平衡时，已电离的电解质分子数占原来总分子数（包括已电离的和未电离的）的百分数，即电离度表示弱酸、弱碱在溶液中离解的程度。计算公式：电离度（α）＝已电离弱电解质分子数/原弱电解质分子数×100％。

醋酸是常见的一元弱酸，分子式为 CH_3COOH（习惯上以 HAc 表示 CH_3COOH，以 Ac^- 表示 CH_3COO^-）。假设醋酸的初始浓度为 c_0，并假设醋酸的电离常数足够大，可以忽略水的电离平衡的影响，则对醋酸在水中的离解做物料平衡如下：

	$HAc \rightleftharpoons$	H^+	$+Ac^-$
初始浓度	c_0	—	—
平衡浓度	c_0-x	x	x

即：醋酸的电离平衡常数 $K_i=\dfrac{[H^+][Ac^-]}{[HAc]}=\dfrac{x^2}{c_0-x}$；电离度 $\alpha=\dfrac{x}{c_0}\times 100\%$。其中 c_0 为醋酸溶液的初始浓度，x 为平衡时醋酸溶液中 H^+ 的浓度 $c(H^+)$。我们知道，在一定温度下利用酸度计（pH 计）可以测定某溶液的 pH 值，而溶液的 pH 值与溶液中 H^+ 浓度 $c(H^+)$ 之间存在着如下关系：$pH=-\lg[H^+]$ 或 $[H^+]=10^{-pH}$。因此，如果我们已知醋酸溶液的初始浓度 c_0，并且利用酸度计测定了该溶液的 pH 值，通过计算就可求出醋酸的电离平衡常数 K_i 和电离度。

值得注意的是，参数方程 $K_i=\frac{x^2}{c_0-x}$ 成立的前提条件是认为醋酸的电离常数足够大而忽略了水本身的电离平衡。醋酸的浓度越稀，越不能忽略水的电离，因此，在实验中应尽量使醋酸的浓度大一些。另外，由于醋酸的电离平衡常数的测定最终归结为醋酸溶液的 pH 值测量，所以本实验的精确度将最终取决于 pH 值测定的精确度。为保证实验测定值的精确度，本实验中的 pH 值要求读到小数点后第二位。

三、仪器与试剂

1. 仪器

pHS-25 型酸度计 1 套；50mL 酸式滴定管 1 支；50mL 碱式滴定管 1 支；100mL 烧杯 5 只（烘箱中自取）；玻璃搅拌棒 1 根；温度计（实验室公用）1 支；500mL 去离子水瓶；滤纸条；大理石滴定台；蝴蝶夹。

2. 试剂

醋酸溶液（0.1mol・L^{-1}），准确浓度由实验室给出；标准缓冲溶液（pH 值分别为 4.01 和 6.86）。

四、实验内容及操作步骤

1. 实验内容

（1）学会 pH 计的校准。

（2）配制不同浓度的醋酸溶液，测定所配醋酸溶液的 pH 值，计算电离平衡常数及电离度。

2. 操作步骤

8

（1）配制不同浓度的醋酸溶液

取干燥、洁净的 100mL 烧杯 5 只，编号 1～5。在酸式滴定管中加入已知浓度的醋酸溶液，在碱式滴定管中加入去离子水。依次向 1～5 号烧杯中加入一定体积的醋酸溶液和去离子水（所加体积见表 1-6）。

（2）pH 计的校准

① 开电源开关，仪器进入 pH 测量状态。

② 按“温度”键，进入温度调节状态（℃亮），按“△”或者“▽”调节温度与溶液温度一致，然后按“确认”，回到 pH 测量状态。

③ 用去离子水清洗电极，滤纸条擦干吸干水分，插入 pH＝6.86 的标准缓冲溶液中，读数稳定后，按“定位”显示“STD YES”，按“确认”，仪器自动识别（显示当前标准 pH 值）后，再按“确认”键。

④ 用去离子水清洗电极，滤纸条擦干吸干水分，插入 pH＝4.01 的标准缓冲溶液中，读数稳定后，按“斜率”显示“STD YES”，按“确认”，仪器自动识别（显示当前标准 pH 值）后，再按“确认”键。完成两点标定，进入 pH 测量状态。

（3）测定所配醋酸溶液的 pH 值

利用 pH 计依次测定所配醋酸溶液的 pH 值，要求读到小数点后第二位，记录在表 1-6 中，并进行计算。

3. 注意事项

（1）请同学们实验开始前和结束后检查电极玻璃泡完整性，该球泡极薄，切忌与硬物接触，一旦发生破裂，则完全失效。

（2）电极使用完毕或不用时，务必浸泡在饱和 KCl 溶液中。

（3）配制醋酸溶液用的小烧杯必须是洁净、干燥的，直接从烘箱中取用即可，不需要再洗涤，以免造成浓度误差。

（4）测定时，从醋酸浓度最小的溶液依次进行。

五、数据记录及处理

见表 1-6。

表 1-6　pH 法测定醋酸电离平衡常数和电离度数据记录及处理

室温：____℃　实验室配制的醋酸溶液的浓度：____$mol \cdot L^{-1}$

编号	量取醋酸溶液体积/mL	量取去离子水体积/mL	混合后醋酸浓度计算值/$mol \cdot L^{-1}$	混合后溶液 pH 测定值	混合后溶液 H^+ 浓度计算值/$mol \cdot L^{-1}$	醋酸电离常数 K_i 计算值	电离度 α/%
1	3.00	47.00					
2	6.00	44.00					
3	9.00	41.00					
4	12.00	38.00					
5	15.00	35.00					

计算实验中 5 个电离常数的平均值，即为本实验测得醋酸电离常数 K_i 值。

六、思考题

1. 本实验中测定醋酸电离常数的依据是什么？当醋酸浓度很稀时，能用此法吗？

2. 本实验中醋酸电离常数的测定最终归到醋酸溶液中 H^+ 浓度的测定，能否利用酸碱滴定法来测定溶液中的 H^+ 浓度？

3. 仿照测定弱酸电离常数的办法，你能设计一个实验方案来测定弱碱（如 $NH_3 \cdot H_2O$）的电离常数吗？

实验五

碳酸钠的制备

一、实验目的

1. 了解根据联合制碱法原理和各种盐类溶解度的差异性制备碳酸氢钠的方法。

2. 掌握恒温条件的控制及高温灼烧基本操作。

二、实验原理

9

碳酸钠（工业上称为纯碱）的工业制法——联合制碱法，是将二氧化碳和氨气通入氯化钠溶液中，先生成碳酸氢钠，再经过高温灼烧，使它失去部分二氧化碳和水，转化为碳酸钠：

$$NH_3 + CO_2 + H_2O + NaCl \xlongequal{} NaHCO_3 \downarrow + NH_4Cl$$

$$2NaHCO_3 \xlongequal{\triangle} Na_2CO_3 + CO_2 \uparrow + H_2O$$

上述第一个反应实质上是碳酸氢铵与氯化钠在水溶液中的复分解反应，因此本实验直接采用碳酸氢铵与氯化钠作用制取碳酸氢钠：

$$NH_4HCO_3 + NaCl \xlongequal{} NaHCO_3 \downarrow + NH_4Cl$$

在这个反应体系中，NH_4HCO_3、NaCl、$NaHCO_3$ 和 NH_4Cl 同时存在于水溶液中，构成一个多元体系，它们在水中的溶解度相互影响。不过，根据各种纯净盐在不同温度下的溶解度比较，便可以粗略判断出从该反应体系中分离几种盐的最佳条件和适宜步骤。

当温度超过 35℃时，NH_4HCO_3 开始分解，所以反应温度不宜超过 35℃。但温度太低又会影响 NH_4HCO_3 的溶解度，不利于复分解反应的进行，反应温度不宜低于 30℃。从表 1-7 给出的溶解度数据看，在 30～35℃温度范围内，$NaHCO_3$ 的溶解度在四种盐中是最低的。所以，控制这一温度条件，将研细的固体 NH_4HCO_3 溶于较浓的 NaCl 溶液中，充分搅拌下就可析出 $NaHCO_3$ 晶体。NaCl 溶液密度与浓度对照表见表 1-8。

表 1-7　四种盐在不同温度下的溶解度[1]　　g/100g

盐	0℃	10℃	20℃	30℃	40℃	50℃	60℃	70℃
NaCl	35.7	35.8	36.0	36.3	36.6	37.0	37.3	37.8
NH_4HCO_3	11.9	15.8	21.0	27.0	—	—	—	—

续表

盐	0℃	10℃	20℃	30℃	40℃	50℃	60℃	70℃
$NaHCO_3$	6.9	8.2	9.6	11.1	12.7	14.5	16.4	—
NH_4Cl	29.4	33.3	37.2	41.4	45.8	50.4	55.2	60.2

① 在 100g 水中的溶解度。

表 1-8　NaCl 溶液密度与浓度对照表（25℃）

$X/\%$	密度/$kg \cdot L^{-1}$	$\rho/g \cdot L^{-1}$	$c/mol \cdot L^{-1}$
20	1.148	229.5	3.927
22	1.164	256.0	4.380
24	1.180	283.2	4.846
26	1.197	311.2	5.325

三、仪器和试剂

1. 仪器

25mL 量筒；台秤；恒温水浴加热器；100mL 烧杯；玻璃棒；蒸发皿；抽滤瓶；布氏漏斗；循环水泵；滤纸；称量纸；坩埚钳；泥三角；铁三角架；石棉网；酒精灯；自封袋；标签纸。

2. 试剂

$270g \cdot L^{-1}$ NaCl 精制食盐水溶液；$NH_4HCO_3(s)$。

四、减压过滤基本操作

减压可以加快过滤速度，还可以把沉淀抽得更干，但是胶体或细颗粒沉淀若透过滤纸或使滤纸堵塞时，不能用减压过滤分离。减压过滤用的仪器有布氏漏斗、抽滤瓶、真空泵和安全瓶。

①布氏漏斗是一种瓷质漏斗，中间瓷板上有许多小孔，下端颈部配以橡皮塞，以使与抽滤瓶上口紧密连接。

②抽滤瓶是带有支管的玻璃锥形瓶，用来接收滤液，支管用橡胶管和安全瓶的短管连接。

③真空泵起减压作用。有真空水泵和真空油泵两种。

④安全瓶的作用是防止水泵中的水倒吸进抽滤瓶。如果抽滤装置中不用安全瓶，过滤完成后必须先拔掉连接抽滤瓶和水泵的橡胶管，再关掉真空泵的电源，以免出现倒吸现象。

减压过滤的操作方法如下：取合适的圆形滤纸（以盖严瓷板小孔为准），将滤纸平整地放在布氏漏斗中，用少量去离子水润湿，将布氏漏斗安装在抽滤瓶上（注意布氏漏斗斜口应对着抽气口，如图 1-9 所示），打开真空泵电源，使滤纸贴紧，将待过滤的溶液和沉淀转移到布氏漏斗中，用玻璃棒引流，注意加入液量不要超过漏斗容量的 2/3。待无滤液滴下时，先将连接抽气支管的橡皮管拔下，再关真空泵，防止倒吸。取下漏斗倒扣在滤纸或表面皿上，用洗耳球吹漏斗下口，使滤纸和沉淀脱出。滤液从吸滤瓶上口倒出，注意不要从支管口倾倒滤液。如果实验要求洗涤沉淀则需要在抽干后，断开抽气管，然后将洗涤剂转移至布氏漏斗，让洗涤剂充分接触沉淀，然后再插上抽气管，抽干。

如果过滤的固-液体系具有强酸性或强氧化性，为避免溶液和滤纸作用，可采用玻璃砂漏斗代替布氏漏斗。

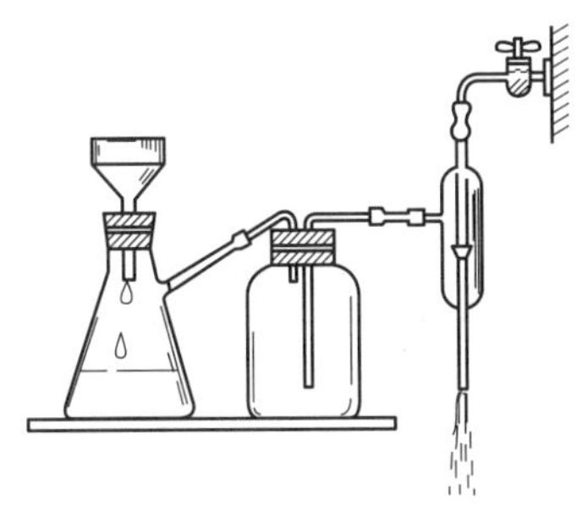

图 1-9 减压过滤装置图

五、实验内容及操作步骤

1. 实验内容

(1) 掌握无机物制备的方法，学习减压过滤和灼烧等操作。

(2) 通过复分解反应制备中间产物 $NaHCO_3$，然后进行灼烧制备 Na_2CO_3。

2. 操作步骤

10

(1) 复分解反应制中间产物 $NaHCO_3$

量取 25mL NaCl 溶液置于 100mL 烧杯中，然后放入恒温水浴加热器中，温度控制在 30～35℃。称取 NH_4HCO_3 固体（可酌情加以研磨）细粉末 (10.00±0.05) g，在不断搅拌下分批次加入上述溶液中。加料完毕后继续充分搅拌，并保持反应温度，反应 20min 左右。然后进行减压过滤，尽量抽干母液，得到 $NaHCO_3$ 晶体。

(2) 灼烧制备 Na_2CO_3

将制得的中间产物 $NaHCO_3$ 转移到蒸发皿中，放至石棉网上用酒精灯进行文火加热，必须用玻璃棒不停地翻搅，使固体均匀受热并防止结块。几分钟后改用泥三角进行强火加热，大约灼烧 30min，即可制得干燥的白色细粉状 Na_2CO_3 产品。冷却到室温后，称量质量，装在自封袋中，贴上标签，标明姓名及质量，装入本班级大自封袋。

(3) 产品产率的计算

根据反应物间的相关性和实际用量，确定理论产量计算基准，然后计算出理论产量 $m_{理论}$ (g)，进而计算出产品产率：

$$产率=\frac{m_{实际}}{m_{理论}}\times 100\%$$

3. 注意事项

(1) NH_4HCO_3 粉末应分批次加入已恒温的 NaCl 溶液中，否则容易被包裹，导致不能充分反应。

(2) 在抽滤得到 $NaHCO_3$ 晶体这步操作中，必须充分抽干，再进行灼烧。

(3) 注意减压过滤的操作顺序及布氏漏斗与抽滤瓶的安装方法。

(4) 灼烧时可先用温火，再用强火，且要不停搅拌以防止结块。

六、数据记录及处理

见表 1-9。

表 1-9　碳酸钠的合成实验数据记录及处理

NaCl/mL	NH_4HCO_3/g	理论产量/g	实际产量/g	产率/%

七、思考题

1. 影响产品产量高低的主要因素有哪些？

2. 影响产品纯度，即 Na_2CO_3、$NaHCO_3$ 及其他杂质含量的主要因素有哪些？

实验六

双指示剂法测定碳酸钠的总碱度

一、实验目的

1. 掌握盐酸溶液的标定原理和方法。

2. 掌握混合碱测定原理及测定结果的计算，学会用双指示剂滴定法，正确判断两个滴定终点。

二、实验原理

1. HCl 溶液标定原理

11

由于 HCl 易挥发，不能配制成准确浓度的标准溶液，通常配制成 0.1～0.5$mol \cdot L^{-1}$ 的溶液，然后用基准物进行标定，得出 HCl 溶液的准确浓度。

标定 HCl 溶液的基准物有无水 Na_2CO_3 和硼砂。无水 Na_2CO_3 纯度高，价格便宜，但摩尔质量小，有强烈的吸湿性，使用前应在 270～300℃烘 1h 后，放置在干燥器中备用。

标定反应为：

$$Na_2CO_3 + 2HCl = CO_2\uparrow + H_2O + 2NaCl$$

化学计量点时 pH 为 3.89，因此选用甲基橙作为指示剂。

2. 双指示剂法测定碳酸钠产品总碱度原理

双指示剂法是以 HCl 作为标准溶液，酚酞为第一滴定终点的指示剂，甲基橙为第二终点的指示剂的滴定方法。当 HCl 滴定至第一终点（即酚酞变色）时，Na_2CO_3 被中和为 $NaHCO_3$，而 $NaHCO_3$ 未被中和。

$$Na_2CO_3 + HCl = NaHCO_3 + NaCl$$

从完成第一终点到达第二终点时，原有的 $NaHCO_3$ 与新生成的 $NaHCO_3$ 均被中和为 CO_2 和 H_2O。

$$NaHCO_3 + HCl = NaCl + CO_2\uparrow + H_2O$$

设第一终点所消耗 HCl 溶液的体积为 V_1，两步共消耗 HCl 溶液的体积为 V_2，由此可见，两个滴定终点消耗 HCl 溶液的体积应满足 $V_2 > 2V_1$，其中，Na_2CO_3 消耗 HCl 溶液的体积为

$2V_1$，$NaHCO_3$ 消耗 HCl 溶液体积为（V_2-2V_1）。根据 HCl 溶液的浓度及所消耗的体积，便可计算出 Na_2CO_3 和 $NaHCO_3$ 的质量分数。碱度是指溶液中所含能与强酸发生中和作用的全部物质，亦即能接受质子 H^+ 的物质总量，通常以 Na_2O 含量表示，1mol Na_2CO_3 相当于 1mol Na_2O，1mol $NaHCO_3$ 相当于 0.5mol Na_2O，进而可以计算出总碱度 Na_2O 的质量分数。

三、仪器和试剂

1. 仪器

分析天平；100mL 量筒；500mL 试剂瓶；25mL 移液管；250mL 锥形瓶 3 个；50mL 酸式滴定管；250mL 容量瓶 2 个；100mL 烧杯；400mL 烧杯；滴管；玻璃棒；去离子水瓶；大理石滴定台；蝴蝶夹。

2. 试剂

1mol·L^{-1} HCl 溶液；0.1%酚酞指示剂；0.1%甲基橙指示剂；Na_2CO_3 基准物（s）置于干燥器中的称量瓶中。

四、实验内容及操作步骤

1. 实验内容

（1）进一步熟悉酸式滴定管、容量瓶和移液管的使用。

（2）配制 HCl 溶液并进行标定，用于滴定制备的 Na_2CO_3 产品，计算 Na_2CO_3 产品中 Na_2CO_3、$NaHCO_3$ 和总碱度 Na_2O 的质量分数。

2. 操作步骤

12

（1）0.1mol·L^{-1} HCl 溶液的配制

取 1mol·L^{-1} HCl 溶液（实验室准备）40mL，倒入 500mL 试剂瓶中，加 360mL 去离子水稀释至 400mL，盖好玻璃塞充分摇匀备用。

（2）基准物 Na_2CO_3 溶液的配制

使用分析天平准确称取无水 Na_2CO_3____g(称准至 0.2mg）于 100mL 烧杯中，加去离子水 50mL，用玻璃棒轻轻搅拌溶解并转移至 250mL 容量瓶中。用少量去离子水洗涤烧杯和玻璃棒 3～4 次，洗涤液也移入容量瓶中，最后用去离子水稀释至刻度线，盖好瓶塞，摇匀备用。

（3）0.1mol·L^{-1} HCl 的标定

用移液管移取 Na_2CO_3 标准溶液 25.00mL 置于锥形瓶中，加 1～2 滴甲基橙指示剂，用 0.1mol·L^{-1} HCl 溶液滴定至由黄变为橙色，记下滴定所消耗的 HCl 溶液体积，平行滴定 3 份，极差不大于 0.05mL。

（4）产品溶液的配制

使用分析天平准确称取自制产品碳酸钠______g(称准至 0.2mg)，置于 100mL 小烧杯中，加入少量去离子水溶解，转移至 250mL 容量瓶中，用去离子水稀释至刻度线，摇匀待测。

（5）用标准酸滴定确定混合碱含量

用移液管吸取上面配好的待测样品溶液 25.00mL，放到洁净的 250mL 锥形瓶中，加 10

滴酚酞指示剂，用标定好的 HCl 标准溶液（$0.1mol \cdot L^{-1}$ 左右）滴定至浅粉色（可与参比液对照），此时为第一个滴定终点，记录下所消耗 HCl 溶液的体积 V_1。继续滴加到无色，然后加入 2 滴甲基橙指示剂（此时溶液呈黄色），继续用标准 HCl 溶液滴定至溶液变为橙色，此时为第二个滴定终点，记录下所耗 HCl 的总体积 V_2。

再以同样的方法重复取样滴定 3 次，消耗 HCl 的总体积 V_2 的极差不大于 0.05mL。

（6）样品中两碱含量的计算

两个终点所消耗的 HCl 体积采用连续计量，即到达第一终点时所消耗 HCl 体积为 V_1，继续滴定，到达第二终点时所耗 HCl 的总体积记为 V_2。则在两步滴定所用 HCl 的总量中，样品所含 Na_2CO_3 消耗 HCl 体积为 $2V_1$，样品中所含 $NaHCO_3$ 消耗 HCl 的体积为（V_2-2V_1）。

所以，根据 V_1 和 V_2 的数值，可以计算出样品中两个组分 Na_2CO_3 与 $NaHCO_3$ 的质量分数，进而可以计算出样品中总碱量（Na_2O）。

3. 注意事项

（1）总碱度测定时第一终点溶液颜色由紫红变为浅粉色即记录消耗盐酸的体积读数 V_1（若变为无色则滴过终点），读数完毕接着滴至无色再加入甲基橙指示剂，溶液颜色为黄色，若在浅粉色即加入甲基橙指示剂，溶液颜色为橙色（这是由酚酞的浅粉色和甲基橙的黄色叠加导致），不要误认为到达第二滴定终点，可以继续滴定，溶液会由橙色变为黄色，再继续滴定，溶液变为橙色即到达第二滴定终点。

（2）基准物称量瓶和样品称量瓶一定不能混用！

五、数据记录及处理

见表 1-10 和表 1-11。

表 1-10　HCl 溶液标定数据记录及处理

Na_2CO_3 基准物质量/g			
滴定次数	1	2	3
HCl 消耗体积/mL			
计算公式			
$c_{HCl}/mol \cdot L^{-1}$			
$\bar{c}_{HCl}/mol \cdot L^{-1}$			
绝对偏差/$mol \cdot L^{-1}$			
平均偏差/$mol \cdot L^{-1}$			
相对平均偏差/%			

表 1-11　碳酸钠产品测定数据记录及处理

Na_2CO_3 产品质量/g				
滴定次数		1	2	3
HCl 用量/mL	V_1			
	V_2			
$w(Na_2CO_3)$/%				
平均值/%				

续表

Na_2CO_3 产品质量/g			
滴定次数	1	2	3
$w(NaHCO_3)$/%			
平均值/%			
$w(Na_2O)$/%			
平均值/%			

六、思考题

1. 在产品总碱度分析测定中，哪些原因会导致出现 $V_2<2V_1$ 的情况？
2. 在产品总碱度测定中，选择酚酞和甲基橙为指示剂的依据是什么？

实验七

过碳酸钠的合成

一、实验目的

1. 了解过氧键的性质，认识 H_2O_2 溶液固化的原理。

2. 学习低温下合成过碳酸钠的方法。

二、实验原理

13

过碳酸钠又称过氧化碳酸钠，化学通式为：$Na_2CO_3 \cdot nH_2O_2 \cdot mH_2O$。过碳酸钠具有强氧化性，广泛应用于漂白、杀菌消毒和食品保鲜等方面。以过碳酸钠作为消毒、漂白剂，可防止使用漂白粉时产生的有机氯的污染及毒害作用，属于环境友好的新型消毒、漂白制剂。

过碳酸钠的制备有干法和湿法两种方法。干法工艺简单，流程短，但此法产品质量不稳定。湿法工艺包括连续喷雾法、连续结晶法、低温结晶法和溶剂法等。本实验采用湿法工艺中的低温结晶法并进行相应改进，以制备过碳酸钠。

反应原理为：在较低温度条件下，利用碳酸钠与过氧化氢反应成过碳酸钠。

$$2Na_2CO_3 + 3H_2O_2 = 2Na_2CO_3 \cdot 3H_2O_2$$

过碳酸钠的合成过程是放热过程，当反应温度过高时，过氧化氢会发生分解，从而导致产品的有效氧含量降低。因此在反应过程中，应控制反应温度不超过 15℃。但反应温度过低，将导致化学反应速度变慢，过长的反应时间也能导致过氧化氢的分解，因此应控制反应温度在 10～15℃之间。

三、仪器和试剂

1. 仪器

水浴锅；减压过滤装置；百分之一天平；磁力搅拌器；100℃温度计；100mL 烧杯；250mL 烧杯；10mL 量筒；25mL 量筒；玻璃棒；胶头滴管；去离子水瓶；蒸发皿；滤纸；称量纸。

2. 试剂

无水碳酸钠（s）；硅酸钠（s）：氯化镁（s）(3∶1，质量比)；异丙醇；三乙醇胺；无水乙醇；10%（质量分数）过氧化氢。

四、实验内容和操作步骤

1. 实验内容

学会采用改进的湿法工艺中的低温结晶法制备过碳酸钠。

2. 操作步骤

14

（1）称取（3.50±0.05）g 碳酸钠于 100mL 烧杯中，加 10mL 去离子水溶解（可在水浴锅中加热以加快溶解速度）。

（2）加入 0.1g 稳定剂（硅酸钠：氯化镁=3：1），搅拌溶解。

（3）加入三乙醇胺 2mL（用专用塑料滴管吸取），放入磁子后，再放到盛有自来水的 250mL 烧杯中，置于磁力搅拌器上，调整好转速。按碳酸铵：过氧化氢摩尔比 1：1.8 的比例计算所需过氧化氢的体积（注：10%的 H_2O_2 密度为 $1.02g \cdot mL^{-1}$），用量筒量取，再用滴管逐滴加入。滴加完毕后，可适当在 250mL 烧杯中加入冰块保持 10～15℃，继续搅拌 10min，加入异丙醇 15mL 搅拌均匀，静置结晶 25min。

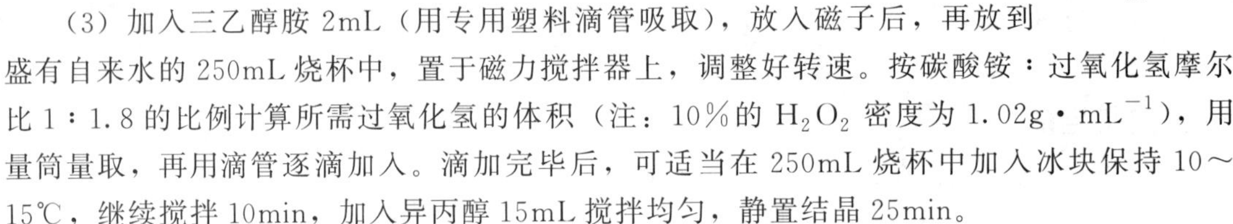

（4）减压过滤，并用乙醇洗涤产品 2 次（洗涤时应注意什么?），每次用量约 15mL，抽干后，将晶体转移到蒸发皿里，在水浴锅上 50℃烘干（30min 左右），称量产品质量，将产品转移至密封袋中，过碳酸钠中活性氧含量的测定实验时使用。

（5）计算理论产量和产率。

3. 注意事项

（1）碳酸钠完全溶解之后，再加入稳定剂硅酸钠：氯化镁。

（2）过氧化氢在加入的过程中，一定要边滴加边搅拌，不可直接全部倒入。

（3）样品烘干的过程中一定要充分搅拌，使酒精充分挥发。

（4）注意控制反应温度。

五、数据记录及处理

见表 1-12。

表 1-12　过碳酸钠的合成数据记录及处理

Na_2CO_3/g	H_2O_2/g	过碳酸钠产品/g	理论值/g	产率/%

六、思考题

1. 如果在低温状态下，过早加入异丙醇和三乙醇胺，会出现什么现象？对后续的实验会造成什么样的影响？

2. 如果 H_2O_2 不是滴加而是直接倒入会对实验造成什么影响？

实验八

过碳酸钠中活性氧的测定

一、实验目的

1. 掌握 $KMnO_4$ 溶液的配制及其以 $Na_2C_2O_4$ 为基准物的标定方法。

2. 掌握 $KMnO_4$ 法测定活性氧含量的原理和方法。

3. 通过用 $KMnO_4$ 标准溶液对过碳酸钠的氧化还原定量滴定，确定学生制备产品的活性氧含量。

二、实验原理

15

1. $KMnO_4$ 溶液的标定

常用的基准物质有草酸钠、草酸、硫酸亚铁铵以及纯铁等，其中草酸钠因没有吸湿性、受热稳定、易于精制等原因，最为常用。

标定反应的方程式为：

$$2MnO_4^- + 5C_2O_4^{2-} + 16H^+ \longrightarrow 2Mn^{2+} + 10CO_2 + 8H_2O$$

① 温度：此反应在室温条件下速度很慢，为了加速反应，需将溶液加热至约80℃左右，并在滴定过程中保持溶液的温度不低于60℃，但温度不得高于90℃，以防草酸（根）发生分解。

② 酸度：此反应的溶液要保持适当的酸度条件，以 $1mol \cdot L^{-1}$ 为宜。酸度过低，MnO_4^- 会被还原为 MnO_2；酸度过高，会促使草酸的分解。该酸性条件以 H_2SO_4 为介质。HNO_3 因其氧化性，HCl 能发生诱导氧化 Cl^- 的反应，所以这两种酸不能作为此反应的介质。

③ 滴定速度：本反应是一个自催化加速的反应，因此开始滴定时，不能太快，滴入第一滴 $KMnO_4$ 溶液后，溶液由浅粉色变成无色后再加入第二滴，由于 Mn^{2+} 不断生成，有自动催化加速作用，加快反应速率。当溶液呈现稳定的浅粉色，且1min不褪时，即达到反应终点。由于 Mn^{2+} 是该反应的催化剂，可在滴定前加入少量的 Mn^{2+}，以加速反应进行。

2. 过碳酸钠中活性氧的测定

在稀 H_2SO_4 介质中，过氧化物的过氧键在室温条件下能被 $KMnO_4$ 定量氧化，因此可

用 $KMnO_4$ 法测定过氧化物分子中活性氧的含量。其反应式为：

$$5[O\text{-}O]^{2-} + 2MnO_4^- + 16H^+ \xlongequal{} 2Mn^{2+} + 5O_2\uparrow + 8H_2O$$

$$活性氧含量 = (4c \times V/m) \times 100\%$$

式中，c 为 $KMnO_4$ 的浓度，$mol \cdot L^{-1}$；V 为消耗 $KMnO_4$ 标定溶液的体积，mL；m 为试样的质量，g。

三、仪器和试剂

1. 仪器

250mL 锥形瓶 3 个；500mL 棕色试剂瓶；100mL 烧杯；250mL 烧杯；500mL 或 400mL 烧杯；10mL 量筒；100mL 量筒；250mL 容量瓶 2 个；去离子水瓶；胶头滴管；玻璃棒；25mL 移液管；洗耳球；酸式滴定管。

2. 试剂

0.15$mol \cdot L^{-1}$ $KMnO_4$ 溶液；草酸钠基准物（s）；3$mol \cdot L^{-1}$ H_2SO_4 溶液；过碳酸钠产品。

四、实验内容及操作步骤

1. 实验内容

（1）配制 $KMnO_4$ 溶液，以草酸钠为基准物进行标定。

（2）采用标定后的 $KMnO_4$ 溶液对过碳酸钠产品进行滴定，计算活性氧的含量。

2. 操作步骤

16

（1）$KMnO_4$ 溶液的配制（约 0.003$mol \cdot L^{-1}$）

量取 8mL 0.15$mol \cdot L^{-1}$ 的 $KMnO_4$ 溶液，稀释至 400mL，摇匀备用。

（2）$KMnO_4$ 溶液的标定

采用减量法使用分析天平准确称取 $Na_2C_2O_4$ ____g(称准至 0.2mg)，置于 100mL 烧杯中，记录准确数值，加去离子水搅拌完全溶解后，定容到 250mL 容量瓶中。用 25mL 移液管准确移取 25.00mL 草酸钠溶液置于 250mL 烧杯中，再加入 3$mol \cdot L^{-1}$ H_2SO_4 溶液 10mL，向 400mL 或者 500mL 大烧杯中加入热水，将 250mL 烧杯置于大烧杯中进行水浴加热。开始滴定，加入第一滴 $KMnO_4$ 溶液，要用玻璃棒轻轻搅动，待红色褪去再加入第二滴，随着溶液中 Mn^{2+} 的生成，反应速度加快，可适当提高滴定速度。当溶液出现浅粉色并保持 1min 不消失时即为滴定终点，记录消耗 $KMnO_4$ 溶液的体积。重复 3 次，要求极差不大于 0.05mL。计算 $KMnO_4$ 溶液的准确浓度。

（3）$KMnO_4$ 法测定过碳酸钠中的活性氧含量

采用减量法使用分析天平准确称取过碳酸钠____g(称准至 0.2mg)，置于 100mL 烧杯中，记录准确数值，加去离子水搅拌完全溶解后，定容到 250mL 的容量瓶中。用 25mL 移液管准确移取 25.00mL 过碳酸钠溶液，加入 3$mol \cdot L^{-1}$ H_2SO_4 溶液 10mL，用 $KMnO_4$ 标准溶液滴定至浅粉色，且保持 1min 不消失即为滴定终点，记录消耗 $KMnO_4$ 溶液的体积。

重复 3 次，要求极差不大于 0.05mL。计算活性氧含量。

3. 注意事项

（1）实验采用热水浴，注意安全，不要被烫到。

（2）标定 $KMnO_4$ 溶液时，如果所用玻璃旋塞的酸式滴定管，切勿将热水浴直接放到酸管下，以防酸管中的凡士林受热熔化导致酸管漏液或堵塞。

（3）注意控制反应条件。

（4）基准物称量瓶和样品称量瓶一定不能混用。

五、数据记录及处理

见表 1-13 和表 1-14。

表 1-13 $KMnO_4$ 溶液的标定数据记录及处理

$m(Na_2C_2O_4)$/g			
滴定次数	1	2	3
$V(KMnO_4)$/mL			
$c(KMnO_4)$/mol·L^{-1}			
$\bar{c}(KMnO_4)$/mol·L^{-1}			
绝对偏差/mol·L^{-1}			
平均偏差/mol·L^{-1}			
相对平均偏差/%			

表 1-14 测定过碳酸钠中的活性含氧量数据记录及处理

m(样品)/g			
滴定次数	1	2	3
$V(KMnO_4)$/mL			
活性氧含量/%			
平均活性氧含量/%			
绝对偏差/%			
平均偏差/%			
相对平均偏差/%			

六、思考题

1. 以 $Na_2C_2O_4$ 为基准物标定 $KMnO_4$ 溶液的浓度时应注意哪些反应条件？

2. 用 $KMnO_4$ 溶液滴定 $Na_2C_2O_4$ 时，为什么开始滴定褪色很慢，随着滴定的进行而褪色愈来愈快？如果在开始滴定前加入 1～2 滴 $MnSO_4$ 溶液，会发生什么现象？为什么？

3. 过碳酸钠的理论活性氧含量为多少？

实验九

元素及其化合物性质（一）

A. 卤素及其化合物的性质与离子鉴定

一、实验目的

1. 掌握卤素单质的歧化反应及歧化反应的逆反应。
2. 比较卤素单质的氧化性和卤负离子的还原性。
3. 掌握卤化氢的制备原理；比较卤化氢还原性的相对强弱。
4. 掌握卤素含氧酸盐的氧化性。
5. 学会分离和鉴定 Cl^-、Br^-、I^- 的方法。
6. 学会使用离心机进行固液分离的操作技术。

二、实验原理

17

1. 卤素单质及其化合物的氧化还原性

为了说明卤素单质的歧化反应、卤素单质的氧化性、卤离子的还原性，以及卤素含氧酸的氧化性，下面列出氯的标准电极电势图和溴、碘的部分标准电极电势图。

$$\varphi_A^{\ominus}/V：ClO_4^- \xrightarrow{1.19} ClO_3^- \xrightarrow{1.43} HClO \xrightarrow{1.63} Cl_2 \xrightarrow{1.36} Cl^-$$

$$HClO \xrightarrow{1.49} Cl^- \qquad ClO_3^- \xrightarrow{1.47} Cl_2$$

$$\varphi_B^{\ominus}/V：ClO_4^- \xrightarrow{0.36} ClO_3^- \xrightarrow{0.50} ClO^- \xrightarrow{0.40} Cl_2 \xrightarrow{1.36} Cl^-$$

$$ClO^- \xrightarrow{0.88} Cl^- \qquad ClO_3^- \xrightarrow{0.48} Cl_2$$

$$\varphi_A^{\ominus}/V：BrO_3^- \xrightarrow{1.50} HBrO \xrightarrow{1.60} Br_2 \xrightarrow{1.065} Br^-$$

$$BrO_3^- \xrightarrow{1.44} Br^- \qquad HBrO \xrightarrow{1.33} Br^- \qquad BrO_3^- \xrightarrow{1.52} Br_2$$

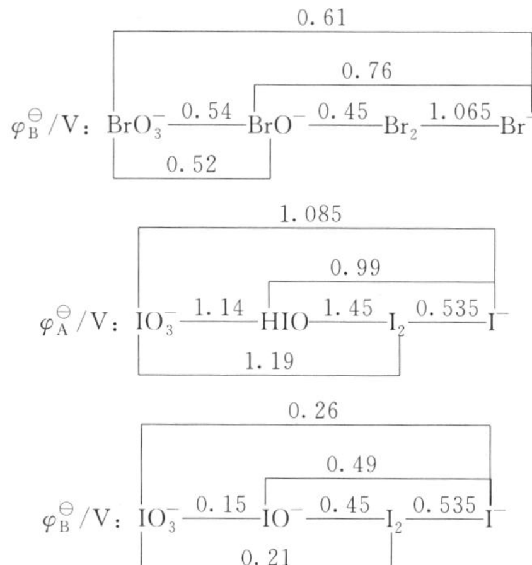

从以上标准电极电势图可以看出：

（1）卤素单质的氧化性：$F_2>Cl_2>Br_2>I_2$；卤负离子的还原性：$I^->Br^->Cl^->F^-$。

单质作为氧化剂，前面的卤素可以把后面的卤素从它们的卤化物中置换出来。故 Cl_2 可以氧化 Br^-、I^-，而且过量的 Cl_2 可将 I_2 进一步氧化为无色的 IO_3^-：

$$I_2+5Cl_2+6H_2O \longrightarrow 2IO_3^-+10Cl^-+12H^+$$

请结合标准电极电势考虑 Br_2 与氯水能否发生类似反应，为什么？

（2）Cl_2、Br_2、I_2 单质在碱性介质中可发生歧化反应，再加酸则发生歧化反应的逆反应：

$$X_2+2OH^- \longrightarrow X^-+XO^-+H_2O \quad (X_2=Cl_2,Br_2)$$

Cl_2 在 75℃以下发生以上反应；Br_2 在 0℃以下才可得到 BrO^-；I_2 在碱性介质中不歧化为 IO^-。

$$3X_2+6OH^- \longrightarrow 5X^-+XO_3^-+3H_2O \quad (X_2=Cl_2,Br_2,I_2)$$

Cl_2 在 75℃以上发生上面歧化反应；Br_2 在 50℃以上歧化产物几乎全是 BrO_3^-；I_2 在任何温度均发生以上歧化反应。而在酸性介质中发生歧化反应的逆反应：

$$X^-+XO^-+2H^+ \longrightarrow X_2+H_2O$$

$$5X^-+XO_3^-+6H^+ \longrightarrow 3X_2+3H_2O$$

（3）卤素的含氧酸盐是常见的氧化剂，但是它们在中性、碱性介质中比在酸性中氧化性弱。以 $KClO_3$ 为例，它在中性介质中氧化能力较弱，以至于不能氧化 I^- 为 I_2；但是在酸性介质中，不仅能氧化 I^- 为 I_2，而且还可以进一步氧化 I_2 为 IO_3^-：

$$ClO_3^-+6I^-+6H^+ \longrightarrow 3I_2+Cl^-+3H_2O$$

$$ClO_3^-+5Cl^-+6H^+ \longrightarrow 3Cl_2+3H_2O$$

对照上面两个反应，你可以得出什么结论？

$$2ClO_3^-+I_2 \longrightarrow 2IO_3^-+Cl_2$$

2. 卤化银的颜色和溶解性

卤化银，除 AgF 为离子型化合物外，AgCl、AgBr、AgI 均为共价型化合物，随着卤素负离子半径增大，X^- 的变形性增大，Ag^+ 对 X^- 极化作用增强，因而以 AgCl、AgBr、AgI 的顺序离子的相互极化作用增大，故其卤化银颜色依次加深，所以，AgCl 颜色最浅为白色，

AgBr 为浅黄色，而 AgI 颜色最深为黄色。同时随极化作用增大，溶解性依次降低，AgCl、AgBr、AgI 均不溶于水，也不溶于稀 HNO_3；AgF 为离子型化合物，易溶于水。

卤化银在氨水中的溶解情况是：AgCl 沉淀可溶解于氨水或 $(NH_4)_2CO_3$ 水溶液中，形成 $[Ag(NH_3)_2]^+$，若在此配离子的溶液中加入稀 HNO_3，则 AgCl 白色沉淀又复出，运用这一特征现象可以确定或鉴定 Ag^+ 和 Cl^-。

$$AgCl(s) + 2NH_3 = [Ag(NH_3)_2]^+ + Cl^-$$

$$[Ag(NH_3)_2]^+ + Cl^- + 2H^+ = AgCl\downarrow + 2NH_4^+$$

溴化银（AgBr）在氨水中只能部分溶解，而 AgI 则不能溶解在氨水中（可用不同浓度的 $Na_2S_2O_3$ 溶解 AgBr 和 AgI）。

3. 卤化银的氧化性

AgBr 和 AgI 可以被强还原剂如锌粉或镁粉还原（从标准电极电势的角度解释为什么？如何求 $\varphi^{\ominus}_{AgCl/Ag}$、$\varphi^{\ominus}_{AgBr/Ag}$、$\varphi^{\ominus}_{AgI/Ag}$？$\varphi^{\ominus}_{Zn^{2+}/Zn} = -0.763V$、$\varphi^{\ominus}_{Mg^{2+}/Mg} = -2.73V$），在 HAc 介质中，AgBr、AgI 中的 Ag^+ 被锌粉或镁粉还原为 Ag，同时会使 Br^- 和 I^- 转入溶液中，Br^- 和 I^- 遇氯水则被氧化为 Br_2 和 I_2，过量的氯水可将 I_2 进一步氧化为无色的 IO_3^-，而过量的氯水则不能氧化 Br_2 为 BrO_3^-（想想为什么?）。

4. 卤素单质的溶解性及溶液颜色

Cl_2、Br_2、I_2 在水中溶解度不大，它们的水溶液分别称为氯水（黄绿色）、溴水（橙红色或橙黄色）、碘水（黄褐色）。Cl_2、Br_2、I_2 在极性的无机溶剂水中和极性的有机溶剂醇、醚、酯中发生溶剂化（即在极性分子作用下，产生诱导偶极，如同极性分子一样，Cl_2、Br_2、I_2 也产生了两个极）。I_2 在非极性溶剂中（如 CCl_4 和苯中）溶解度增大，且呈现它的蒸气的紫红色（不产生诱导偶极，颜色不变深）。Br_2、I_2 为非极性分子，在非极性溶剂中溶解度比在水中大（相似者相溶），利用这种性质，用 CCl_4 或苯从水溶液中萃取或富集卤素单质，以便从水中将它们分离出来。

5. 卤化氢的制备及 HX 的还原性

关于卤化氢的制备，只有 HF 和 HCl 可以用相应的盐和浓 H_2SO_4 反应来制备，而 HBr 和 HI 则不能用相应的盐和浓 H_2SO_4 的反应来制备。这是由于浓 H_2SO_4 有氧化性，而 HBr 和 HI 具有还原性，且由于卤化氢的还原性依 HF、HCl、HBr、HI 次序依次增大，故浓 H_2SO_4 不被 HF、HCl 还原，而 HBr 将浓 H_2SO_4 还原成 SO_2，HI 将浓 H_2SO_4 还原为 H_2S。根据以上叙述你能否写出 CaF_2、NaCl 在常温时和浓 H_2SO_4 的反应？能否写出 NaBr、KI 和浓 H_2SO_4 的反应（后两者分两步写，先生成 HX，再 HBr、HI 还原浓 H_2SO_4）？

三、仪器和试剂

1. 仪器

离心机；5mL 离心试管 8 支；15mm×150mm 试管 20 支；玻璃棒；去离子水瓶；试管夹；100mL 烧杯；250mL 烧杯；酒精灯；石棉网；火柴。

2. 试剂

所列溶液浓度的单位均为 $mol \cdot L^{-1}$，为了方便只标浓度数值。

氯水；溴水；碘水；品红溶液；淀粉溶液；CCl_4；锌粉；pH 试纸；$Pb(Ac)_2$ 试纸；淀粉 KI 试纸。

酸：H_2SO_4（2、6、浓）；HNO_3（6）；HAc（6）；HCl（2）。

碱：NaOH（2）；$NH_3 \cdot H_2O$(浓、2)。

盐：KBr(固、0.1)；KI（固、0.1)；NaCl（固、0.1)；$Na_2S_2O_3$（0.1)；$KClO_3$（饱和)；$AgNO_3$（0.1)。

四、实验内容及操作步骤

1. 实验内容

(1) 卤素单质的歧化反应和逆反应。

(2) 卤素单质的氧化性。

(3) 卤化氢的还原性。

(4) 次氯酸钠的氧化性和漂白性。

(5) 氯酸盐的氧化性。

(6) Cl^-、Br^-、I^-混合离子的分离与鉴定。

2. 操作步骤

18

(1) 卤素单质的歧化反应和逆反应

① 在溴水（观察水溶液颜色）中滴加 $2mol \cdot L^{-1}$ NaOH 溶液，有何变化？再加数滴 $2mol \cdot L^{-1}$ H_2SO_4 溶液，又有什么现象？

② 用碘水代替溴水进行实验（可加淀粉指示剂）。

③ 用氯水代替溴水进行实验。

写出上列各步反应式。用电极电势说明反应为什么可以发生。

(2) 卤素单质的氧化性

① 试管中加 3 滴 $0.1mol \cdot L^{-1}$ KBr 溶液、5 滴 CCl_4，再滴加适量氯水，振荡，观察现象。滴加过量氯水，有无变化？

② 试管中加 1 滴 $0.1mol \cdot L^{-1}$ KI 溶液、5 滴 CCl_4，再滴加适量氯水，振荡，观察现象。滴加过量氯水振荡，观察现象。

③ 试管中加 3 滴 $0.1mol \cdot L^{-1}$ KI 溶液、5 滴 CCl_4，再加适量溴水，振荡，观察现象。再滴加过量溴水并振荡，CCl_4 层中是否变化？为什么？

④ 试管中加 3 滴 $0.1mol \cdot L^{-1}$ NaCl 溶液、5 滴 CCl_4，再加溴水并振荡，观察现象。说明是否有反应？

⑤ 用碘水代替④中的溴水进行实验，观察现象，并说明是否有反应。

根据以上实验结果，总结氯、溴、碘单质氧化性的相对大小，写出各步反应式。

⑥ 在⑤的试管中加 10 滴 $0.1mol \cdot L^{-1}$ $Na_2S_2O_3$ 溶液，观察现象，写出反应式。

(3) 卤化氢的还原性

① 在1支干燥的试管中加入黄豆粒大小的NaCl固体，再在抽风口下加入3滴浓H_2SO_4，用玻璃棒蘸取一点浓氨水，靠近试管口，检验生成的气体。

② 在1支干燥的试管中加入黄豆粒大小的NaBr固体，再在抽风口下加入3滴浓H_2SO_4，用湿润的淀粉碘化钾试纸检验生成的Br_2蒸气（或用湿润的pH试纸检验生成的SO_2气体），观察试管中产物颜色。

③ 在1支干燥的试管中加入黄豆粒大小的KI固体，再在抽风口下加入3滴浓H_2SO_4，用湿润的$Pb(Ac)_2$试纸检验生成的气体H_2S［注意观察$Pb(Ac)_2$试纸上除了变黑外，有时还有发黄现象，想想为什么?］，观察试管中产物的颜色。

写出上述有关反应式，比较HCl、HBr、HI还原性的相对强弱（说明浓H_2SO_4是否被还原，产物是什么?）。

（4）次氯酸钠的氧化性和漂白性

在1支试管中加入约3mL氯水，滴加2～3滴$2mol \cdot L^{-1}$ NaOH溶液，用pH试纸检验溶液呈弱碱性即可（碱性千万不能过强，否则滴加KI的实验现象不明显）。将溶液分成3份于3支试管A、B、C中。

① 在试管A中加入10滴$2mol \cdot L^{-1}$HCl溶液，用湿润的淀粉KI试纸检验逸出的气体。

② 在试管B中加入1滴淀粉试液，再加入10滴$0.1mol \cdot L^{-1}$ KI溶液，注意观察现象。若现象不明显说明ClO^-溶液碱性太强，以至于I_2歧化为IO_3^-和I^-，可以再加入$2mol \cdot L^{-1}$ H_2SO_4溶液，使I_2再现的方法证实。然后重新制备ClO^-，使ClO^-和I^-反应。

③ 在试管C中加入1～2滴品红溶液，观察其褪色情况（若现象不明显可用去离子水加品红做对照）。

解释现象并写出有关反应式。

（5）氯酸盐的氧化性

① 在试管中加入2～3滴$0.1mol \cdot L^{-1}$ KI溶液，再加入1mL饱和$KClO_3$溶液、1滴淀粉溶液，并微热，观察现象。说明有无反应，为什么?

② 在①溶液中，再加入10滴$6mol \cdot L^{-1}$ H_2SO_4溶液，振荡试管，观察现象，若淀粉碘溶液的蓝色不褪色，再微热直至褪色。这里发生了几步反应，写出各步反应式。

对比①和②说明ClO_3^-（其他含氧酸根亦如此）氧化性与酸碱介质的关系如何?

（6）Cl^-、Br^-、I^-混合离子的分离与鉴定

① AgX沉淀的制取：在1支离心试管中同时加入浓度均为$0.1mol \cdot L^{-1}$ NaCl、NaBr、KI溶液各2滴，再加入2～3滴$6mol \cdot L^{-1}HNO_3$溶液酸化，然后加入$0.1mol \cdot L^{-1}$ $AgNO_3$溶液至卤化银完全沉淀（一定要确保！为什么？如何确保?），离心分离，弃去上层清液，用去离子水洗涤两次，再次离心后留沉淀。

②Cl^-（或Ag^+）的分离与鉴定：在①的沉淀中加入$2mol \cdot L^{-1}$ $NH_3 \cdot H_2O$溶液1～2mL，充分搅拌，使AgCl沉淀转化为$[Ag(NH_3)_2]^+$，而AgBr和AgI仍为沉淀（为什么?），离心后保留沉淀并将清液转移至另一支试管中，加入$6mol \cdot L^{-1}HNO_3$溶液至有白色沉淀产生。

③ 锌粉还原AgBr和AgI，使Br^-、I^-重新进入水溶液中。

在②所保留的AgBr、AgI混合沉淀中，加水洗涤离心分离两次，弃去洗涤水，在沉淀中加10滴水和少量锌粉，再加1mL $6mol \cdot L^{-1}$HAc溶液，水浴中加热并充分搅拌（为什

么?)，离心后将含有 Br^- 和 I^- 的清液转移到另一支试管中。

④ Br^-、I^- 的分离与鉴定：向③的清液中加入 0.5mL CCl_4，再逐滴加入饱和氯水，边加边振荡，观察 CCl_4 层从紫红色变成橙黄色，表示有 I^- 和 Br^- 存在及二者的分离过程，最后碘以无色的 IO_3^- 存在于水溶液中，而 Br_2 则富集在 CCl_4 层中（为什么?）。

写出以上各步反应式，并简要解释。

3. 注意事项

(1) 使用离心机时注意放置试管的位置，试管内装液的质量要对称和平衡；启动要慢，转速适宜，停止时要任其自然停止，切勿用手或其他物品相阻而使之骤停。

(2) 离心试管不能直接用酒精灯加热，应该用水浴加热或者将溶液转移至试管中加热。

(3) 试管加热时，试管口不可对着任何人。

(4) 向试管中滴加药品时，除了滴加浓硫酸时可以伸入到试管内部，其他所有试剂均要悬空滴加，以防止试剂交叉污染。

五、思考题

1. 如何用 $0.1mol \cdot L^{-1} AgNO_3$、$2mol \cdot L^{-1} NH_3 \cdot H_2O$ 和 $6mol \cdot L^{-1} HNO_3$ 溶液鉴定 Cl^- 或 Ag^+?

2. AgCl、AgBr、AgI 在氨水中的溶解性如何？你能通过计算说明 1L 多少浓度的氨水才可溶解 0.10mol 的 AgCl、AgBr、AgI? 0.10mol 的 AgBr 和 AgI 能溶在 1L 多少浓度 ($mol \cdot L^{-1}$) 的 $Na_2S_2O_3$ 中?

3. 向一未知液中加入 Cl^-，没有白色沉淀，能否说明此未知液中从没含有 Ag^+? 如何证明?

4. 氯水、溴水和碘水在常温时与碱（NaOH）都能发生歧化反应，生成次卤酸根和卤离子的反应为一类歧化反应，生成卤酸根和卤离子的反应为二类歧化反应，讨论 Cl_2、Br_2、I_2 在常温时与碱发生歧化反应的类型是否相同。Br_2 在 0～50℃发生哪类歧化?

5. 在酸性介质中 Cl^- 和 I^- 均能还原 ClO_3^-，ClO_3^- 被 Cl^- 和 I^- 还原的产物有什么不同? 说明什么问题?

6. 向含有 Cl^-、Br^-、I^- 等离子（等浓度）的溶液中加入 $AgNO_3$，如何保证沉淀完全? 若沉淀不完全，会对后续实验有何影响（即可能丢掉哪种离子)?

7. 向 AgBr 和 AgI 混合沉淀中加入 Zn 粉，若不充分搅拌会丢掉什么离子? 说明为什么。

8. Cl^-、Br^-、I^- 混合离子的分离与鉴定中，若最后只能检出 I^-（CCl_4 层为紫红色)，而不能检出 Br^-（过量氯水使 CCl_4 层的紫红色褪色后，CCl_4 层中无色)，请讨论哪一步有可能丢掉 Br^-。

B. 氧、硫、氮、磷、锑、铋实验

一、实验目的

1. 了解硫、氮、磷、锑、铋所组成盐的水溶性以及水溶性盐和氧化物的水合物的酸碱性。

2. 掌握氧、硫、氮、磷、锑、铋化合物的氧化还原性。

3. 学会有关氧、硫、氮、磷元素所形成离子及化合物的鉴定。

二、实验原理

1. 盐的水溶性、水解性以及含氧酸和氢氧化物的酸碱性

(1) 盐的水溶性

盐的水溶性除和温度有关外，主要取决于盐的性质：金属离子的半径、电荷、构型，酸根离子的种类（属于强酸还是弱酸酸根离子）、负电荷多少等。一般金属离子的半径大、电荷少、离子构型为8电子构型者，其盐易溶于水，例如 Na^+、K^+、Rb^+、Cs^+ 很少有不溶性盐（它们和大的阴离子如 ClO_4^-、BiO_3^-、$[PtCl_2]^{2-}$ 形成的盐是比较难溶的）。相反，金属离子半径小、电荷多、离子构型为9～17、18或18+2电子构型者，其盐不易溶于水，尤其是和负电荷多、半径大的弱酸酸根离子如 CO_3^{2-}、PO_4^{3-}、S^{2-}、HPO_4^{2-} 等形成的盐难溶，如 $Ca_3(PO_4)_2$、$Ca(H_2PO_4)_2$、$MgCO_3$、$CaCO_3$、ZnS、CuS、AgS、HgS、Sb_2S_3、Bi_2S_3 等均为不溶性盐。

(2) 水溶性盐的酸碱性

盐水溶液的酸碱性取决于盐的水解。多元弱酸强碱盐水溶液的酸碱性取决于第一步水解。例如 Na_3PO_4 水溶液中，水解以第一步 $PO_4^{3-}+H_2O \rightleftharpoons HPO_4^{2-}+OH^-$ 为主，故 $c(OH^-)=\sqrt{\dfrac{K_w^\ominus}{K_{a_3}^\ominus}c(PO_4^{3-})}$。

而对于多元弱酸酸式强碱盐，其水溶液的酸碱性，取决于水解和电离的综合结果，基本上与酸式盐酸根离子浓度无关，而与弱酸的各级电离常数 $K_{a_1}^\ominus$、$K_{a_2}^\ominus$、$K_{a_3}^\ominus$ 有关。

对于 NaH_2PO_4、$NaHCO_3$ 水溶液：

$$c(H^+)=\sqrt{K_{a_1}^\ominus K_{a_2}^\ominus}$$

对于 Na_2HPO_4 水溶液：

$$c(H^+)=\sqrt{K_{a_2}^\ominus K_{a_3}^\ominus}$$

(3) 含氧酸和氢氧化物的酸碱性

含氧酸和氢氧化物均可简单地用R—O—H通式表示，其酸碱性取决于R—O—H电离时是从Ⅰ处还是从Ⅱ处断裂（即取决于 R^{n+} 和 O^{2-} 以及 O^{2-} 和 H^+ 之间静电引力的相对大小）：

Ⅰ R┆—O—H 碱式电离　　Ⅱ R—O—┆H 酸式电离

一般随 R^{n+} 半径减小、电荷增多，静电引力 $F_{R^{n+}、O^{2-}}>F_{O^{2-}、H^+}$，R—O—H从Ⅱ处断裂，进行酸式电离，且 R^{n+} 半径越小，电荷越多，酸性越强；反之则 $F_{R^{n+}、O^{2-}}<F_{O^{2-}、H^+}$，则R—O—H从Ⅰ处断裂，进行碱式电离，且 R^{n+} 半径越大，电荷越少，碱性越强。$F_{R^{n+}、O^{2-}}\approx F_{O^{2-}、H^+}$ 时，则两种可能性均有，R—O—H为两性物质：

H_3ASO_3（两性偏酸）　　$Sb(OH)_3$（两性）　　$Bi(OH)_3$（弱碱性）

酸性：$H_2SO_4>H_2SO_3$；$HNO_3>HNO_2$。

2. 化合物的氧化还原性

同一元素所组成的不同氧化值的物质：低氧化值者具有还原性，如 H_2S、HI 等；中间氧化值者既具有氧化性，又具有还原性，如 H_2O_2、$Na_2S_2O_3$、Na_2SO_3、$NaNO_2$ 等；而最高氧化值者具有氧化性，如浓 HNO_3、浓 H_2SO_4 等。

H_2O_2、NO_2^-、SO_3^{2-} 既能被强氧化剂氧化，又能被还原剂还原：

$$2MnO_4^- + 5H_2O_2 + 6H^+ = 2Mn^{2+} + 5O_2\uparrow + 8H_2O$$

$$H_2O_2 + 2H^+ + 2I^- = 2H_2O + I_2$$

$$5NO_2^- + 2MnO_4^- + 6H^+ = 5NO_3^- + 2Mn^{2+} + 3H_2O$$

$$2NO_2^- + 2I^- + 4H^+ = 2NO + I_2 + 2H_2O$$

$$3SO_3^{2-} + Cr_2O_7^{2-} + 8H^+ = 3SO_4^{2-} + 2Cr^{3+} + 4H_2O$$

$$SO_3^{2-} + 2H_2S + 2H^+ = 3S\downarrow + 3H_2O$$

还有一类氧化还原反应属于歧化反应：

$$S_2O_3^{2-} + 2H^+ = SO_2\uparrow + S\downarrow + H_2O$$

$$2H_2O_2 = 2H_2O + O_2\uparrow$$

H_2O_2 作为氧化剂时，常见有气泡放出，就是发生了上述分解反应。

$$\varphi_A^\ominus/V: H_2SO_3 \xrightarrow{0.40} H_2S_2O_3 \xrightarrow{0.50} S$$

$$\varphi_A^\ominus/V: O_2 \xrightarrow{0.69} H_2O_2 \xrightarrow{1.77} H_2O$$

上述歧化反应之所以发生，均是由于 $\varphi_{右}^\ominus > \varphi_{左}^\ominus$。

3. 氧、硫、氮、磷的有关离子及化合物的鉴定

(1) H_2O_2 的鉴定

在含有 $Cr_2O_7^{2-}$ 的酸性溶液中，加入 H_2O_2 水溶液，生成深蓝色的过氧化铬 $CrO(O_2)_2$：

$$Cr_2O_7^{2-} + 4H_2O_2 + 2H^+ = 2CrO(O_2)_2 + 5H_2O$$

$CrO(O_2)_2$ 极不稳定，易分解放出氧气：

$$4CrO(O_2)_2 + 12H^+ = 4Cr^{3+} + 7O_2\uparrow + 6H_2O$$

为了提高 $CrO(O_2)_2$ 的稳定性，此反应常在冷的乙醚或戊醇溶液中进行。常用此反应鉴定 H_2O_2 或 Cr(Ⅵ)。

(2) S^{2-}、SO_3^{2-} 和 $S_2O_3^{2-}$ 的鉴定

① 最常用的方法是向其盐中加入稀 HCl：

$$S^{2-} + 2H^+ = H_2S\uparrow$$

$$SO_3^{2-} + 2H^+ = SO_2\uparrow + H_2O$$

$$S_2O_3^{2-} + 2H^+ = SO_2\uparrow + H_2O + S\downarrow$$

② S^{2-} 还可以用其金属硫化物的特征颜色及硫化物的溶解性鉴定，例如：

ZnS	MnS	CdS	PbS	CuS	Ag_2S	HgS
白↓	肉色↓	黄↓	黑↓	黑↓	黑↓	黑↓
溶于稀 HCl		溶于浓 HCl		溶于浓 HCl		溶于王水

③ 鉴定 $S_2O_3^{2-}$ 还可用 $AgNO_3$：

$$S_2O_3^{2-} + 2Ag^+(\text{过量}) \longrightarrow Ag_2S_2O_3\downarrow(\text{白色})$$

沉淀的颜色变化很有特点：白→浅黄→黄→浅棕→棕→深棕→黑。一般简述为白→黄→棕→黑。

$$2Ag^+ + S_2O_3^{2-} \longrightarrow \underset{\text{白}}{Ag_2S_2O_3\downarrow}$$

$$Ag_2S_2O_3 + H_2O \longrightarrow H_2SO_4 + \underset{\text{黑}}{Ag_2S\downarrow}$$

(3) 鉴定 NO_3^- 和 NO_2^- 的方法

① 棕色环法鉴定 NO_3^-：

$$3Fe^{2+} + NO_3^- + 4H^+ \longrightarrow 3Fe^{3+} + 2H_2O + NO$$

$$NO + FeSO_4 \xrightarrow{\text{浓}H_2SO_4} \underset{\text{棕色配合物}}{[Fe(NO)]SO_4}$$

② NO_2^- 的鉴定：NO_2^- 的鉴定也可用棕色环法。HAc 作为介质也可鉴定 NO_2^-（棕色环法），但形成棕色溶液，不成环：

$$NO_2^- + 2Fe^{2+} + 2HAc \longrightarrow [Fe(NO)]^{2+} + Fe^{3+} + 2Ac^- + H_2O$$

鉴定 NO_2^- 可用加 NH_4^+ 盐共热放氮气的方法：

$$NO_2^- + NH_4^+ \xrightarrow{\triangle} N_2\uparrow + 2H_2O$$

(4) 鉴定 NH_4^+ 的方法

NH_4^+ 与 OH^- 共热，生成使湿的红色石蕊试纸变蓝的气体：

$$NH_4^+ + OH^- \xrightarrow{\triangle} NH_3\uparrow + H_2O$$

(5) 鉴定 PO_4^{3-} 的方法

利用 PO_4^{3-} 与钼酸铵在酸性介质中作用，生成难溶于水的黄色沉淀：

$$PO_4^{3-} + 3NH_4^+ + 12MoO_4^{2-} + 24H^+ \longrightarrow \underset{\text{黄色}}{(NH_4)_3PO_4 \cdot 12MoO_3 \cdot 6H_2O\downarrow} + 6H_2O$$

三、仪器和试剂

1. 仪器

离心机；5mL 离心试管 8 支；15mm×150mm 试管 20 支；玻璃棒；去离子水瓶；试管夹；100mL 烧杯；250mL 烧杯；酒精灯；石棉网；火柴。

2. 试剂

各液体试剂浓度单位均为 $mol \cdot L^{-1}$，以下略。

酸：HCl(2，6)；H_2SO_4(2，6，浓)；H_2S（饱和液）；HNO_3(6)。

碱：NaOH(2，6)。

盐：Na_2SO_3(s)；$NaBiO_3$(s)；$FeSO_4$(s)；$NaNO_2$(s)；$KMnO_4$(0.01)；$(NH_4)_2MoO_4$（饱和）；$Pb(NO_3)_2$(0.2)。

以下各盐浓度均为 $0.1mol \cdot L^{-1}$：Na_3PO_4；Na_2HPO_4；NaH_2PO_4；$CaCl_2$；KI；$NaNO_3$；$NaNO_2$；$K_2Cr_2O_7$；$FeCl_3$；$Na_2S_2O_3$；$AgNO_3$；NH_4Cl。

其他：pH 试纸；蓝色石蕊试纸；3% H_2O_2；戊醇。

四、实验内容及操作步骤

1. 实验内容

（1）盐的溶解性和酸碱性以及氢氧化物的酸碱性。

（2）一些化合物的氧化还原性：H_2O_2 的氧化还原性，H_2SO_3 的生成及氧化还原性，H_2S 的还原性，$NaBiO_3$ 的氧化性。

（3）H_2O_2、$S_2O_3^{2-}$、NO_3^- 和 PO_4^{3-} 等化合物及离子的特征鉴定。

2. 操作步骤

（1）盐的溶解性和酸碱性以及氢氧化物的酸碱性

① Na_3PO_4、Na_2HPO_4、NaH_2PO_4 溶液的酸碱性：用 pH 试纸分别测试 $0.1mol \cdot L^{-1}$ 的 Na_3PO_4、Na_2HPO_4、NaH_2PO_4 溶液的 pH 值，写出相关反应式，计算各自 pH 的理论值。

② 多元弱酸盐的溶解性：在 3 支试管中分别加入 1mL $0.1mol \cdot L^{-1}$ Na_3PO_4、Na_2HPO_4、NaH_2PO_4 溶液，再各加入 0.5mL $0.1mol \cdot L^{-1}$ $CaCl_2$ 溶液，观察各试管中现象的差别，说明这三种钙盐的水溶性。

向上述 3 个试管中先各加几滴 $2mol \cdot L^{-1}$ NaOH 溶液，再各加几滴 $2mol \cdot L^{-1}$ HCl 溶液，观察各自现象并解释。

（2）化合物的氧化还原性

① H_2O_2 的氧化还原性

Ⅰ. 在试管中加几滴 $0.1mol \cdot L^{-1}$ KI 溶液和几滴 $2mol \cdot L^{-1}$ H_2SO_4 酸化，然后再加几滴 3% H_2O_2 溶液，观察现象，写出反应式，用标准电极电势 $\varphi^\ominus$ 解释反应为什么可以发生。

Ⅱ. 在试管中加入 $0.01mol \cdot L^{-1}$ $KMnO_4$ 溶液几滴，用稀 H_2SO_4 酸化，然后滴加 3% H_2O_2 溶液，观察现象，写出反应式，用电极电势解释。

Ⅲ. 在试管中加入几滴 $0.2mol \cdot L^{-1}$ $Pb(NO_3)_2$ 溶液，再向其中加入饱和 H_2S 水溶液至产生黑色沉淀，再加入数滴 3% H_2O_2 溶液，充分振荡并微热，观察沉淀颜色的变化，写出有关反应式，估计 $\varphi^\ominus_{PbSO_4/PbS}$ 相对大小，说明 H_2O_2 为什么可氧化 PbS 为 $PbSO_4$。

② H_2SO_3 的生成及氧化还原性

Ⅰ. H_2SO_3 的生成：在一支试管中加入少量 Na_2SO_3 固体，加入 2mL $2mol \cdot L^{-1}$ H_2SO_4 溶液，用湿润的蓝色石蕊试纸检验生成的气体，写出有关反应式。

将试液分成两份，进行Ⅱ、Ⅲ实验。

Ⅱ. 在上述的一支试管中加入几滴 $0.1mol \cdot L^{-1}$ $K_2Cr_2O_7$ 溶液，观察现象。

Ⅲ. 在另一支试管中加入饱和 H_2S 水溶液，观察现象。

通过Ⅱ、Ⅲ实验总结 H_2SO_3 及其盐的性质，写出有关反应式。

③ H_2S 的还原性

Ⅰ. 在一支试管中加入 10 滴 $0.01mol \cdot L^{-1}$ $KMnO_4$ 溶液，加约 1mL $2mol \cdot L^{-1}$ H_2SO_4 溶液酸化，再滴加饱和 H_2S 溶液至溶液为无色透明（若有白色浑浊，可能是 $KMnO_4$ 量不够，而且酸化不充分，可重新做至溶液无色透明），写出反应式。

Ⅱ. 在另一支试管中加入 10 滴 $0.1mol \cdot L^{-1}$ $FeCl_3$ 溶液，滴加 H_2S 饱和液至有白色浑浊，写出反应式。

根据Ⅰ、Ⅱ总结 H_2S 遇不同强度的氧化剂，氧化产物有何不同。

④ $NaBiO_3$ 的氧化性

在一支试管中先加入 2 滴 0.1mol·L^{-1} $MnSO_4$ 溶液，加约 1mL 6mol·L^{-1} HNO_3 溶液酸化，再加少许 $NaBiO_3$ 固体粉末（观察 $NaBiO_3$ 粉末的颜色及溶解性），充分振荡或微微加热，观察溶液颜色变化，写出反应式。说明 $NaBiO_3$ 和 $KMnO_4$ 氧化性相对强弱。

（3）有关离子及化合物的特征鉴定

① H_2O_2 的鉴定：在一支试管中加入 3% H_2O_2 溶液和戊醇各 10 滴，加 5 滴 2mol·L^{-1} H_2SO_4 溶液，再加 1～2 滴 0.1mol·L^{-1} $K_2Cr_2O_7$ 溶液，振荡试管，观察现象，写出鉴定反应式。

② $S_2O_3^{2-}$ 的鉴定：在一支试管中先加入 0.1mol·L^{-1} $Na_2S_2O_3$ 溶液约 0.5mL，滴加 0.1mol·L^{-1} $AgNO_3$ 溶液至产生白色沉淀，注意观察沉淀颜色的变化，写出有关鉴定反应式。

注意：$AgNO_3$ 和 $Na_2S_2O_3$ 的加入量，若 $Na_2S_2O_3$ 过量，现象如何？用实验证明。

③ NO_3^- 的鉴定：在试管中加入约 1mL 0.1mol·L^{-1} $NaNO_3$ 溶液，加入少量 $FeSO_4$ 晶体，摇匀，一定使 $FeSO_4$ 晶体完全溶解，左手斜持试管，右手用滴管将约 1mL 浓 H_2SO_4 沿试管壁慢慢滴下，勿使试管振动。由于浓 H_2SO_4 密度较大，浓 H_2SO_4 流入试管底部，形成具有椭圆界面的两层，这时就会看到界面上慢慢形成一个棕色环。试用反应式表示鉴定反应。

④ PO_4^{3-} 的鉴定：在一支试管中加入约 0.5mL 0.1mol·L^{-1} Na_3PO_4 溶液，再加入约 0.5mL 6mol·L^{-1} HNO_3 溶液，然后再加入约 3mL 饱和 $(NH_4)_2MoO_4$ 溶液，观察黄色沉淀的形成。如果没出现沉淀，进行微热即可。写出鉴定反应式。

注意：生成的黄色沉淀溶于过量的碱金属磷酸盐，形成可溶性配合物，所以要加入过量的钼酸铵。沉淀也溶于碱中，所以鉴定反应要加 6mol·L^{-1} HNO_3 溶液，以防沉淀溶解而见不到黄色沉淀。

3. 注意事项

（1）使用离心机时注意放置试管的位置，试管内装液的质量要对称和平衡；启动要慢，转速适宜，停止时要任其自然停止，切勿用手或其他物品相阻而使之骤停。

（2）离心试管不能直接用酒精灯加热，应该用水浴加热或者将溶液转移至试管中加热。

（3）试管加热时，试管口不可对着任何人。

（4）向试管中滴加药品时，除了滴加浓硫酸时可以伸入到试管内部，其他所有试剂均要悬空滴加，以防止试剂交叉污染。

五、思考题

1. 为什么一般情况下 K^+、Na^+、NH_4^+、NO_3^- 盐易溶，而磷酸的 3 种酸根离子与 Ca^{2+}、Mg^{2+}形成的盐溶解性不同？试从离子间的静电引力大小，讨论这些盐的溶解性。

2. 试对 $PO_4{}^{3-}$ 鉴定中，有时不出现黄色沉淀的原因进行讨论。

3. 酸式盐水溶液一定显酸性吗？举本实验中的实例说明。

4. 假定有 5 瓶失去标签的白色固体，它们分别是 $NaNO_3$、$NaNO_2$、Na_2S、Na_2SO_3、NaS_2O_3，你能设计一个实验方案只需一步就将它们区分开吗？

实验十

元素及其化合物性质（二）

一、实验目的

1. 了解 d 区、ds 区氢氧化物或氧化物的生成与性质。
2. 掌握 $K_2Cr_2O_7$、$KMnO_4$、$CoCl_2$ 等化合物的重要性质。
3. 掌握 d 区、ds 区重要配合物的性质及一些离子的鉴定方法。
4. 了解 Cu(Ⅰ) 与 Cu(Ⅱ)、Hg(Ⅰ) 与 Hg(Ⅱ) 重要化合物的性质及其相互转化条件。
5. 加深对三废污染环境危害的认识，提高环保意识。

二、实验原理

19

1. 氢氧化物

在 Cr^{3+}、Mn^{2+}、Fe^{2+} 等盐溶液中，分别加入适量的 NaOH 溶液，生成的氢氧化物或氧化物均难溶于水。产物见表 1-15。

表 1-15　d 区、ds 区重要化合物的氢氧化物或氧化物

盐溶液	Cr^{3+}	Mn^{2+}	Fe^{2+}	Fe^{3+}	Co^{2+}	Ni^{2+}	Cu^{2+}	Ag^{+}	Zn^{2+}	Cd^{2+}	Hg^{2+}	Hg_2^{2+}
加适量 NaOH 生成的产物	$Cr(OH)_3$	$Mn(OH)_2$	$Fe(OH)_2$	$Fe(OH)_3$	$Co(OH)_2$	$Ni(OH)_2$	$Cu(OH)_2$	Ag_2O	$Zn(OH)_2$	$Cd(OH)_2$	HgO	HgO+Hg
颜色	灰绿	白	白	棕红	粉红	绿	蓝	棕黑	白	白	黄	黄黑

$Cr(OH)_3$ 呈两性，既溶于酸又溶于碱：

$$Cr(OH)_3 + OH^- \xlongequal{} \underset{\text{亮绿色}}{[Cr(OH)_4]^-}$$

$[Cr(OH)_4]^-$ 具有还原性，可将 H_2O_2 还原：

$$\underset{\text{亮绿色}}{2[CrOH_4]^-} + 3H_2O_2 + 2OH^- \xlongequal{\triangle} \underset{\text{黄色}}{2CrO_4^{2-}} + 8H_2O$$

$Mn(OH)_2$、$Fe(OH)_2$ 在空气中非常不稳定，易被氧化，分别发生下列反应：

$$4Mn(OH)_2 + O_2 \xlongequal{} 4MnO(OH)\downarrow + 2H_2O$$

$$4MnO(OH)+O_2+2H_2O═4MnO(OH)_2\downarrow$$

$$4Fe(OH)_2+O_2+2H_2O═4Fe(OH)_3\downarrow$$

$Fe(OH)_2$ 很快被空气氧化，在氧化过程中可以生成绿色到黑色的各种中间产物。

$Co(OH)_2$ 在空气中缓慢氧化，$Ni(OH)_2$ 在空气中稳定。

$$4Co(OH)_2+O_2═4CoO(OH)+2H_2O$$

褐色

从在空气中的稳定性可以看出，它们的还原能力是：$Fe(OH)_2>Co(OH)_2>Ni(OH)_2$。

$Fe(OH)_2$、$Co(OH)_2$、$Ni(OH)_2$ 均可以被溴水氧化，发生如下反应：

$$M(OH)_2+\frac{1}{2}Br_2+OH^-═MO(OH)\downarrow+Br^-+H_2O\quad(M=Fe、Co、Ni)$$

$CoO(OH)$、$NiO(OH)$（黑色）氧化性很强，可将 HCl 氧化；而 $Fe(OH)_3$ 则不能。

$$2MO(OH)+6H^++2Cl^-═Cl_2\uparrow+2M^{2+}+4H_2O\quad(M=Co、Ni)$$

氧化性：$Fe(OH)_3<CoO(OH)<NiO(OH)$。

$Zn(OH)_2$ 呈两性。$Cu(OH)_2$ 两性偏碱，溶于浓度较大的碱。而 $Cd(OH)_2$ 几乎不溶于碱，呈碱性。

$$M(OH)_2+2OH^-═[M(OH)_4]^{2-}\quad(M=Zn、Cu)$$

$Zn(OH)_2$、$Cu(OH)_2$、$Cd(OH)_2$ 均溶于氨水，形成配离子：

$$M(OH)_2+4NH_3═[M(NH_3)_4]^{2+}+2OH^-$$

$[Zn(NH_3)_4]^{2+}$、$[Cd(NH_3)_4]^{2+}$ 均无色，$[Cu(NH_3)_4]^{2+}$ 为深蓝色。$Co(OH)_2$、$Ni(OH)_2$ 溶于氨水，可发生下列反应：

$$M(OH)_2+6NH_3═[M(NH_3)_6]^{2+}+2OH^-\quad(M=Co、Ni)$$

$[Co(NH_3)_6]^{2+}$ 不稳定，易被空气氧化：

$$4[Co(NH_3)_6]^{2+}+O_2+2H_2O═4[Co(NH_3)_6]^{3+}+4OH^-$$

土黄色　　　　　　　　　　　　红棕色

$[Ni(NH_3)_6]^{2+}$ 为紫色，在空气中稳定。

$Fe(OH)_2$、$Fe(OH)_3$ 不溶于氨水。

2. $K_2Cr_2O_7$、$KMnO_4$ 等化合物的重要性质

(1) $K_2Cr_2O_7$ 是橙红色的晶体，在酸性溶液中有较强的氧化性，可被还原为 Cr^{3+}。例如：

$$Cr_2O_7^{2-}+6Fe^{2+}+14H^+═2Cr^{3+}+6Fe^{3+}+7H_2O$$

$$Cr_2O_7^{2-}+3H_2O_2+8H^+═2Cr^{3+}+3O_2\uparrow+7H_2O$$

在铬酸盐或重铬酸盐溶液中，存在下列平衡：

$$2CrO_4^{2-}+2H^+\rightleftharpoons Cr_2O_7^{2-}+H_2O$$

黄色　　　　　　橙色

因此在不同的介质中，$Cr_2O_7{}^{2-}$ 与 $CrO_4{}^{2-}$ 可以相互转化。

铬酸盐的溶解度一般比重铬酸盐的小。在重铬酸盐溶液中加入 Ba^{2+}、Pb^{2+}、Ag^+ 等沉淀剂时，将生成铬酸盐沉淀。

$$2Ba^{2+}+Cr_2O_7^{2-}+H_2O═2BaCrO_4\downarrow+2H^+$$

黄色

$$2Pb^{2+} + Cr_2O_7^{2-} + H_2O = 2PbCrO_4\downarrow + 2H^+$$

黄色

$$4Ag^+ + Cr_2O_7^{2-} + H_2O = 2Ag_2CrO_4\downarrow + 2H^+$$

砖红色

(2) $KMnO_4$ 是紫红色晶体，是常用的氧化剂，在酸性溶液中氧化性更强。其还原产物因介质不同而异。酸性条件下 MnO_4^- 还原为 Mn^{2+}，强碱性介质中还原为 MnO_4^{2-}，在中性或近中性溶液中还原为 MnO_2。例如，$KMnO_4$ 与 Na_2SO_3 在不同介质中的反应为：

$$2MnO_4^- + 5SO_3^{2-} + 6H^+ = 2Mn^{2+} + 5SO_4^{2-} + 3H_2O$$

$$2MnO_4^- + 3SO_3^{2-} + H_2O = 2MnO_2\downarrow + 3SO_4^{2-} + 2OH^-$$

$$2MnO_4^- + SO_3^{2-} + 2OH^- = 2MnO_4^{2-} + SO_4^{2-} + H_2O$$

绿色

Mn^{2+} 水合离子为浅粉色，稀时无色。在酸性介质中能稳定存在，只有在强酸性介质中才能被强氧化剂（$NaBiO_3$、$K_2S_2O_8$ 等）氧化。

$$5NaBiO_3(s) + 2Mn^{2+} + 14H^+ = 2MnO_4^- + 5Bi^{3+} + 5Na^+ + 7H_2O$$

紫红色

此反应会引起颜色显著变化，特效性好，故通常利用此反应鉴定 Mn^{2+}。

(3) 二氯化钴由于含结晶水数目不同而呈现不同的颜色。它们相互转变的温度及特征颜色如下：

$$CoCl_2\cdot 6H_2O \xleftrightarrow{325.3K} CoCl_2\cdot 2H_2O \xleftrightarrow{363K} CoCl_2\cdot H_2O \xleftrightarrow{393K} CoCl_2$$

粉红色　　紫红色　　蓝紫色　　蓝色

蓝色无水 $CoCl_2$ 溶于水呈粉红色。做干燥剂用的硅胶常含有 $CoCl_2$，利用它吸水和脱水时发生的颜色变化，来表示硅胶的吸湿情况。

3. Cu(Ⅰ) 与 Cu(Ⅱ) 的相互转化

Cu^+ 在溶液中极不稳定，易发生歧化反应：

$$2Cu^+ \rightleftharpoons Cu^{2+} + Cu \quad K^{\ominus} = 1.48\times 10^6$$

Cu(Ⅰ) 的化合物在酸性溶液中，即发生歧化反应。例如：

$$Cu_2O + 2H^+ = Cu + Cu^{2+} + H_2O$$

降低溶液中 Cu^+ 的浓度，可使 Cu(Ⅱ) 转变为 Cu(Ⅰ)。例如：

$$2Cu^{2+} + 4I^- = 2CuI\downarrow + I_2$$

白色

4. Fe(Ⅲ)、Co(Ⅱ)、Ni(Ⅱ) 等的重要配合物

Fe^{3+} 与 KSCN 在酸性溶液中发生下列反应：

$$Fe^{3+} + nSCN^- = [Fe(NCS)_n]^{3-n} \quad (n = 1\sim 6)$$

血红色

此反应非常灵敏，常用于鉴定 Fe^{3+}。

Co^{2+} 与 KSCN 反应生成蓝宝石色 $[Co(NCS)_4]^{2-}$ 配离子：

$$Co^{2+}+4SCN^{-}=[Co(NCS)_4]^{2-}$$

$[Co(NCS)_4]^{2-}$在水溶液中不稳定，易解离；但易溶于丙酮、戊醇等有机溶剂中，使蓝色更显著，利用这一反应可鉴定Co^{2+}。

Fe^{2+}和Fe^{3+}与KCN可形成配合物$K_4[Fe(CN)_6]$（黄血盐）和$K_3[Fe(CN)_6]$（赤血盐）。在Fe^{2+}盐溶液中加入赤血盐，或在Fe^{3+}盐溶液中加入黄血盐，均生成蓝色沉淀。

$$K^{+}+Fe^{2+}+[Fe(CN)_6]^{3-}=KFe[Fe(CN)_6]\downarrow$$

$$K^{+}+Fe^{3+}+[Fe(CN)_6]^{4-}=KFe[Fe(CN)_6]\downarrow$$

这两个反应常用来分别鉴定Fe^{2+}和Fe^{3+}。

在中性或酸性条件下，Cu^{2+}与黄血盐反应生成红褐色沉淀：

$$2Cu^{2+}+[Fe(CN)_6]^{4-}=Cu_2[Fe(CN)_6]\downarrow$$

这是鉴定Cu^{2+}的反应。

Ni^{2+}在氨性溶液中与丁二肟反应生成鲜红色沉淀，利用这一反应可鉴定Ni^{2+}。

$$2\begin{matrix}H_3C-C=N-OH\\ |\\ H_3C-C=N-OH\end{matrix}+Ni^{2+}=\begin{matrix}&O-H\cdots O&\\ H_3C-C=N\nearrow&&\nwarrow N=C-CH_3\\ |&Ni&|\\ H_3C-C=N\nearrow&&\nwarrow N=C-CH_3\\ &O-H\cdots O&\end{matrix}\downarrow+2H^{+}$$

二(丁二肟)镍

三、仪器和试剂

1. 仪器

15mm×150mm 试管 20 支；玻璃棒；去离子水瓶；试管夹；250mL 烧杯；酒精灯；火柴。

2. 试剂

H_2SO_4（$2mol\cdot L^{-1}$）；HNO_3（$6mol\cdot L^{-1}$）；HCl（浓，$6mol\cdot L^{-1}$）；NaOH（$6mol\cdot L^{-1}$，$2mol\cdot L^{-1}$）；$NH_3\cdot H_2O$($6mol\cdot L^{-1}$)。

以下盐溶液或配合物浓度均为$0.1mol\cdot L^{-1}$：$K_2Cr_2O_7$；$KMnO_4$；KI；K_2CrO_4；$K_3[Fe(CN)_6]$；KSCN；$K_4[Fe(CN)_6]$；$CrCl_3$；$MnSO_4$；$(NH_4)_2Fe(SO_4)_2\cdot 6H_2O$；$FeCl_3$；$CoCl_2$；$NiSO_4$；$CuSO_4$；$AgNO_3$；$ZnSO_4$；$Na_2SO_3$；$Na_2S_2O_3$；$SnCl_2$；$Na_2S$；10%葡萄糖；3%$H_2O_2$；溴水；1%丁二肟。

固体试剂：$NaBiO_3$。

其他：淀粉KI试纸；乙醚；丙酮。

四、实验内容及操作步骤

1. 实验内容

(1) Cr^{3+}、Mn^{2+}、Fe^{2+}、Co^{2+}、Ni^{2+}、Cu^{2+}、Ag^{+}、Zn^{2+}等氢氧化物或氧化物的生成与性质。

(2) $K_2Cr_2O_7$、$KMnO_4$等重要化合物性质。

（3）Cr(Ⅲ)、Mn^{2+}等重要配合物及离子鉴定。

2. 操作步骤

20

（1）氢氧化物或氧化物的生成与性质

在Cr^{3+}、Mn^{2+}、Fe^{2+}、Co^{2+}、Ni^{2+}、Cu^{2+}、Ag^{+}、Zn^{2+}的盐溶液中分别加入适量的稀 NaOH 溶液，观察沉淀的颜色，并试验氢氧化物的以下性质。

注意：$Fe(OH)_2$因为极易被空气氧化，制备时需要除氧，可按下列方法制取。

在一支试管中加入 1mL 去离子水和 2 滴稀H_2SO_4溶液，煮沸后赶尽空气。待其冷却后，再加入少量$(NH_4)_2Fe(SO_4)_2 \cdot 6H_2O$晶体。在另一支试管中加入 1mL $6mol \cdot L^{-1}$ NaOH 溶液，煮沸赶尽氧气，冷却后，用一滴管吸取 NaOH 溶液，插入硫酸亚铁铵溶液底部，慢慢放出，观察现象。

① $Mn(OH)_2$、$Fe(OH)_2$、$Co(OH)_2$、$Ni(OH)_2$在空气中的稳定性。

② $Cr(OH)_3$、$Zn(OH)_3$、$Cu(OH)_2$的两性。

③ $Fe(OH)_3$、CoO(OH)、NiO(OH) 的氧化性。在已制取的$Co(OH)_2$、$Ni(OH)_2$的悬浊液中，加入溴水，观察沉淀颜色的变化，然后分别加入浓 HCl，用湿润的淀粉 KI 试纸检验是否有氯气生成。在$Fe(OH)_3$沉淀中加入浓 HCl，检验是否有氯气生成。

④ 在$[Cr(OH)_4]^-$溶液中加入H_2O_2溶液，加热，观察溶液颜色的变化。

⑤ 在$[Cu(OH)_4]^{2-}$溶液中加入少量葡萄糖溶液，加热，观察沉淀的颜色。

⑥ 在Zn^{2+}、Cu^{2+}、Ni^{2+}、Co^{2+}盐溶液中分别加入少量氨水，观察沉淀的颜色。然后再分别加入过量的氨水，观察沉淀溶解、溶液的颜色。

⑦ 将含有$Cu(OH)_2$的悬浊液加热，观察沉淀颜色的变化。

（2）$K_2Cr_2O_7$、$KMnO_4$等重要化合物性质

① 分别以Fe^{2+}、H_2O_2为还原剂，验证$K_2Cr_2O_7$的氧化性，注意需要加H_2SO_4酸化。

② 在$K_2Cr_2O_7$溶液中加入 NaOH 溶液，再加入稀 HCl 溶液，观察溶液颜色的变化。

③ 在试管中加入几滴 $0.1mol \cdot L^{-1}$ $K_2Cr_2O_7$溶液，加入去离子水稀释至 1mL 左右，再滴加$AgNO_3$溶液，观察沉淀的颜色。

在几滴K_2CrO_4溶液中，滴入$AgNO_3$溶液。比较两次沉淀的颜色。

④ $KMnO_4$的氧化性：以Na_2SO_3为还原剂，验证介质对$KMnO_4$还原产物的影响。在$KMnO_4$溶液中，滴加$MnSO_4$溶液，观察沉淀的颜色。

⑤ $CoCl_2$水合离子的颜色：用玻璃棒蘸取$CoCl_2$溶液在白纸上写字，晾干后放在火焰上小心烘烤，观察字迹颜色的变化。

⑥ Cu(Ⅱ) 与 Cu(Ⅰ) 的相互转变：在$CuSO_4$溶液中滴加 KI 溶液，观察溶液的颜色，再加入少量的$Na_2S_2O_3$溶液，观察沉淀的颜色。

（3）重要配合物及离子鉴定

① Cr(Ⅵ) 的鉴定：取 3 滴$K_2Cr_2O_7$，用H_2SO_4酸化后，加入数滴乙醚和 3% H_2O_2溶液，观察有何现象。

② Mn^{2+}的鉴定：在几滴$MnSO_4$溶液中，加入数滴HNO_3溶液，再加入少量$NaBiO_3$

固体，振荡试管，静置，观察上层清液的颜色。

③ Fe^{2+}的鉴定：在Fe^{2+}的溶液中加入$K_3[Fe(CN)_6]$溶液，观察沉淀的颜色。

④ Fe^{3+}的鉴定：在Fe^{3+}的溶液中分别加入KSCN和$K_4[Fe(CN)_6]$溶液，观察有何现象。

⑤ Co^{2+}的鉴定：在$CoCl_2$溶液中加入丙酮，再加入KSCN溶液，振荡试管，观察溶液颜色的变化。

⑥ Ni^{2+}的鉴定：在少量$NiSO_4$溶液中，滴加$NH_3 \cdot H_2O$溶液，使生成的沉淀刚好溶解为止，再加入2滴丁二肟，观察鲜红色沉淀的产生。

⑦ Cu^{2+}的鉴定：在少量$CuSO_4$溶液中，滴加$K_4[Fe(CN)_6]$溶液，观察有何现象。

(4) 选做实验（均利用本实验提供的药品）

① 通过实验比较$KMnO_4$、$K_2Cr_2O_7$、H_2O_2氧化能力的相对大小。

② 设计合理方案，试验下列物质之间的转变。

$Cr_2O_7^{2-} \rightarrow Cr^{3+} \rightarrow Cr(OH)_3 \rightarrow [Cr(OH)_4]^- \rightarrow CrO_4^{2-} \rightarrow Ag_2CrO_4 \rightarrow AgCl \rightarrow [Ag(NH_3)_2]^+ \rightarrow Ag_2S \rightarrow S$

③ 用KSCN溶液鉴定Co^{2+}、Fe^{3+}混合液中的Co^{2+}（不必分离）。

④ 分离并检出Fe^{3+}、Cr^{3+}、Ni^{2+}混合液中的各离子。

3. 注意事项

(1) 以Na_2SO_3为还原剂，验证碱性条件下$KMnO_4$的氧化性时，要保持较强的碱性，方便观察绿色的MnO_4^{2-}，如果碱性较弱，会发生歧化反应，产生的绿色会很快消失。

(2) 制取$Fe(OH)_2$所用的去离子水和NaOH溶液都需煮沸。

五、思考题

1. Cr(Ⅲ)、Cr(Ⅵ)在酸性和碱性介质中各以何种形式存在？Cr(Ⅲ)中何者还原性较强？Cr(Ⅵ)中何者氧化能力强？

2. $KMnO_4$在不同介质中还原产物各是什么？

3. 验证$K_2Cr_2O_7$的氧化性时，为什么采用硫酸进行酸化？

4. 本实验中如何证明$Fe(OH)_2$、$Co(OH)_2$、$Ni(OH)_2$还原性依次减弱？又是如何验证$Fe(OH)_3$、CoO(OH)、NiO(OH)的氧化性逐渐增强？用标准电极电势解释上述规律。

5. 制取$Fe(OH)_2$所用的去离子水和NaOH溶液都需要煮沸，为什么？

6. $FeCl_3$水溶液与什么物质作用时，会呈现下列现象：

①棕红色沉淀；②血红色溶液；③无色溶液；④深蓝色沉淀。

7. 总结Cu^{2+}、Ag^+、Zn^{2+}、Co^{2+}、Ni^{2+}等离子与氨水作用的情况。

8. 总结Cu^{2+}、Fe^{3+}、Ag^+等离子与KI反应的情况。

9. 总结Cr^{3+}、Mn^{2+}、Fe^{2+}、Fe^{3+}、Co^{2+}、Ni^{2+}、Cu^{2+}、Ag^+、Zn^{2+}等离子与NaOH作用的情况。

实验十一

常见金属阳离子的分离与定性分析

一、实验目的

1. 熟悉有关离子及其化合物的性质。
2. 了解混合离子分离与检出的方法和操作。
3. 分离并检出混合离子溶液中 Ba^{2+}、Fe^{3+}、Co^{2+}、Ni^{2+}、Cr^{3+}、Al^{3+}、Zn^{2+} 7 种离子。

二、实验原理

21

离子鉴定（检出）就是确定某种元素或其离子是否存在。离子鉴定反应大都是在水溶液中进行的离子反应。选择那些变化迅速而明显的反应，如颜色的改变、沉淀的生成与溶解、气体的产生等。还要考虑反应的灵敏性和选择性。

所谓灵敏性，就是待测离子的量很小时就能发生显著的反应，则这种反应就是灵敏反应。反之，若需要检出的离子的量很大才能发生可觉察的反应，那么就是灵敏度不好的反应。例如，在一定条件下，用生成 AgCl 沉淀的反应来检出溶液中的 Ag^+，待检出 Ag^+ 的量很少时，就可以检出。

$$Ag^+ + Cl^- = AgCl\downarrow$$

白

这就是一个灵敏性很好的反应。若用生成 Ag_2SO_4 沉淀的反应来检出溶液中的 Ag^+，待检出 Ag^+ 的量比较大时，才有 Ag_2SO_4 白色沉淀。

$$2Ag^+ + SO_4^{2-} = Ag_2SO_4\downarrow$$

白

那么此反应就是一个灵敏性很差的反应。离子鉴定要选择灵敏性好的反应。

所谓反应的选择性是指与一种试剂作用的离子种类而言的。能与加入的试剂起反应的离子种类越少，此反应的选择性就越高。若只与一种离子起反应，该反应称为此离子的特效反应。例如，阳离子中只有 NH_4^+ 与强碱作用，发生反应：

$$NH_4^+ + OH^- \xlongequal{\triangle} NH_3\uparrow + H_2O$$

根据 NH_3 的气味可知 NH_4^+ 的存在。溶液中其他阳离子对 NH_4^+ 的检出并不干扰，这个反应就是特效反应。

实际上特效反应并不多，共存的离子往往彼此干扰测定，需要将组分一一分离或用掩蔽剂来掩蔽干扰离子。掩蔽剂一般是指能与干扰离子形成稳定配合物的试剂。例如鉴定 Co^{2+} 时，通常利用 KSCN 溶液与 Co^{2+} 反应生成蓝色配离子$[Co(SCN)_4]^{2-}$。

$$Co^{2+}+4SCN^- \xlongequal{丙酮} \underset{蓝色}{[Co(SCN)_4]^{2-}}$$

如果溶液中含有 Fe^{3+}，会与 KSCN 反应生成血红色配离子$[Fe(SCN)_n]^{3-n}$，造成看不到蓝色溶液形成，因此 Fe^{3+} 干扰了 Co^{2+} 的鉴定。所以需要先在待测溶液中加入 NaF，与 Fe^{3+} 生成稳定的无色配离子 $[FeF_6]^{3-}$，Fe^{3+} 被掩蔽起来，不再干扰 Co^{2+} 的鉴定，NaF 就是 Fe^{3+} 的掩蔽剂。

混合离子分离常用的方法是沉淀分离法，主要是根据溶度积规则，利用沉淀反应，达到分离目的。

用于分离与检出的反应，只有在一定条件下才能进行。这里的条件主要指溶液的酸碱度、反应物的浓度、反应温度、能促进或妨碍此反应的物质是否存在等。为了使反应朝着我们期望的方向进行，就必须选择适当的反应条件。为此除了熟悉有关离子及其化合物的性质外，还要会运用离子平衡（酸碱、沉淀、氧化还原、配合等平衡）的规律控制反应条件，所以了解离子分离条件和检出条件的选择与确定，既有利于熟悉离子及其化合物的性质，又有利于加深对各离子平衡的理解。

因此在本实验中安排了 Ba^{2+}、Fe^{3+}、Co^{2+}、Ni^{2+}、Cr^{3+}、Al^{3+}、Zn^{2+} 7 种离子的分离与检出。

首先利用 $BaSO_4$ 的难溶性将 Ba^{2+} 与其他离子分离。

利用 Al^{3+}、Cr^{3+}、Zn^{2+} 氢氧化物的两性，加入碱使溶液呈碱性（pH＞10），Zn^{2+}、Cr^{3+}、Al^{3+} 变为 $[Zn(OH)_4]^{2-}$、$[Cr(OH)_4]^-$、$[Al(OH)_4]^-$ 进入溶液，同时加入 H_2O_2，使某些元素氧化成高价态。

$$2Co(OH)_2+HO_2^- = 2CoO(OH)\downarrow+OH^-+H_2O$$

$$2[Cr(OH)_4]^-+3HO_2^- = 2CrO_4{}^{2-}+OH^-+5H_2O$$

$$H_2O+2Fe(OH)_2+HO_2^- = 2Fe(OH)_3+OH^-$$

（混合离子溶液中有可能存在 Fe^{2+}）

这样做的目的是为了使分离更加彻底，因为 Fe 和 Co 元素高氧化态的氢氧化物比低氧化态的更难溶。

氢氧化物	$K_{sp}^{\ominus}$
$Co(OH)_2$	1.6×10^{-15}
$CoO(OH)$	1.6×10^{-44}
$Fe(OH)_3$	3.8×10^{-38}
$Fe(OH)_2$	8×10^{-16}

过量的 H_2O_2 要加热至完全分解掉，否则酸化时，H_2O_2 将 $Cr_2O_7^{2-}$ 还原为 Cr^{3+}：

$$Cr_2O_7{}^{2-}+3H_2O_2+8H^+ = 2Cr^{3+}+3O_2\uparrow+7H_2O$$

将沉淀与溶液离心分离。沉淀中含有 $Fe(OH)_3$、$CoO(OH)$、$Ni(OH)_2$，溶液中含有 $[Al(OH)_4]^-$、$CrO_4{}^{2-}$、$[Zn(OH)_4]^{2-}$ 等离子。在沉淀中加入 H_2SO_4，使沉淀溶解：

$$Fe(OH)_3+3H^+ = Fe^{3+}+3H_2O$$

$$4CoO(OH)+8H^{+}=4Co^{2+}+O_2\uparrow+6H_2O$$

$$Ni(OH)_2+2H^{+}=Ni^{2+}+2H_2O$$

然后利用 Fe^{3+}、Co^{2+}、Ni^{2+} 与氨水配位作用不同，将 Fe^{3+} 与 Co^{2+}、Ni^{2+} 分离并进行鉴定。

针对上清液，利用 $[Al(OH)_4]^-$ 与 NH_4Cl 作用能生成 $Al(OH)_3$ 沉淀的特性，将 $[Al(OH)_4]^-$、$[Zn(OH)_4]^{2-}$、$CrO_4{}^{2-}$ 分离并鉴定。

$$[Zn(OH)_4]^{2-}+4NH_4^{+}=[Zn(NH_3)_4]^{2+}+4H_2O$$

$$[Al(OH)_4]^{-}+NH_4^{+}\xlongequal{\triangle}\underset{\text{白色}}{Al(OH)_3\downarrow}+NH_3\uparrow+H_2O$$

为了证实白色沉淀是 $Al(OH)_3$，将其用 HAc 溶解，控制 pH=4～5，加入铝试剂并微热，有紫红色絮状沉淀生成，证明 Al^{3+} 的存在。

在除去 $Al(OH)_3$ 沉淀的清液中，含有 $CrO_4{}^{2-}$ 和 $[Zn(NH_3)_4]^{2+}$。在此清液中加入 $BaCl_2$，生成 $BaCrO_4$ 黄色沉淀，使 $CrO_4{}^{2-}$ 与 $[Zn(NH_3)_4]^{2+}$ 分离并鉴定。

再次离心，取上清液加入 Na_2S 溶液，有白色 ZnS 沉淀产生，说明有 Zn^{2+} 的存在。

$$[Zn(NH_3)_4]^{2+}+S^{2-}=\underset{\text{白色}}{ZnS\downarrow}+4NH_3\uparrow$$

三、仪器和试剂

1. 仪器

离心机；5mL 离心试管 8 支；15mm×150mm 试管 20 支；玻璃棒；去离子水瓶；试管夹；100mL 烧杯；250mL 烧杯；酒精灯；火柴。

2. 试剂

化学式后面括号中的数字是该试剂的浓度，单位 $mol\cdot L^{-1}$。

H_2SO_4 (2)；HNO_3 (2)；HAc (6)；NaOH (6)；$NH_3\cdot H_2O$(6)；$BaCl_2$ (0.1)；10%KSCN；3%H_2O_2。

混合离子溶液（由实验室提供已经配制完毕的溶液）：$FeCl_3$；$BaCl_2$；$CrCl_3$；$ZnCl_2$；$NiCl_2$；$CoCl_2$；$AlCl_3$。各溶液浓度均为 $0.1mol\cdot L^{-1}$。按体积比 1∶1∶2∶2∶2∶2∶4 混合。

固体试剂：NaF；NH_4Cl。

其他试剂：0.5%铝试剂；1%丁二肟；丙酮；pH 试纸。

四、实验内容及操作步骤

1. 实验内容

将混合液中的 Ba^{2+}、Fe^{3+}、Co^{2+}、Ni^{2+}、Cr^{3+}、Al^{3+}、Zn^{2+} 7 种常见金属阳离子进行分离和鉴定。

22

2. 操作步骤

(1) Ba^{2+} 与其他离子的分离与检出

在 2mL 混合离子溶液中加入 H_2SO_4 溶液至 Ba^{2+} 沉淀完全。然后离心分离，用稀 H_2SO_4 洗涤两次沉淀，洗涤液弃去。

在沉淀中加入 HNO_3 溶液，振荡，白色沉淀不溶解，表示混合液中有 Ba^{2+}。

(2) Fe^{3+}、Co^{2+}、Ni^{2+} 与其他离子的分离和检出

在离心液中加入 NaOH 溶液至 pH≥10，再加入 H_2O_2，充分振荡，加热至不冒气泡为止。然后离心分离。离心液中含有 $[Zn(OH)_4]^{2-}$、$[Al(OH)_4]^-$、CrO_4^{2-} [留做 (3) 用]。沉淀中含有 $Fe(OH)_3$、$CoO(OH)$、$Ni(OH)_2$。

将沉淀用去离子水洗两遍，洗涤水放入离心液中。在沉淀中加入 H_2SO_4 溶液，充分振荡，使沉淀完全溶解，如果不溶解可进行微热。再加入过量的 $NH_3 \cdot H_2O$，充分振荡，然后离心分离。

沉淀中加入 H_2SO_4、KSCN 溶液，有血红色出现，证明有 Fe^{3+}。

离心液分成两份，一份加入 H_2SO_4、NaF (固)、丙酮、KSCN 溶液，溶液变为蓝色，证明有 Co^{2+}。另一份加入丁二肟，有鲜红色沉淀生成，证明有 Ni^{2+}。

(3) Al^{3+}、Cr^{3+} 与 Zn^{2+} 的分离与检出

在 $[Zn(OH)_4]^{2-}$、$[Al(OH)_4]^-$、$CrO_4{}^{2-}$ 清液中，加入固体 NH_4Cl，加热后离心分离 [离心液留做 (4) 用]。

沉淀用 HAc 溶解并调 pH=4～5 后，加入铝试剂，加热，此时产生紫红色沉淀，证明有 Al^{3+}。

(4) Cr^{3+} 与 Zn^{2+} 的分离与检出

在 (3) 中的离心液中，加入 $BaCl_2$ 溶液至不出现沉淀为止，振荡试管，然后离心分离。出现黄色沉淀，表示溶液中含有 $CrO_4{}^{2-}$，从而证明 Cr^{3+} 的存在。

在离心液中加入 Na_2S 溶液，有白色 ZnS 沉淀产生，说明有 Zn^{2+} 存在。

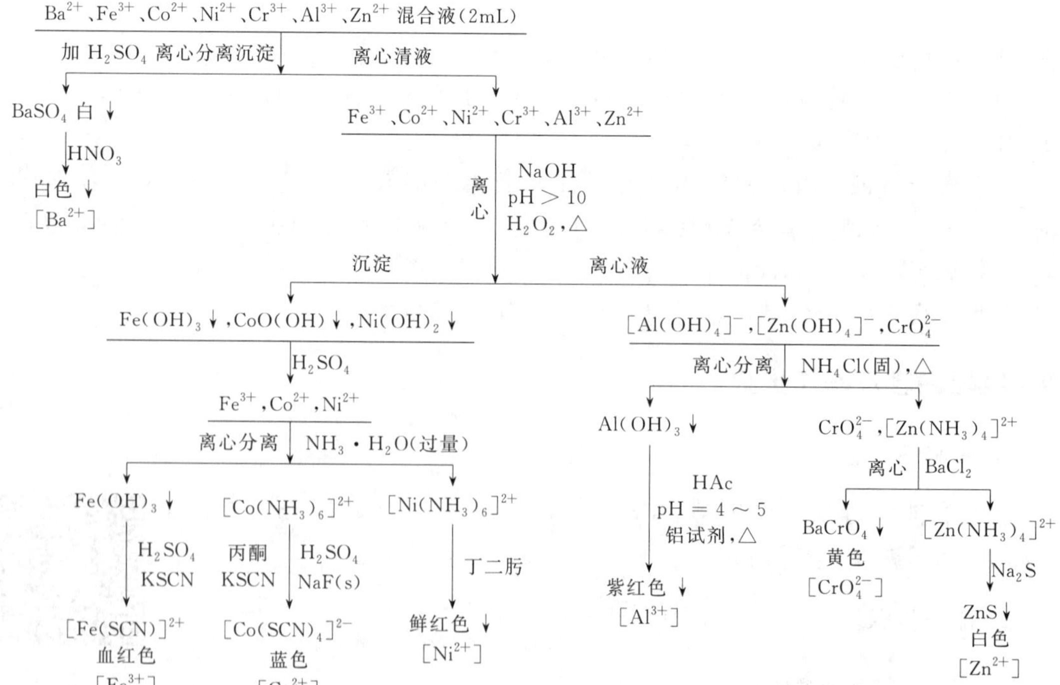

3. 注意事项

(1) 要将过量的 H_2O_2 加热完全分解，至不再冒气泡为止。否则酸化时 H_2O_2 将 $Cr_2O_7^{2-}$ 还原为 Cr^{3+}，影响 Cr^{3+} 的检出实验。

(2) 为促使 $Al(OH)_3$ 沉淀的析出，可用玻璃棒摩擦试管内壁。

(3) 鉴定 Co^{2+} 时，若不出现宝石蓝色，应再加入一些丙酮。

(4) 实验中控制 pH 值的地方，一定要控制好，否则可能观察不到预期的实验现象。

五、思考题

1. 沉淀 Ba^{2+} 时，H_2SO_4 溶液一定不能过量太多，否则会给后面哪个离子的分离鉴定带来什么样的影响？

2. 在分离 Ba^{2+}、Fe^{3+}、Co^{2+}、Ni^{2+}、Cr^{3+}、Al^{3+}、Zn^{2+} 时，为什么要加入过量的碱？此时加入 H_2O_2 的目的是什么？反应完全后，过量的 H_2O_2 为什么要加热分解掉？

3. 检出 Co^{2+} 时，加入 NaF 的目的是什么？

实验十二

洁厕灵中酸的定性及定量分析

洁厕灵是由多种表面活性剂和保护表面瓷面的助剂配制而成的酸性产品，强力高效，能迅速清洁黏附在马桶、厕盘、尿槽、墙壁及地面瓷砖上的污垢、脏物及积渍等，尤其对水锈、尿碱、黄斑等有明显的清洁效果。

一、实验目的

1. 进一步了解无机阴离子的鉴定。
2. 掌握用酸碱滴定法定量溶液的总酸度。

二、实验原理

23

1. 定性分析原理

① 鉴别 Cl^-：

$$Ag^+ + Cl^- = AgCl\downarrow \ (白)$$

$$AgCl(s) + 2NH_3 = [Ag(NH_3)_2]^+ + Cl^-$$

$$[Ag(NH_3)_2]^+ + Cl^- + 2H^+ = AgCl\downarrow + 2NH_4^+$$

② 鉴别 PO_4^{3-}：

$$PO_4^{3-} + 3NH_4^+ + 12MoO_4^{2-} + 24H^+ = (NH_4)_3PO_4\cdot 12MoO_3\cdot 6H_2O\downarrow \ (黄) + 6H_2O$$

③ 鉴别 NO_3^-：

$$3Fe^{2+} + NO_3^- + 4H^+ = 3Fe^{3+} + 2H_2O + NO$$

$$NO + FeSO_4 \xlongequal{浓\ H_2SO_4} [Fe(NO)]SO_4 \ (棕)$$

④ 鉴别 SO_4^{2-}：

$$Ba^{2+} + SO_4^{2-} = BaSO_4\downarrow \ (白)$$

2. 定量分析原理

① 氢氧化钠溶液的标定：以草酸（$H_2C_2O_4\cdot 2H_2O$）为基准物，酚酞为指示剂。滴定终点为无色变为红色，且 30s 不褪。

$$H_2C_2O_4 + 2NaOH = Na_2C_2O_4 + 2H_2O$$

② 总酸度测定：以 NaOH 标准溶液为滴定剂，酚酞为指示剂。滴定终点为无色变为红色，且 30s 不褪。

$$H^{+} + OH^{-} \longrightarrow H_2O$$

三、仪器和试剂

1. 仪器

250mL 锥形瓶 3 个；500mL 试剂瓶；100mL 量筒；50mL 碱式滴定管；250mL 容量瓶；100mL 烧杯；400mL 烧杯；10mL 移液管；25mL 移液管；玻璃棒；滴管；去离子水瓶；表面皿；酒精灯；试管夹；试管架；15mm×150mm 试管 8 支；大理石滴定台；蝴蝶夹。

2. 试剂

0.1mol·L^{-1} $AgNO_3$；6mol·L^{-1} HNO_3；6mol·L^{-1} 氨水；浓 H_2SO_4；饱和 $(NH_4)_2MoO_4$；$FeSO_4 \cdot 7H_2O$(s)；0.1mol·L^{-1} $BaCl_2$；6mol·L^{-1} HCl；1mol·L^{-1} NaOH；二水合草酸（$H_2C_2O_4 \cdot 2H_2O$）基准物（s）；0.1%酚酞指示剂；pH 试纸。

四、实验内容及操作步骤

1. 实验内容

（1）用 pH 试纸对洁厕灵的 pH 值进行测定；对洁厕灵中的酸根离子进行定性分析。

（2）配制 NaOH 溶液，采用二水合草酸（$H_2C_2O_4 \cdot 2H_2O$）基准物进行标定，计算 NaOH 的浓度。然后对洁厕灵进行滴定，根据消耗的 NaOH 的浓度和体积计算出洁厕灵中总酸量，以 $c[H^{+}]$ 表示。

2. 操作步骤

24

（1）用 pH 试纸测定洁厕灵 pH 值

（2）洁厕灵的定性分析

① 鉴别 Cl^{-}：取 2 滴洁厕灵于试管中，加入 1mL 去离子水，加入 1 滴 0.1mol·L^{-1} $AgNO_3$ 溶液，生成白色沉淀，加入 2 滴 6mol·L^{-1} HNO_3 溶液，白色沉淀不消失，再在沉淀中加入 6mol·L^{-1} 氨水至白色沉淀消失，在此溶液中再加入 6mol·L^{-1} HNO_3 溶液至重新产生白色沉淀。

若出现上述现象，则溶液中存在 Cl^{-}。

② 鉴别 PO_4^{3-}：取 2 滴洁厕灵于试管中，加入 5 滴 6mol·L^{-1} HNO_3 溶液，加入 4mL $(NH_4)_2MoO_4$ 溶液，振荡均匀混合，加热至 40～50℃，慢慢析出黄色沉淀。

若出现上述现象，则溶液中存在 PO_4^{3-}。

③ 鉴别 NO_3^{-}：取 3 滴洁厕灵于试管中，加入 1mL 去离子水，加入数粒 $FeSO_4 \cdot 7H_2O$ 晶体，振荡溶解后，沿管壁滴加浓硫酸，不可摇动，若出现棕色环，则溶液中存在 NO_3^{-}。

④鉴别 SO_4^{2-}：取 3 滴洁厕灵于试管中，加入 1mL 去离子水，加入 1 滴 0.1mol·L^{-1} $BaCl_2$ 溶液，生成白色沉淀，并且加入 2 滴 6mol·L^{-1} HCl 溶液，白色沉淀不消失。

若出现上述现象，则溶液中存在 SO_4^{2-}。

（3）洁厕灵中酸的定量分析

① 配制 0.1mol·L^{-1} NaOH 溶液：用 100mL 量筒量取 40mL 1mol·L^{-1} NaOH 溶液置于试剂瓶中，加入 360mL 去离子水，摇匀。

② 用减量法精确称取草酸____g(称准至 0.2mg)，分别置于 3 个锥形瓶中，加入 25mL 去离子水溶解后，加入 1～2 滴酚酞，用 0.1mol·L^{-1} NaOH 溶液滴定至微红色，30s 不褪色即为滴定终点。记录数据，计算 NaOH 溶液的准确浓度。

③ 准确移取 10.00mL 洁厕灵，置于 250mL 容量瓶中，定容，摇匀。用 25mL 移液管移取已稀释的洁厕灵于锥形瓶中，加入 1～2 滴酚酞，用上述 NaOH 溶液滴定至微红色，30s 不褪色。记录数据，平行滴定 3 次，极差不大于 0.05mL，计算洁厕灵的总酸量，以 $c[H^+]$ 计。

3. 注意事项

（1）实验中用到的浓硫酸为未经过任何稀释的分析纯硫酸，所以一定注意安全，向试管中滴加时，滴管伸入试管内部，垂直接触试管内壁，让浓硫酸沿试管内壁缓缓流下。

（2）洁厕灵中有挥发酸，所以用毕请盖好盖子。

（3）定性和定量所用的洁厕灵浓度不一样，定性用滴瓶中的洁厕灵，定量用公共实验台上试剂瓶中的洁厕灵，一定不要弄混。

五、数据记录及处理

见表 1-16 和表 1-17。

表 1-16 NaOH 溶液标定数据记录及处理

实验序号	1	2	3
称量草酸的质量/g			
NaOH 消耗体积/mL			
计算公式			
c_{NaOH}/mol·L^{-1}			
$\bar{c}_{NaOH}$/mol·L^{-1}			
绝对偏差/mol·L^{-1}			
平均偏差/mol·L^{-1}			
相对平均偏差/%			

表 1-17 洁厕灵总酸度数据记录及处理

取原洁厕灵样品体积/mL	10.00		
洁厕灵样品稀释后体积/mL	250.0		
吸取稀释后试液体积/mL	25.00		
实验序号	1	2	3
NaOH 消耗体积/mL			
计算公式			
$c[H^+]$/mol·L^{-1}			
$\bar{c}[H^+]$/mol·L^{-1}			
绝对偏差/mol·L^{-1}			
平均偏差/mol·L^{-1}			
相对平均偏差/%			

六、思考题

1. 如果采用市场上售卖的颜色很深的洁厕灵，如何测定总酸度？

2. 本实验基准物改为邻苯二甲酸氢钾会不会更好？说明理由。

实验十三

草酸合铜（Ⅱ）酸钾的制备和铜含量的测定

一、实验目的

1. 掌握以氧化锌为基准物，标定 EDTA-Na_2 溶液的方法原理和操作条件。
2. 学会正确判断二甲酚橙金属指示剂的滴定终点，掌握反应条件及变色原理。
3. 学会正确判断 PAN 指示剂测定 Cu 含量的滴定终点。

二、实验原理

25

1. 草酸合铜（Ⅱ）酸钾的制备

$K_2[Cu(C_2O_4)_2] \cdot 2H_2O$ 为蓝色晶体，本实验由硫酸铜溶液与草酸钾溶液直接混合来制备。

$$CuSO_4 + 2K_2C_2O_4 + 2H_2O = K_2[Cu(C_2O_4)_2] \cdot 2H_2O + K_2SO_4$$

2. 标定 EDTA-Na_2 溶液的原理

以氧化锌为基准物，用二甲酚橙作为指示剂，在 pH=5～6 的六亚甲基四胺溶液中进行。

$$\underset{\text{亮黄}}{Zn^{2+} + In} \xrightarrow[\text{六亚甲基四胺缓冲液}]{pH=5\sim6} \underset{\text{紫红}}{ZnIn^{2+}}$$

$$ZnIn^{2+} + H_2Y^{2-}(EDTA) \xrightarrow[\text{六亚甲基四胺缓冲液}]{pH=5\sim6} ZnY^{2-} + 2H^+ + \underset{\text{亮黄}}{In}$$

在此条件下，二甲酚橙呈黄色，它与 Zn^{2+} 的络合物呈紫红色。因 EDTA-Na_2 与 Zn^{2+} 形成的络合物更稳定，当用 EDTA-Na_2 溶液滴定 Zn^{2+} 达到化学计量点时，二甲酚橙被置换出，溶液由紫红色变为黄色，即为终点。

3. Cu 含量的测定原理

将草酸合铜（Ⅱ）酸钾溶于氨性缓冲液，以 PAN 为指示剂，EDTA-Na_2 为滴定剂，络合滴定法测 Cu 含量，终点时溶液由蓝色变为墨绿色。

$$CuIn^- + H_2Y^{2-} \xrightarrow{pH=9\sim10} CuY^{2-} + H_2In^-$$

蓝色　　　　　　　　　　　　　墨绿色

三、仪器和试剂

1. 仪器

电子天平（百分之一）；分析天平；循环水泵；水浴锅；称量纸；圆形滤纸；抽滤瓶、布氏漏斗；250mL烧杯2个；500mL烧杯；100mL烧杯；250mL容量瓶；250mL锥形瓶3个；25mL移液管；100mL量筒；25mL量筒；10mL量筒；500mL试剂瓶；去离子水瓶；玻璃棒；称量瓶；蒸发皿；大理石滴定台；蝴蝶夹。

2. 试剂

$CuSO_4 \cdot 5H_2O(s)$；$K_2C_2O_4 \cdot H_2O(s)$；冰块；95%乙醇；$NH_3 \cdot H_2O$-NH_4Cl缓冲溶液；0.3% PAN乙醇溶液；EDTA-Na_2（s）；ZnO基准物（s）；$6mol \cdot L^{-1}$ HCl溶液；20%六亚甲基四胺溶液；0.5%二甲酚橙指示剂。

四、实验内容及操作步骤

1. 实验内容

（1）制备$K_2[Cu(C_2O_4)_2] \cdot 2H_2O$。

（2）配制EDTA-Na_2溶液，以ZnO为基准物进行标定，计算EDTA-Na_2溶液浓度。

（3）用EDTA-Na_2溶液对产品进行滴定，根据消耗的EDTA-Na_2溶液体积计算产品中铜的含量。

2. 操作步骤

26

（1）草酸合铜（Ⅱ）酸钾的制备

称取（4.00±0.05）g $CuSO_4 \cdot 5H_2O$于250mL烧杯中，加8mL去离子水溶解；再称取（12.00±0.05）g $K_2C_2O_4 \cdot H_2O$于另一250mL烧杯中，加45mL去离子水溶解。分别置于85℃左右的热水浴中恒温5min。然后将$K_2C_2O_4$溶液逐滴加入$CuSO_4$溶液中，有晶形沉淀析出，加毕，用冰水浴冷却结晶，减压过滤，用乙醇洗涤2次，每次用约10mL。抽干后，将晶体转移到蒸发皿里，置于60℃水浴上烘干，注意要搅拌（约15min），称重，将产品转移至称量瓶中。计算理论产量和产率。

（2）EDTA-Na_2溶液的配制和标定（约$0.04mol \cdot L^{-1}$）

① 称取（6±0.05）g左右EDTA-Na_2，溶于温热的去离子水中，然后稀释到400mL。

② 分析天平准确称取ZnO____g(称准至0.2mg)（请根据EDTA-Na_2消耗体积和大约浓度计算称量范围），置于100mL小烧杯中，先用少量去离子水润湿，然后加8mL $6mol \cdot L^{-1}$ HCl溶液，用玻璃棒轻轻搅拌使其溶解。将溶液转移至250mL容量瓶中，用去离子水稀释至标线，摇匀。计算锌离子的物质的量浓度。

③ 用移液管移取25.00mL Zn^{2+}标准溶液于250mL锥形瓶中，加入1～2滴0.5%二甲

酚橙指示剂，滴加20%六亚甲基四胺溶液至溶液呈稳定的紫红色再加2mL，然后用EDTA-Na_2溶液进行滴定，溶液由紫红色变为亮黄色即为终点，记录消耗的EDTA-Na_2溶液体积。按照上述方法重复3次，要求极差不大于0.05mL，根据标定时消耗EDTA-Na_2溶液的体积计算EDTA-Na_2溶液的准确浓度。

（3）铜含量的测定

用减量法准确称取____g(称准至0.2mg）产物3份于250mL锥形瓶中，分别用20～25mL $NH_3 \cdot H_2O$-NH_4Cl缓冲溶液溶解，加入25mL水稀释，再加入20mL乙醇，滴入6～8滴PAN乙醇溶液作为指示剂，用已标定好的EDTA-Na_2溶液滴定至由蓝色变为墨绿色即为终点，接近终点时一定要慢滴快摇，记录所用EDTA-Na_2溶液的体积，计算产品中的铜含量。

3. 注意事项

（1）EDTA-Na_2在冷水中很难溶解，所以需要用温热的水先溶解后再稀释。

（2）络合滴定时速度不能太快，特别是接近终点时要逐滴加入，并充分摇动。因为络合反应速率较中和反应要慢一些。

（3）在络合滴定中加入金属指示剂的量是否合适对终点观察十分重要，应在实践中细心体会。

（4）铜含量测定时产品溶解是非常关键的，确保完全溶解，否则容易返色。

（5）铜含量测定时终点颜色为蓝色变为墨绿色，是颜色突变，不能滴定至亮绿色。

五、数据记录及处理

见表1-18～表1-20。

表1-18 草酸合铜（Ⅱ）酸钾的制备数据记录及处理

$m(CuSO_4 \cdot 5H_2O)$/g	$m(K_2C_2O_4 \cdot H_2O)$/g	m(产品)/g	m(理论产量)/g	产率/%

表1-19 EDTA-Na_2溶液的标定数据记录及处理

实验序号	1	2	3
$m(ZnO)$/g			
V(EDTA-Na_2)/mL			
c(EDTA-Na_2)/mol·L^{-1}			
$\bar{c}$(EDTA-Na_2)/mol·L^{-1}			
绝对偏差/mol·L^{-1}			
平均偏差/mol·L^{-1}			
相对平均偏差/%			

表1-20 铜含量测定原始数据记录及处理

实验序号	1	2	3
m(样品)/g			

续表

实验序号	1	2	3
V(EDTA-Na_2)/mL			
Cu/%			
$\overline{Cu}$/%			
绝对偏差/%			
平均偏差/%			
相对平均偏差/%			

六、思考题

1. 铜含量的测定属于配位滴定分析，写出铜含量的计算公式，并说明分析测定中为何要用氨性缓冲溶液来控制体系的 pH 在合适范围内。

2. 若要测定配合物中草酸根离子的含量，应使用何种方法？简要说明实验原理（写出反应方程式即可）与计算公式。

实验十四

络合滴定法测定水的硬度

一、实验目的

1. 掌握 EDTA-Na_2 法测定钙镁的原理及方法。

2. 了解金属指示剂的特点，掌握铬黑 T 和钙指示剂的应用。

二、实验原理

27

EDTA-Na_2 溶液的标定见实验十三。

EDTA-Na_2 络合滴定法测定水中钙、镁含量是测定水的硬度最广泛应用的标准方法。水的硬度是指水中所含钙盐和镁盐的量。

1. 总硬（钙镁含量）的测定

在 pH=10 的氨性缓冲溶液中，以铬黑 T 为指示剂，用 EDTA-Na_2 溶液进行滴定。EDTA-Na_2 首先与 Ca^{2+} 络合，而后与 Mg^{2+} 络合。

$$H_2Y^{2-}+Ca^{2+}=\!=\!=CaY^{2-}+2H^+ \qquad (\lg K_{CaY}=10.69)$$

$$H_2Y^{2-}+Mg^{2+}=\!=\!=MgY^{2-}+2H^+ \qquad (\lg K_{MgY}=8.69)$$

终点时：

$$\underset{酒红色}{MgIn^-}+H_2Y^{2-}=\!=\!=MgY^{2-}+\underset{纯蓝色}{HIn^{2-}}+H^+$$

由于铬黑 T 与 Mg^{2+} 显色的灵敏度高，与 Ca^{2+} 显色的灵敏度低（$\lg K_{CaIn}=5.40$，$\lg K_{MgIn}=7.00$），所以当水样中 Mg^{2+} 的含量较低时，用铬黑 T 作为指示剂往往得不到敏锐的终点。这时可在 EDTA-Na_2 标准溶液中加入适量 Mg^{2+}（标定前加入 Mg^{2+}，对测定结果有无影响?）或在缓冲溶液中加入一定量的 Mg-EDTA-Na_2 盐，利用置换滴定法的原理来提高终点变色的敏锐性。加入的 MgY^{2-} 发生下列置换反应：

$$MgY^{2-}+Ca^{2+}=\!=\!=CaY^{2-}+Mg^{2+}$$

Mg^{2+} 与铬黑 T 显很深的红色，滴定到终点时 EDTA-Na_2 夺取 Mg^{2+} 铬黑 T 中的 Mg^{2+}，又形成 MgY^{2-}，游离出指示剂，颜色变化明显。

2. 钙硬的测定

在 pH>12.5 时，Mg^{2+} 生成 $Mg(OH)_2$ 沉淀，采用沉淀法掩蔽 Mg^{2+} 后，用 EDTA-Na_2 单独滴定 Ca^{2+}。钙指示剂与 Ca^{2+} 显红色，灵敏度高，在 pH=12～13 滴定 Ca^{2+} 时，终点呈现指示剂自身的蓝色。

终点时的反应为：

$$\underset{\text{桃色}}{CaIn^{2-}} + H_2Y^{2-} = CaY^{2-} + \underset{\text{纯蓝}}{HIn^{2-}} + H^+$$

镁硬为总硬与钙硬之差。

水的硬度的表示方法有以下几种：

① 以每升水中含 10mg CaO 为一度或一个德国度。

② 以 $CaCO_3$ 的量的 mg・L^{-1} 来表示。

③ 以 mmol・L^{-1} 为单位来表示。

三、仪器和试剂

1. 仪器

25mL 移液管；分析天平；500mL 烧杯；100mL 烧杯；250mL 容量瓶；250mL 锥形瓶 3 个；100mL 量筒；10mL 量筒；500mL 试剂瓶；去离子水瓶；玻璃棒；50mL 酸式滴定管或者聚四氟乙烯旋塞滴定管；洗耳球；大理石滴定台；蝴蝶夹。

2. 试剂

0.1mol・L^{-1}EDTA-Na_2 溶液；pH=10 的氨性缓冲溶液；铬黑 T 指示剂；ZnO(AR)；6mol・L^{-1}HCl 溶液；0.5%钙指示剂；Mg-EDTA-Na_2 溶液；2mol・L^{-1} NaOH 溶液；20%六亚甲基四胺溶液；0.5%二甲酚橙指示剂。

四、实验内容及操作步骤

1. 实验内容

(1) 配制 EDTA-Na_2 溶液，以 ZnO 为基准物进行标定，计算 EDTA-Na_2 溶液浓度。

(2) 用 EDTA-Na_2 溶液对自来水进行滴定，根据消耗的 EDTA-Na_2 溶液体积计算自来水中总硬度和钙硬度含量，以 $c(CaCO_3)$/mg・L^{-1} 表示。

2. 操作步骤

28

(1) EDTA-Na_2 溶液的配制及标定

量取 40mL 0.1mol・L^{-1} EDTA-Na_2 溶液，置于试剂瓶中，再加入 360mL 去离子水，摇匀，备用，得到浓度约为 0.01mol・L^{-1} EDTA-Na_2 溶液。

分析天平准确称取氧化锌____g(称准至 0.2mg，请根据 EDTA-Na_2 消耗体积和大约浓度计算称量范围），置于 100mL 小烧杯中，先用少量去离子水润湿，然后加 2mL 6mol·L^{-1} HCl 溶液，用玻璃棒轻轻搅拌使其溶解。将溶液转移至 250mL 容量瓶中，用去离子水稀释至标线，摇匀。计算锌离子的物质的量浓度。

用移液管移取 25.00mL Zn^{2+} 标准溶液于 250mL 锥形瓶中，加入 1～2 滴 0.5%二甲酚橙指示剂，滴加 20%六亚甲基四胺溶液至溶液呈稳定的紫红色再加 2mL，然后用配好的 $EDTA\text{-}Na_2$ 溶液滴定至由紫红色变为亮黄色即为终点，并记录消耗的 $EDTA\text{-}Na_2$ 溶液体积。按照上述方法重复 3 次，要求极差不大于 0.05mL，根据标定时消耗 $EDTA\text{-}Na_2$ 溶液的体积，计算 $EDTA\text{-}Na_2$ 溶液的准确浓度。

（2）水的总硬度的测定

用移液管移取 100.00mL 水样于 250mL 锥形瓶中，加入 10mL 氨性缓冲溶液、10 滴 $Mg\text{-}EDTA\text{-}Na_2$ 溶液、6～8 滴铬黑 T 指示剂，用 0.01mol·L^{-1} $EDTA\text{-}Na_2$ 标准溶液滴定至溶液由酒红色变成纯蓝色为终点。计算出水的总硬度［以 $c(CaCO_3)$/mg·L^{-1} 表示］。

（3）水的钙硬度的测定

用移液管移取 100.00mL 水样于锥形瓶中，加入 2mol·L^{-1} NaOH 溶液 15～20mL，充分振摇，放置数分钟，加 8 滴钙指示剂，用 0.01mol·L^{-1} $EDTA\text{-}Na_2$ 标准溶液滴定至溶液由酒红色变成纯蓝色为终点。

计算出水中的钙硬度［以 $c(CaCO_3)$/mg·L^{-1} 表示］。

3. 注意事项

（1）络合滴定速度不能太快，特别是近终点时要逐滴加入，并充分摇动。

（2）络合滴定时加入金属指示剂的量是否合适，对终点颜色观察十分重要，应在操作过程中细心体会。

（3）络合滴定法对去离子水质量的要求较高，不能含有 Fe^{3+}、Al^{3+}、Cu^{2+} 等离子。

（4）本实验所用玻璃仪器均需用去离子水充分洗涤，避免自来水中的离子干扰。

五、数据记录及处理

见表 1-21～表 1-23。

表 1-21 $EDTA\text{-}Na_2$ 溶液的标定数据记录及处理

实验序号	1	2	3
$m(ZnO)$/g			
$V(EDTA\text{-}Na_2)$/mL			
$c(EDTA\text{-}Na_2)$/mol·L^{-1}			
$\bar{c}(EDTA\text{-}Na_2)$/mol·$L^{-1}$			
绝对偏差/mol·L^{-1}			
平均偏差/mol·L^{-1}			
相对平均偏差/%			

表 1-22 水的总硬度的测定数据记录及处理

实验序号	1	2	3
V(水样)/mL	100.00		

续表

实验序号	1	2	3
V(EDTA-Na_2)/mL			
总硬度($CaCO_3$)/mg·L^{-1}			
平均总硬度($CaCO_3$)/mg·L^{-1}			
绝对偏差/mg·L^{-1}			
平均偏差/mg·L^{-1}			
相对平均偏差/%			

表 1-23　水的钙硬度的测定数据记录及处理

实验序号	1	2	3
V(水样)/mL	100.00		
V(EDTA-Na_2)/mL			
钙硬度($CaCO_3$)/mg·L^{-1}			
平均钙硬度($CaCO_3$)/mg·L^{-1}			
绝对偏差/mg·L^{-1}			
平均偏差/mg·L^{-1}			
相对平均偏差/%			

六、思考题

1. 以 ZnO 为基准物标定 EDTA-Na_2 溶液为什么要以二甲酚橙为指示剂？加入六亚甲基四胺的作用是什么？

2. 络合滴定中为什么需要采用缓冲溶液？

3. 铬黑 T 指示剂最适用的 pH 范围是什么？

4. 用 EDTA-Na_2 法测定水的硬度，哪些离子有干扰？如何除去？

实验十五

原子吸收光谱法测定自来水中钙镁的含量

一、实验目的

1. 了解原子吸收分光光度法的基本原理。
2. 了解原子吸收分光光度计的结构和使用方法。
3. 掌握用标准曲线法测定自来水中钙、镁的含量。

二、实验原理

29

原子吸收分光光度法是由待测元素空心阴极灯发射出一定强度和一定波长的特征谱线的光，当它通过含有待测元素基态原子蒸气的火焰时，部分特征谱线的光被吸收，而未被吸收的光经单色器，照射至光电检测器上，通过检测得到特征谱线光强被吸收的大小，即可得到试样中待测元素的含量。

特征谱线吸收的程度可以用朗伯-比尔定律表示：

$$A = K'c$$

式中，K'在一定实验条件下是一个常数，即吸光度（A）与浓度（c）成正比。

标准曲线法是原子吸收分光光度分析中一种常用的定量方法，是用待测组分的纯品作对照物质，以对照物质和样品中待测组分的响应信号相比较进行定量的方法。操作方法为配制系列标准溶液及空白溶液：

标准溶液的浓度分别为：c_1，c_2，c_3，c_4，c_5；

测得相应的吸光度为A_1，A_2，A_3，A_4，A_5。

以溶液浓度 c 为横坐标、吸光度 A 为纵坐标，绘制工作曲线（图 1-10）。若测得试样的吸光度为 A_x，就可通过工作曲线在横坐标上找到对应的 c 值（即待测样品中的浓度 c_x），或用回归方程进行计算。该方法具有操作和计算简便的特点，但要求操作条件稳定，进样重现性好。

图 1-10　标准曲线法示意图

三、仪器和试剂

1. 仪器

原子吸收分光光度计；钙、镁空心阴极灯；空气压缩机；

乙炔钢瓶；25mL 容量瓶 6 个；100mL 容量瓶；储备液专用吸量管；标准使用液专用吸量管；自来水样品专用吸量管；洗耳球；去离子水瓶。

2. 试剂

钙标准储备液（1000μg・mL^{-1}）；镁标准储备液（1000μg・mL^{-1}）；自来水样。

四、实验内容及操作步骤

1. 实验内容

（1）配制钙或镁的系列标准溶液及自来水样样品。

（2）以去离子水为空白，采用原子吸收分光光度计对钙或镁的系列标准溶液及稀释后的自来水样进行测定。

（3）以浓度为横坐标、吸光度为纵坐标，绘制标准曲线。通过稀释后的自来水样的吸光度值，计算出稀释后水样中的钙、镁含量，进而计算出自来水中的钙、镁含量。

2. 操作步骤

（1）自来水中钙含量的测定

① 配制钙标准使用液（100μg・mL^{-1}）：准确移取 10.00mL 钙标准储备液于 100mL 容量瓶中，用去离子水稀释至刻度，摇匀备用。

② 配制钙标准溶液系列：准确移取 2.00mL、4.00mL、6.00mL、8.00mL、10.00mL 上述钙标准使用液，分别置于 25mL 容量瓶中，用去离子水稀释至刻度，摇匀备用。

③ 配制自来水试样：准确移取 10.00mL 自来水置于 25mL 容量瓶中，用水稀释至刻度，摇匀备用。

④ 以去离子水为空白，分别测定钙标准溶液系列及自来水试样的吸光度，通过钙标准工作曲线求得自来水中钙的含量。

（2）自来水中镁含量的测定

① 配制镁标准使用液（10μg・mL^{-1}）：准确移取 1.00mL 镁标准储备液于 100mL 容量瓶中，用去离子水稀释至刻度，摇匀备用。

② 配制镁标准溶液系列：准确移取 1.00mL、2.00mL、3.00mL、4.00mL、5.00mL 上述镁标准使用液，分别置于 25mL 容量瓶中，用去离子水稀释至刻度，摇匀备用。

③ 配制自来水试样：准确移取 0.50mL 自来水置于 25mL 容量瓶中，用水稀释至刻度，摇匀备用。

④ 以去离子水为空白，分别测定镁标准溶液系列及自来水试样的吸光度，通过镁标准工作曲线求得自来水中镁的含量。

3. 注意事项

（1）移液管一定专用，不能混用。

（2）配溶液时一定要非常准确，否则会影响工作曲线。

（3）工作曲线采用细铅笔，在坐标纸上作图，注明横、纵坐标名称及单位，直线的倾斜角（30～60 °）。

五、数据记录及处理

见表 1-24。

表 1-24　原始数据记录及处理

容量瓶标号	1	2	3	4	5	6	R	稀释后的自来水	自来水
浓度/$\mu g \cdot mL^{-1}$									
吸光度									

根据原始数据，采用标准曲线法，在坐标纸上作图，求得稀释后自来水中钙、镁的浓度，进而计算出自来水中的钙、镁含量。

六、思考题

1. 如何选择最佳的实验条件?
2. 为何要用待测元素的空心阴极灯作为光源?

实验十六

硫酸亚铁铵的制备

一、实验目的

1. 掌握无机物制备的基本操作。

2. 练习目视比色半定量分析方法。

二、实验原理

31

硫酸亚铁铵俗称摩尔盐，为浅绿色单斜晶体。它在空气中比一般亚铁盐稳定，不易被氧化，因此在分析化学中有时被用作氧化还原滴定法的基准物。

根据硫酸铵、硫酸亚铁和硫酸亚铁铵在水中的溶解度数据可知，硫酸亚铁铵的溶解度较小，所以很容易从浓的 $FeSO_4$ 和 $(NH_4)_2SO_4$ 混合液中制得结晶的摩尔盐 $FeSO_4 \cdot (NH_4)_2SO_4 \cdot 6H_2O$。

本实验首先以还原铁粉与稀硫酸作用，制得硫酸亚铁溶液：

$$Fe + H_2SO_4 = FeSO_4 + H_2 \uparrow$$

然后加入适量硫酸铵，制成两种盐的混合液。通过加热浓缩再冷却至室温，便可得到以上两种盐等摩尔作用生成的、溶解度较小的硫酸亚铁铵复盐晶体：

$$FeSO_4 + (NH_4)_2SO_4 + 6H_2O = FeSO_4 \cdot (NH_4)_2SO_4 \cdot 6H_2O$$

三、仪器和试剂

1. 仪器

水浴锅；减压过滤装置；百分之一天平；250mL 锥形瓶；100mL 烧杯；250mL 烧杯；25mL 量筒；玻璃棒；胶头滴管；去离子水瓶；蒸发皿；滤纸；压干滤纸；称量纸；酒精灯；泥三角；铁三角；石棉网；坩埚钳；火柴；pH 试纸；自封袋。

2. 试剂

硫酸铵（s）；铁粉；$3mol \cdot L^{-1}$ H_2SO_4 溶液；10% KSCN。

四、实验内容及操作步骤

1. 实验内容

（1）采用分析纯还原铁粉与硫酸反应生成硫酸亚铁，然后加入硫酸铵制备硫酸亚铁铵。

（2）采用目视比色法对产品级别进行鉴定。

2. 操作步骤

32

（1）硫酸亚铁的制备

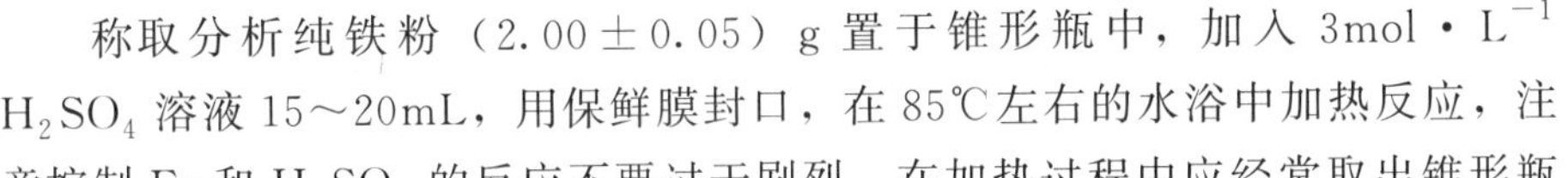

称取分析纯铁粉（2.00±0.05）g 置于锥形瓶中，加入 3mol·L^{-1} H_2SO_4 溶液 15～20mL，用保鲜膜封口，在 85℃左右的水浴中加热反应，注意控制 Fe 和 H_2SO_4 的反应不要过于剧烈，在加热过程中应经常取出锥形瓶摇荡，并根据需要适当补充蒸发的水分，以防 $FeSO_4$ 结晶析出。待反应速率明显减慢（气泡很少）时，大概 20min 后，停止加热并立即进行减压过滤，采用双层滤纸。如果发现滤纸上有晶体析出，可用少量去离子水冲洗溶解之。将滤液转移到蒸发皿中，注意溶液酸度应控制在 pH 值 1～2，如果酸度不够，要适当补加少量的 H_2SO_4 溶液来调节。称出上下两张滤纸的质量差，即可知未反应完的铁屑质量。根据参加反应的铁量，计算生成 $FeSO_4$ 的理论产量。

注意：Fe 和 H_2SO_4 反应应在通风橱中进行，或放于排风口处，以减少酸雾的毒害。

（2）硫酸亚铁铵晶体的制备

根据 $FeSO_4$ 的理论产量，按 $FeSO_4$ 与 $(NH_4)_2SO_4$ 质量比为 1∶0.8 的比例，称取固体 $(NH_4)_2SO_4$，分批次加入已调节好酸度的 $FeSO_4$ 溶液中，溶解后，将蒸发皿置于酒精灯上进行加热蒸发，至溶液表面出现晶体膜时停止加热。静置，使其充分自然冷却，析出浅绿色晶体。减压过滤，除去母液，将漏斗中的晶体取出，用压干滤纸吸干水分，然后称量实验产品 $FeSO_4 \cdot (NH_4)_2SO_4 \cdot 6H_2O$ 的质量。

（3）产品检验——目视比色法半定量分析 Fe^{3+} 含量

称取 1.00g 产品，放入 25mL 比色管中，用少量（10～15mL）不含 O_2 的蒸馏水（将去离子水先用小火煮沸 10min，除去所溶解的 O_2，盖好表面皿，冷却后备用）溶解，再加入 3mol·L^{-1} H_2SO_4 溶液和 10% KSCN 溶液各 1.00mL，然后继续加入不含 O_2 的去离子水至 25mL 刻度，摇匀。与标准溶液进行比较，根据比色结果，确定产品级别。

比色铁标准系列溶液称为色阶（由实验室给出）。其配制方法是依次取浓度为 0.1mg·mL^{-1} Fe^{3+} 标准溶液 0.50mL、1.00mL、2.00mL，分别加入 25mL 比色管中，再各加入 3mol·L^{-1} H_2SO_4 溶液和 10% KSCN 溶液各 1.00mL，最后都用去离子水稀释至 25mL 刻度线，摇匀。按级别顺序排放于比色架上。

不同等级的 $FeSO_4 \cdot (NH_4)_2SO_4 \cdot 6H_2O$ 中的 Fe^{3+} 含量分别是：

一级品 0.05mg；

二级品 0.1mg；

三级品 0.2mg。

3. 注意事项

(1) 制备硫酸亚铁时，减压过滤可趁热过滤，避免晶体在布氏漏斗中析出。

(2) 减压过滤剩余铁粉时，不要用过多的去离子水洗涤，注意滤液的总体积，同时调节滤液 pH。

五、数据记录及处理

见表 1-25。

表 1-25 制备硫酸亚铁铵数据记录及处理

m(Fe)/g	m(剩余铁粉)/g	m(反应铁粉)/g	m($FeSO_4$理论)/g	m[$(NH_4)_2SO_4$]/g	m(理论产量)/g	m(实际产量)/g	产率/%	级别

六、思考题

1. 制备硫酸亚铁时为何采用水浴加热？为什么强调溶液必须保证酸性？

2. 在产品检验时，配制溶液为什么要用不含氧的去离子水？除氧方法是怎样的？

3. 在计算硫酸亚铁的理论产量和产品硫酸亚铁铵晶体的理论产量时，各以什么物质的用量为标准？

实验十七

高锰酸钾法测定硫酸亚铁铵中的 Fe^{2+} 含量

一、实验目的

1. 掌握 $KMnO_4$ 法测定 Fe^{2+} 的原理和方法。

2. 熟练掌握 $KMnO_4$ 溶液的配制和标定。

二、实验原理

33

1. $KMnO_4$ 溶液的标定

$KMnO_4$ 滴定法是测定硫酸亚铁铵中 Fe^{2+} 含量最常用的方法之一。由于 $KMnO_4$ 常含有杂质，氧化能力强，易与水中的有机物、空气中的尘埃、氨等还原性物质作用，此外还能自行分解，生成 MnO_2 和 O_2 等，在有 Mn^{2+} 存在的条件下，分解速度加快，特别是见光分解更快。所以配好的 $KMnO_4$ 溶液浓度容易改变。因此，必须注意掌握正确的配制方法和保存条件，以延长其稳定期。但是长期使用仍需定期标定。

实验室中所用的 $KMnO_4$ 溶液需要进行标定，常用的基准物有：$Na_2C_2O_4$、$H_2C_2O_4 \cdot 2H_2O$、As_2O_3、$FeSO_4 \cdot (NH_4)_2SO_4 \cdot 6H_2O$ 以及纯铁丝等。其中：$Na_2C_2O_4$ 因不含结晶水，没有吸湿性，受热稳定，易于精制，所以最常用。

标定反应：$2MnO_4^- + 5C_2O_4^{2-} + 16H^+ = 2Mn^{2+} + 10CO_2\uparrow + 8H_2O$

此反应注意事项：

(1) 温度：此反应在室温条件下速度很慢，为了加速反应，需将 $Na_2C_2O_4$ 溶液预先加热至 80℃左右，并在滴定过程中保持溶液温度不低于 60℃，但温度不得高于 90℃，以防 $H_2C_2O_4$ 发生分解。

(2) 酸度：此反应的酸度条件要保证适当的强度，以 $1mol \cdot L^{-1}$ 为宜。酸度过低，MnO_4^- 部分被还原成 MnO_2；酸度过高，会促使 $H_2C_2O_4$ 分解。酸性条件由 H_2SO_4 来提供，HNO_3 因其氧化性，而 HCl 因其还原性，所以这两种酸不能作为此反应的介质。

(3) 滴定速度：滴定速度开始不能太快，以保证滴入的 $KMnO_4$ 与 $C_2O_4^{2-}$ 充分反应，不然可能造成来不及反应的 $KMnO_4$ 发生分解。在此反应中，生成的 Mn^{2+} 可以加速反应的进行，这种现象称为自动催化作用，所以也可以在反应开始前加少量 Mn^{2+} 作为催化剂，以加速反应进行。

2. Fe^{2+} 含量的测定

在稀硫酸溶液中，$KMnO_4$ 能定量地把亚铁氧化成三价铁，因此可以用 $KMnO_4$ 法测定有关化合物中亚铁的含量。滴定反应为：

$$5Fe^{2+} + MnO_4^- + 8H^+ = Mn^{2+} + 5Fe^{3+} + 4H_2O$$

滴定到化学计量点时，微过量的 $KMnO_4$ 即可使溶液呈现微红色，从而指示滴定终点，不需另外再加其他指示剂。

三、仪器和试剂

1. 仪器

250mL 锥形瓶 3 个；500mL 棕色试剂瓶；100mL 烧杯；250mL 烧杯；500mL 或 400mL 烧杯；10mL 量筒；100mL 量筒；250mL 容量瓶；去离子水瓶；胶头滴管；玻璃棒；25mL 移液管；洗耳球；酸式滴定管；大理石滴定台；蝴蝶夹。

2. 试剂

$0.2mol \cdot L^{-1}$ $KMnO_4$ 溶液；草酸钠基准物（s）；$3mol \cdot L^{-1}$ H_2SO_4 溶液；硫酸亚铁铵样品。

四、实验内容及操作步骤

1. 实验内容

（1）配制 $KMnO_4$ 溶液，以草酸钠为基准物进行标定。

（2）采用标定后的 $KMnO_4$ 溶液对硫酸亚铁铵产品进行滴定，计算 Fe^{2+} 的含量。

2. 操作步骤

34

（1）$KMnO_4$ 溶液的配制和标定

① 在台秤上称取 16g $KMnO_4$ 固体试剂，置于 800mL 烧杯中，加 500mL 去离子水溶解，盖上表面皿，加热至沸并保持微沸状态 1h。冷却后用微孔玻璃漏斗过滤，所得溶液置于棕色试剂瓶中，暗处保存，即得到浓度约为 $0.2mol \cdot L^{-1}$ $KMnO_4$ 溶液。此溶液由实验室给出。

量取上述 $KMnO_4$ 溶液 8.00mL，置于棕色瓶中。用刚煮沸并已冷却的去离子水稀释至 400mL，摇匀备用。

② 基准物草酸钠（$Na_2C_2O_4$）溶液的配制：用递减法准确称取基准物质 $Na_2C_2O_4$ ____ g(称准至 0.2mg)，置于 100mL 小烧杯中，用 50mL 去离子水溶解，定量地转移到 250.0mL 容量瓶中，加去离子水稀释到标线，摇匀备用。

③ $KMnO_4$ 溶液的标定：移取上述 $Na_2C_2O_4$ 溶液 25.00mL，放入 250mL 烧杯中，加 $3mol \cdot L^{-1}$ H_2SO_4 溶液 10mL。在 500mL 或 400mL 烧杯中加入热水，然后将装有 $Na_2C_2O_4$ 溶液的烧杯置于装有热水的烧杯中，加热到 70～80℃，在保温情况下，用 $KMnO_4$ 溶液滴定。加入第一

滴 $KMnO_4$ 溶液后，要用玻璃棒轻轻搅动，待红色褪去后再加第二滴。随着溶液中 Mn^{2+} 的生成，反应速率也逐渐加快，此时滴加速度可适当加快一些。在接近终点时（红色褪去很慢），应放慢滴定速度，当溶液出现浅粉色并保持 1min 不消失时，即为滴定终点。在整个滴定过程中，溶液温度应始终保持在 60℃以上。记录所消耗的 $KMnO_4$ 溶液的体积 V（$KMnO_4$）。按上述方法再标定数次，保留 3 个平行数据，要求极差不大于 0.05mL。

根据标定时消耗的 $KMnO_4$ 溶液的体积和称取 $Na_2C_2O_4$ 基准物质的用量，计算 $KMnO_4$ 溶液的准确浓度。

（2）$KMnO_4$ 法测定硫酸亚铁铵中的 Fe^{2+} 含量

① 硫酸亚铁铵产品的称量：将硫酸亚铁铵产品转移至洁净干燥的称量瓶中，在分析天平上用递减法准确称量 3 份 0.2g 左右（称准至 0.2mg），分别放入洁净干燥的锥形瓶中。

② 用 $KMnO_4$ 标准溶液滴定：取一份称好的硫酸亚铁铵产品，加入 $3mol \cdot L^{-1} H_2SO_4$ 溶液 5mL、去离子水 20mL，使样品完全溶解，立即用 $KMnO_4$ 标准溶液滴定至浅粉色，且保持 1min 不消失即为滴定终点，记录所消耗 $KMnO_4$ 溶液的体积。另外 2 份硫酸亚铁铵产品，依照上述同样的方法步骤，进行滴定，并分别记录各自消耗 $KMnO_4$ 溶液的体积。注意，溶解一份滴定一份。

③ 测定结果的计算：计算试样中铁（Ⅱ）的质量分数，根据以上结果评价自制的硫酸亚铁铵产品的质量情况。

3. 注意事项

（1）实验采用热水浴，注意安全，不要被烫到。

（2）标定 $KMnO_4$ 溶液时，如果用玻璃旋塞的酸式滴定管，切勿将热水浴直接放到酸管下，以防酸管中的凡士林受热熔化导致酸管漏液或堵塞。

（3）注意控制反应条件。

（4）基准物称量瓶和样品称量瓶一定不能混用！

（5）Fe^{2+} 含量测定时，溶解一份滴定一份，不能同时溶解，避免 Fe^{2+} 的氧化。

五、数据记录及处理

见表 1-26 和表 1-27。

表 1-26　$KMnO_4$ 溶液的标定数据记录及处理

实验序号	1	2	3
$m(Na_2C_2O_4)/g$			
$V(KMnO_4)/mL$			
$c(KMnO_4)/mol \cdot L^{-1}$			
$\bar{c}(KMnO_4)/mol \cdot L^{-1}$			
绝对偏差/$mol \cdot L^{-1}$			
平均偏差/$mol \cdot L^{-1}$			
相对平均偏差/%			

表 1-27　测定硫酸亚铁铵中的 Fe^{2+} 含量数据记录及处理

实验序号	1	2	3
m(产品)/g			
$V(KMnO_4)$/mL			
Fe^{2+}/%			
$\overline{Fe^{2+}}$/%			
理论含量 Fe^{2+}/%			
绝对偏差/%			
平均偏差/%			
相对平均偏差/%			

六、思考题

1. 如果 $KMnO_4$ 滴定速度过快，会造成什么影响？

2. 产品测定时为什么要溶解一份滴定一份？

实验十八

工业硫酸铜的提纯

一、实验目的

1. 巩固化学实验的基本操作：溶解、搅拌、加热、过滤、蒸发、结晶等。

2. 掌握可溶性物质的重结晶提纯方法。

二、实验原理

35

利用不同物质在同一种溶剂中溶解度不同的性质，可将含有不溶性杂质和可溶性杂质的物质提纯。粗硫酸铜（胆矾，$CuSO_4 \cdot 5H_2O$）中含有不溶性杂质和可溶性杂质，其中可溶性杂质中以 Fe^{2+}、Fe^{3+}［如 $FeSO_4$、$Fe_2(SO_4)_3$ 等］对硫酸铜的品质影响较大，并且含量也较高。

提纯操作中，先将工业 $CuSO_4 \cdot 5H_2O$ 溶于热水中，用氧化剂 H_2O_2 将 Fe^{2+} 氧化为 Fe^{3+} 后，调节溶液的 pH 值至 4，使 Fe^{3+} 水解为 $Fe(OH)_3$ 沉淀，趁热过滤，以除去不溶性杂质。然后蒸发浓缩所得的滤液，使 $CuSO_4 \cdot 5H_2O$ 结晶出来。其他微量可溶性杂质在硫酸铜结晶时，因为量比较少，尚处于未饱和状态，故仍留在母液中，当将其减压过滤时，就可以得到较纯的硫酸铜晶体。这种物质的提纯方法叫重结晶法，此法适合提纯在某一溶剂中不同温度下溶解度变化较大的物质。欲得更纯的晶体可以多次重结晶。

本实验采用沉淀分离法和重结晶法结合，将硫酸铜提纯。有关分离部分的反应式为：

$$2Fe^{2+} + H_2O_2 + 2H^+ \xlongequal{} Fe^{3+} + 2H_2O$$

$$Fe^{3+} + 3H_2O \xlongequal{} Fe(OH)_3 \downarrow + 3H^+$$

控制 pH 约为 4 的原因如下：由于溶液中的 Fe^{3+}、Fe^{2+}、Cu^{2+} 水解时均可生成氢氧化物沉淀，但这些氢氧化物［$Fe(OH)_2$，$Fe(OH)_3$，$Cu(OH)_2$］的沉淀条件是不同的。根据沉淀理论，它们产生的沉淀和完全沉淀所需要的 OH^- 浓度（即 pH 值）是不同的。当 pH=4 时，Fe^{2+}、Cu^{2+} 均不发生沉淀，而 Fe^{3+} 已完全沉淀。为使 Fe^{2+} 也被除去，可以将其氧化成 Fe^{3+}。

三、仪器和试剂

1. 仪器

台秤；布氏漏斗；抽滤瓶；循环水泵；蒸发皿；烧杯；滴管；铁三角架；石棉网；

泥三角；牛角匙；玻璃棒；表面皿；称量纸；圆形滤纸；pH 试纸；压干滤纸；自封袋；标签。

2. 试剂

工业硫酸铜；2mol·L^{-1} H_2SO_4 溶液；1mol·L^{-1} NaOH 溶液；3% H_2O_2 溶液。

四、实验内容及操作步骤

1. 实验内容

首先氧化 Fe^{2+} 生成 Fe^{3+}，然后采用沉淀分离法将 Fe^{3+} 转化为 $Fe(OH)_3$ 除去，然后对滤液进行重结晶的方法，来对工业硫酸铜进行提纯。

2. 操作步骤

36

(1) 称量和溶解

用台秤称取 (6.00±0.05)g 已研细的工业硫酸铜，放入 100mL 烧杯中，加入 10mL 去离子水，然后把烧杯放在石棉网上小火加热，并用玻璃棒搅拌，注意不能连续碰壁。当硫酸铜完全溶解时，立即停止加热。

(2) 沉淀 $Fe(OH)_3$

加入几滴稀 H_2SO_4 酸化，再加入 2mL 3% H_2O_2 溶液，微微加热，使其充分反应。冷却到室温后，逐滴加入 1mol·L^{-1} NaOH 溶液，调节 pH 值接近 4 时，应放慢滴加速度，直到 pH=4 时，将烧杯微微加热，趁热过滤，以少量水洗涤沉淀，将滤液转移至蒸发皿中备用。

(3) 蒸发结晶

在滤液中加入 1～2 滴稀 H_2SO_4 使溶液酸化，然后在石棉网上加热、蒸发、浓缩（勿加热过猛，以免液体飞溅损失）至溶液表面刚出现薄层结晶时，立即停止加热（注意不可蒸干！为什么?），待蒸发皿冷却至室温或稍冷片刻后将蒸发皿放在盛有冷水的烧杯上冷却，使 $CuSO_4\cdot5H_2O$ 晶体大量析出。

(4) 减压过滤

将蒸发皿内的 $CuSO_4\cdot5H_2O$ 晶体和母液全部转移到布氏漏斗中，减压过滤，并用干净的玻璃棒轻压布氏漏斗内的晶体，以尽可能除去晶体间夹带的母液，尽量抽干，取出晶体，置于压干滤纸上，轻压滤纸尽量吸干晶体表面的水分，称量产品质量，装入自封袋，贴好标签，留待质量检验用。计算产率。母液倒入回收瓶。

3. 注意事项

(1) 应在溶液冷却到室温之后，再调节溶液 pH 值接近 4。

(2) 洗涤 $Fe(OH)_3$ 沉淀时，用水量一定要适当，不可用大量水洗涤。

(3) 待溶液出现晶膜后，应立即停止加热，不可蒸干！

五、数据记录及处理

见表 1-28。

表 1-28　工业硫酸铜的提纯数据记录及处理

工业硫酸铜质量/g	产品质量/g	外观	产率/%

六、思考题

1. 在除去 Fe^{3+} 杂质时，为什么要控制 pH＝4？
2. 能否加热时调节 pH 值？为什么？
3. 蒸发浓缩时，过早或过晚停火各有什么不利？
4. 如果硫酸铜提纯的产率过高，原因可能是什么？
5. 减压过滤操作应注意什么？
6. 硫酸铜提纯过程中哪些因素将导致产品质量下降？应如何避免？

实验十九

碘量法测定硫酸铜中的铜含量

一、实验目的

1. 学会 $Na_2S_2O_3$ 溶液的配制及标定。

2. 学会间接碘量法测定 $CuSO_4$ 中铜含量的基本原理、操作条件和误差来源。

二、实验原理

37

1. $Na_2S_2O_3$ 溶液的标定

间接碘量法使用的滴定剂是 $Na_2S_2O_3$ 标准溶液，而 $Na_2S_2O_3$ 固体试剂都含有少量杂质，而且易风化、潮解，因此不能直接配制其标准溶液，只能先配制成近似浓度的溶液，然后再进一步标定出其准确浓度。因为在 pH9～10 之间 $Na_2S_2O_3$ 溶液最为稳定，所以在配制 $Na_2S_2O_3$ 溶液时需加入少量 Na_2CO_3 且暗处放置 7～10 天后，才能进行标定和使用。$Na_2S_2O_3$ 标准溶液不宜长期放置，若放置时间较长，使用前应重新标定。若发现溶液变浑浊，说明有硫析出，应弃去重新配制。

标定 $Na_2S_2O_3$ 溶液的基准物有 $K_2Cr_2O_7$、KIO_3 和 $KBrO_3$ 等，这些基准物在酸性溶液中均能与 KI 作用析出碘，如 $K_2Cr_2O_7$ 与 KI 的反应：

$$Cr_2O_7^{2-}+6I^-+14H^+ = 2Cr^{3+}+3I_2+7H_2O$$

析出的 I_2 可用 $Na_2S_2O_3$ 溶液滴定：

$$I_2+2S_2O_3^{2-} = 2I^-+S_4O_6^{2-}$$

标定时应注意控制的条件是：

(1) $K_2Cr_2O_7$ 与 KI 反应的酸度以 $[H^+]$ 0.8～1.0mol·L^{-1}（H_2SO_4 提供）为宜，酸度高可提高反应速率，但太高 I^- 易被空气中的氧气氧化，造成较大的标定误差。

(2) 由于 $K_2Cr_2O_7$ 与 KI 的反应速率较慢，故应在暗处放置一定时间，再用 $Na_2S_2O_3$ 溶液滴定。若以 KIO_3 为基准物标定 $Na_2S_2O_3$ 溶液则不必。

(3) 标定时以淀粉溶液作为指示剂，但加入不宜过早，应先用 $Na_2S_2O_3$ 溶液滴定至溶液呈黄绿色时，再加入淀粉溶液，用 $Na_2S_2O_3$ 溶液继续滴定到蓝色恰好消失，即为终点。淀粉指示剂加入太早，大量的 I_2 与淀粉结合成蓝色物质，这部分碘不易与 $Na_2S_2O_3$ 反应。

2. 铜含量的测定

将提纯后的硫酸铜试样溶解于水中，加入 H_2SO_4 溶液和过量的 KI 溶液，铜离子与过量的 KI 作用，释出等量的碘，用 $Na_2S_2O_3$ 标准溶液滴定释出的碘，即可求出铜含量。

反应式为：

$$2Cu^{2+} + 4I^- = 2CuI\downarrow + I_2$$

$$I_2 + 2S_2O_3^{2-} = 2I^- + S_4O_6^{2-}$$

加入过量 KI，Cu^{2+} 的还原趋于完全。由于 CuI 沉淀强烈地吸附 I_2，使测定结果偏低，故在滴定接近终点时，加入适量 KSCN，使 CuI（$K_{sp}=1.1\times10^{-12}$）转化为溶解度更小的 CuSCN（$K_{sp}=4.8\times10^{-15}$），释放出被吸附的 I_2，反应生成的 I^- 又可利用，可以使用较少的 KI 而使反应进行得更完全。

$$CuI + SCN^- = CuSCN\downarrow + I^-$$

SCN^- 只能在近终点时加入，否则有可能直接还原二价铜离子，使结果偏低：

$$6Cu^{2+} + 7SCN^- + 4H_2O = 6CuSCN + SO_4^{2-} + HCN + 7H^+$$

也可避免有少量 I_2 被 SCN^- 还原。

溶液的 pH 值应控制在 3.3～4.0 范围内，若 pH 值高于 4，Cu^{2+} 发生水解，使反应不完全，结果偏低，而且反应速率慢，终点拖长；酸度过高，则 I^- 被空气中的氧气氧化为 I_2（Cu^{2+} 催化此反应），使结果偏高。

Fe^{3+} 能氧化 I^- 析出 I_2，可用 NH_4HF_2 掩蔽，同时 NH_4HF_2 又是缓冲剂，使溶液 pH 值保持在 3.3～4.0。

三、仪器和试剂

1. 仪器

250mL 碘量瓶 3 个；250mL 锥形瓶 3 个；500mL 棕色试剂瓶；50mL 碱式滴定管；10mL 量筒；100mL 量筒；400mL 烧杯；硫酸铜产品称量瓶；去离子水瓶；大理石滴定台；蝴蝶夹。

2. 试剂

$2mol\cdot L^{-1}$ H_2SO_4 溶液；10% KSCN 溶液；20% KI 溶液；0.5%淀粉溶液；20% NH_4HF_2 溶液；重铬酸钾固体基准物（s）；$Na_2S_2O_3\cdot5H_2O$(s)。

四、实验内容及操作步骤

1. 实验内容

（1）配制 $Na_2S_2O_3$ 溶液，以 $K_2Cr_2O_7$ 为基准物，淀粉为指示剂，在酸性条件下进行标定，计算 $Na_2S_2O_3$ 溶液的准确浓度。

（2）采用 $Na_2S_2O_3$ 溶液对产品进行滴定，根据消耗的 $Na_2S_2O_3$ 溶液的体积计算产品中铜含量，从而计算出制备的 $CuSO_4\cdot5H_2O$ 产品的纯度。

2. 操作步骤

38

(1) 0.05mol·L^{-1} $Na_2S_2O_3$ 溶液的配制

称取 (5.00±0.05)g $Na_2S_2O_3 \cdot 5H_2O$，溶于 400mL 新煮沸且冷却后的去离子水中，待溶解后，标定其浓度。

(2) $Na_2S_2O_3$ 溶液的标定

准确称取已烘干的____g(称准至 0.2mg) 重铬酸钾固体 3 份分别置于 250mL 碘量瓶中，用约 20mL 水溶解，加入 20% KI 溶液 5mL、2mol·L^{-1} H_2SO_4 溶液 8mL，混匀后，盖好磨口玻璃塞，并向瓶塞周围加入少量去离子水来密封，放于暗处反应 5min。然后用 30mL 水稀释，用 0.05mol·L^{-1} $Na_2S_2O_3$ 溶液滴定，当溶液由棕色转变为黄绿色时，加入 0.5% 淀粉溶液 1～2mL，此时溶液呈现深蓝色，继续滴定至溶液蓝色褪去呈 Cr^{3+} 的蓝绿色为止。

(3) 铜含量的测定

准确称取____g(称准至 0.2mg) 试样 3 份分别置于 250mL 锥形瓶中，加入 50mL 水溶解，加入 5mL H_2SO_4 溶液、2.5mL NH_4HF_2 溶液、5mL 20% KI 溶液 (3 个锥形瓶中不可同时加入，应该加入一份，滴定一份)，充分振荡后，溶液呈现棕黄色。用 0.05mol·L^{-1} $Na_2S_2O_3$ 溶液滴定至浅黄色，再加入 0.5%淀粉溶液 1～2mL，此时溶液呈现深蓝色，继续滴定至浅蓝色，然后加入 5mL KSCN 溶液，摇匀后溶液蓝色转深，继续慢慢滴定至蓝色恰好消失即为终点。

3. 注意事项

(1) 碘量法主要的误差来源是 I_2 的挥发和被其他物质氧化，应该注意以下几个方面：

① 加入过量 KI，使生成 I_3^-。

② $K_2Cr_2O_7$ 与 KI 反应需要暗处放置 5min 并使碘量瓶水封。

③ 开始滴定时，滴定速度要适当快些，但不要剧烈摇动溶液，近终点时要慢滴快摇，以免过终点。

④ 产品测定时，应该反应一份，滴定一份。

⑤ 加入 NH_4HF_2 溶液掩蔽 Fe^{3+}。

(2) 淀粉不可过早加入，何时加入可以根据第一份溶液滴定体积估测，最好在终点前 1～2mL 处加入。

(3) NH_4HF_2 溶液对皮肤有腐蚀性，有毒，使用时务必注意安全，不要接触到皮肤。

(4) 由于 $K_2Cr_2O_7$ 有毒，在天平室放了 $K_2Cr_2O_7$ 专用回收盒，若将药品洒落，务必用刷子扫入回收盒中，不得倒入水池或者垃圾桶!

五、数据记录及处理

见表 1-29 和表 1-30。

表 1-29　$Na_2S_2O_3$ 溶液标定数据记录及处理

实验序号	1	2	3
$m(K_2Cr_2O_7)$/g			

续表

实验序号	1	2	3
$V(Na_2S_2O_3)$/mL			
$c(Na_2S_2O_3)$/mol·L^{-1}			
$\bar{c}(Na_2S_2O_3)$/mol·L^{-1}			
绝对偏差/mol·L^{-1}			
平均偏差/mol·L^{-1}			
相对平均偏差/%			

表 1-30　铜含量测定数据记录及处理

实验序号	1	2	3
$m(CuSO_4 \cdot 5H_2O)$/g			
$V(Na_2S_2O_3)$/mL			
$w(Cu)$%			
$\bar{w}(Cu)$%			
$\bar{w}(CuSO_4 \cdot 5H_2O)$%			
绝对偏差/%			
平均偏差/%			
相对平均偏差/%			

六、思考题

1. $K_2Cr_2O_7$ 与 KI 反应为什么要在暗处放置 5min？放置时间过长或过短有什么不好？

2. 测定铜含量时，$Na_2S_2O_3$ 必须滴定至溶液呈淡黄色时才能加入淀粉指示剂，开始滴定就加入有什么不好？为什么？

3. 测定铜含量时，$Na_2S_2O_3$ 滴定开始的速度要适当快些，而不要剧烈摇动，为什么？

4. 加入的 KI 为什么必须过量？KI 在反应中起什么作用？

5. 滴定到近终点时加入 KSCN 溶液的作用是什么？若加入 KSCN 溶液过早有什么不好？

6. 测定铜含量时，为什么要控制溶液的酸度？溶液的酸度过低或过高有什么害处？

实验二十

分光光度法测定硫酸铜中的铁含量

一、实验目的

1. 学会722型分光光度计的使用。

2. 学会用标准曲线法进行试样中铁杂质含量测定的方法。

二、实验原理

39

在稀酸性溶液中，Fe^{3+}与SCN^-生成红色配合物溶液：

$$Fe^{3+} + SCN^- = [Fe(SCN)_n]^{3-n} \quad (n=1\sim6)$$

红色

Fe^{3+}浓度越大，红色越深。

当一束波长一定的单色光通过有色溶液时，被吸收的分光和溶液的浓度、溶液的厚度及入射光的强度等因素有关。

设c为溶液的浓度，b为溶液的厚度，I_0为入射光的强度，I为透过溶液后光的强度。

根据实验证明：有色溶液对光的吸收程度与溶液中有色物质的浓度和液层厚度的乘积成正比，这就是朗伯-比尔定律，其数学表达式为：

$$\lg(I_0/I)=\varepsilon bc$$

式中，$\lg(I_0/I)$表示光线通过溶液时被吸收的程度，称为“吸光度”，也叫“光密度”；ε是一个常量，称为吸光系数。

如将$\lg(I_0/I)$用A表示，则上式可以写成：

$$A=\varepsilon bc$$

因此，当b一定时，吸光度A和溶液浓度c呈直线关系。

标准曲线法见本篇实验十五，一般配制的标准溶液1mL中含有1mg或0.1mg待测物质，因而浓度c亦可用标准溶液的体积（mL）来代表。根据这种关系，用分光光度计来定量测定$CuSO_4 \cdot 5H_2O$中杂质铁的含量。

三、仪器和试剂

1. 仪器

722型分光光度计；百分之一电子天平；称量纸；铁标准溶液专用移液管；1∶1 HNO_3专

用移液管；KSCN 专用移液管；50mL 容量瓶 7 个；Φ11 圆形滤纸；玻璃长颈漏斗；100mL 烧杯；250mL 烧杯；胶头滴管；玻璃棒；去离子水瓶；25mL 量筒；漏斗架。

2. 试剂

2mol·L^{-1} H_2SO_4 溶液；3% H_2O_2 溶液；6mol·L^{-1} $NH_3·H_2O$ 溶液；2mol·L^{-1} $NH_3·H_2O$ 溶液；1∶1 HNO_3 溶液；10% KSCN 溶液；2mol·L^{-1} HNO_3 溶液；铁标准溶液；$CuSO_4·5H_2O$ (s)。

铁标准溶液的配制方法（由实验室提供）：称取 0.8634g $NH_4Fe(SO_4)_2·12H_2O$，置于烧杯中，加 1∶1 HNO_3 溶液 20mL，加少许去离子水，溶解，将溶液转移到 1000mL 容量瓶中，用去离子水稀释到刻度，每毫升溶液含铁 0.100mg。

四、实验内容及操作步骤

1. 实验内容

（1）配制参比及系列铁标准溶液；对 $CuSO_4·5H_2O$ 样品中的铁进行提取。

（2）采用 722 型分光光度计寻找最大吸收波长。然后，在最大吸收波长下，测定系列铁标准溶液及铁提取液的吸光度。

（3）以浓度或者铁标液体积为横坐标，吸光度为纵坐标，绘制标准曲线，通过铁提取液的吸光度值，计算出铁提取液的浓度或者相当于铁标液的体积，进而计算出 $CuSO_4·5H_2O$ 样品中的铁含量。

2. 操作步骤

40

（1）系列铁标准溶液的配制

取 50mL 容量瓶 7 个，洗净并编号。在 0# ～5# 容量瓶中用专用吸量管分别移入 2.00mL 1∶1 HNO_3 溶液、5.00mL 10% KSCN 溶液，然后再分别移入 0.00mL、0.50mL、1.00mL、1.50mL、2.00mL、2.50mL 铁标准溶液（表 1-31）。用去离子水稀释至刻度，充分摇匀，放置 10min，即可使用。

注意：每加一种溶液都需要用去离子水将容量瓶口内侧冲洗一下（注意不要流出），避免试剂交叉污染。

表 1-31　系列铁标准溶液的配制

容量瓶号	0#	1#	2#	3#	4#	5#
1∶1 HNO_3/mL	2.00	2.00	2.00	2.00	2.00	2.00
10% KSCN/mL	5.00	5.00	5.00	5.00	5.00	5.00
铁标准溶液/mL	0.00	0.50	1.00	1.50	2.00	2.50

（2）吸收曲线的绘制

取上述已配好的试剂空白作为参比溶液（0#），用 722 型分光光度计测定标准系列中的 3# 显色溶液在不同波长下的吸光度。用 1cm 比色皿，波长 430～530nm，每隔 10nm 测定一次，但在 480nm 附近每隔 5nm 测定一次。

特别要注意的是：每改变一次波长都必须先将试剂空白溶液推入光路，重新调节 0%和 100%透光率，然后将显色溶液拉回光路测其吸光度值。

最后，以波长（λ）为横坐标、吸光度（A）为纵坐标在普通坐标纸上绘制出吸收曲线，并找出此有色物质的最大吸收波长 λ_{max}。

（3）工作曲线的绘制

在最大吸收波长处，以 0# 容量瓶试剂空白为参比溶液，分别测定铁标准系列中各显色溶液的吸光度。以标准溶液的体积（mL）为横坐标，以吸光度（A）为纵坐标，在普通坐标纸上绘制出工作曲线，此曲线符合朗伯-比尔定律应为一条直线。

在图的右下角注明标准铁溶液的浓度、比色皿厚度、λ_{max} 和绘图日期。

（4）产品 $CuSO_4 \cdot 5H_2O$ 中铁的测定

因 Cu^{2+} 在水溶液中会影响铁的测定，所以测定之前应先将 Cu^{2+} 分离出去。

用台秤称取提纯 $CuSO_4 \cdot 5H_2O$ 1.00g，放入 100mL 烧杯中，用 20mL 去离子水溶解，加 1mL 2mol·L^{-1} H_2SO_4 酸化，再加 2mL 3% H_2O_2 煮沸片刻，待溶液冷却后，滴加 6mol·L^{-1} 氨水，直到最初生成的 $Cu(OH)_2$ 沉淀完全溶解，进行常压过滤（做出水柱，可加快过滤速度），并用 2mol·L^{-1} 氨水均匀冲洗滤纸上的蓝色部分，直到蓝色基本冲净为止，最后再用去离子水冲洗，弃去溶液。

将漏斗放入 6# 洁净的 50mL 容量瓶中，用滴管将 2mol·L^{-1} HNO_3（约 3mL）冲洗滤纸上 $Fe(OH)_3$ 沉淀，尽量使 $Fe(OH)_3$ 沉淀全部溶解，然后用吸量管加入 2.00mL 1∶1 HNO_3、5.00mL 10% KSCN，用去离子水稀释至刻度，充分摇匀，放置 10min，即可使用。测定其吸光度。利用工作曲线计算 $CuSO_4 \cdot 5H_2O$ 中铁含量。

3. 注意事项

（1）配制系列铁标准溶液时，一定使用专用移液管，禁止混用，用前不必再润洗。向容量瓶中移取完一种溶液后，必须用洗瓶吹洗一下容量瓶的瓶口内壁，并将用完的吸量管或移液管放回原位，然后再移取下一种溶液。严禁试剂发生交叉污染。

（2）找寻最大吸收波长时，切记每改变一个波长，均应先用参比液调零扣除背景。

（3）溶液配好后要放置 10min 充分显色后方可测量。

（4）比色皿中溶液不可装入过多也不能过少，体积约为比色皿体积的 1/2～2/3。

（5）手持比色皿磨面，不能手持光面。

五、数据记录及处理

见表 1-32 和表 1-33。

表 1-32　不同波长下 3# 显色溶液的吸光度（用于绘制吸收曲线）

波长/nm	420	430	440	450	460	470	475	480
吸光度								
波长/nm	485	490	500	510	520	530	540	550
吸光度								

表 1-33　系列铁标准溶液和样品的吸光度

容量瓶号	1#	2#	3#	4#	5#	6#
铁标准溶液/mL						
吸光度						

六、思考题

1. 在测定溶液的吸光度时，为什么改变波长要重新校正参比溶液的吸光度为零？

2. 此实验各种试剂的加入量，哪些要求比较准确？哪些试剂则不必？为什么？

实验二十一

五水硫酸铜的差热分析

一、实验目的

1. 了解差热分析仪的工作原理及使用方法。
2. 用差热分析仪绘制 $CuSO_4 \cdot 5H_2O$ 样品的差热图。
3. 对 $CuSO_4 \cdot 5H_2O$ 进行差热分析，学会对差热图谱定性处理的基本方法。

二、实验原理

41

用差热分析仪对 $CuSO_4 \cdot 5H_2O$ 进行差热分析，研究 $CuSO_4 \cdot 5H_2O$ 受热脱水的历程。

许多物质在加热或冷却过程中会发生相变化学反应、吸附或脱附、晶型转变等变化，这些变化都会伴随有热效应，其表现为该物质与环境之间有温度差。选择一种热稳定性良好的物质作为参比物（本实验为 Al_2O_3），将其与被测物一起置于可按设定速率升温的电炉中，分别记录参比物的温度以及被测物与参比物间的温度差。温度与温度差对时间作图（两图像合并在一个坐标系中）或温度差对温度作图，称为差热谱图。概括地说，差热分析就是在程序控制温度条件下（本实验为线性升温）测定被测物与参比物之间的温度差与温度关系的一种技术。从差热谱图可以获得有关热力学和动力学方面的诸多信息。图 1-11 是理想的差热谱图。如果参比物和被测试样的热容大致相同，当试样在某段温度无热效应，则二者的温度基本相同，此时得到的是一条平滑的直线，如图 1-11 中的 ab、de、gh 等段，称为基线。一旦试样发生变化，产生热效应，在差热曲线上就会有峰出现，如 bcd、efg 即是。热效应越大，峰的面积也越大。我们规定（仪器已调整好）峰顶向上为放热峰，试样温度高于参比物；峰顶向下为吸热峰，试样温度低于参比物。

一个热效应所对应的峰位置和方向反映了物质变化的本质和规律，但其密度、高度、对称性、起始温度、峰顶温度等也取决于样品变化过程各种动力学因素，如变温速率、样品量、粒度大小、温度量程与差热量程等。实验表明，峰的外延起始温度 t_e（见图 1-12）比峰顶温度 t_p 受外界的影响要小得多，因此国际上决定以 t_e 作为反应的起始温度并用以表征某一特定物质的本性，t_e 的确定方法如图 1-12。

实际差热谱图与理想的并不完全一样。这是由于样品及其中间产物与参比物的物理性质不尽相同，再加上样品在测定过程中可能发生体积改变、热容改变等，往往使基线及峰的形

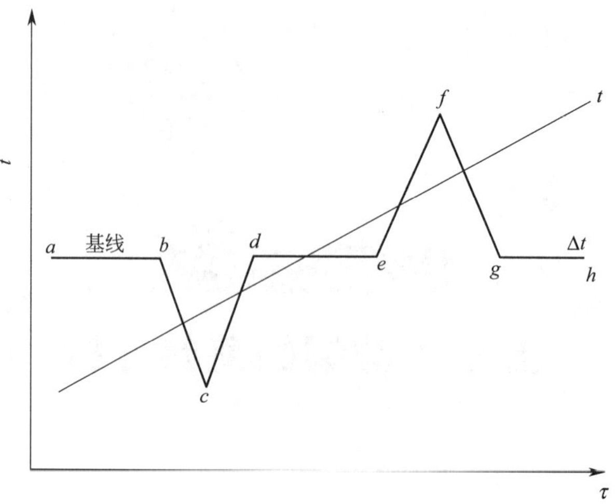

图 1-11　理想的差热谱图

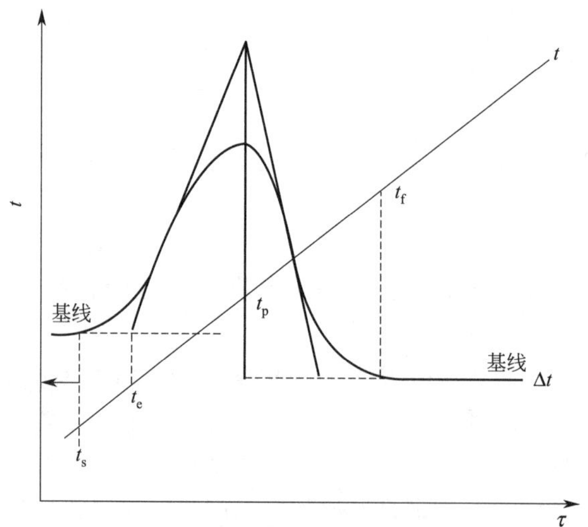

图 1-12　差热谱图的温度显示

t_s—起始温度；t_e—外延起始温度；t_p—峰顶温度；t_f—终止温度

状发生漂移和变化，有时峰前后的基线并不在一直线上。在这种情况下确定 t_e 更需细心。

$CuSO_4 \cdot 5H_2O$ 受热脱水过程可分为三个步骤四个热效应。

（1）$CuSO_4 \cdot 5H_2O \longrightarrow CuSO_4 \cdot 3H_2O + 2H_2O$（液）

（2）H_2O（液）$\longrightarrow H_2O$（气）

（3）$CuSO_4 \cdot 3H_2O \longrightarrow CuSO_4 \cdot H_2O + 2H_2O$（气）

（4）$CuSO_4 \cdot H_2O$（气）$\longrightarrow CuSO_4 + H_2O$（气）

在其他条件相同的情况下，不同升温速率对差热曲线是有影响的。通常，低升温速率有利于改善分辨率。本实验选择升温速率为 10℃ · min^{-1}，第 2、第 3 两个热效应所出现的峰可能发生重叠。

三、仪器和试剂

1. 仪器

差热分析仪；电脑；样品坩埚；装样盘；装样药匙。

2. 试剂

$CuSO_4 \cdot 5H_2O$（s）。

四、实验内容及操作步骤

1. 实验内容

采用差热分析仪对 $CuSO_4 \cdot 5H_2O$ 进行差热分析，通过出峰情况，研究 $CuSO_4 \cdot 5H_2O$ 受热脱水的历程。

2. 操作步骤

42

① 本实验将提纯后的 $CuSO_4 \cdot 5H_2O$ 研磨成细粉，用样品匙将样品装入陶瓷的样品坩埚，样品量不超过坩埚容积的 2/3，在清洁的台面上轻蹾数次，使样品松紧适度。参比选用空的干净 Al_2O_3 坩埚。升起炉子，使样品座充分暴露。注意炉子升降时，一手托住托盘的左半部分，另一手托住托盘的右半部分，平稳升降。升起炉子时，当托盘升至长导柱顶端、脱开副导柱时可逆时针旋转 90°～160°，使炉子停在上部，样品支架全部暴露出来，然后将样品坩埚和参比物坩埚放到各自的热偶板上（样品放在右边，参比放在左边），坩埚底面与热偶板面保持平稳接触良好，降下炉子。注：如果使用自动升降仪器，那么通过软件上“↑”和“↓”来操作炉体上升和下降。

② 接通冷却水。

③ 双击电脑桌面上的“热分析工具”工具栏中打开“系统选项”，选择“基本参数设定”，进行上限温度设定为 350℃，然后点击“确定”，点击红色开始三角形，在弹出窗口表格中设定升温速率为 10℃ · min^{-1}，点击“检查”，然后点击“确定”，仪器开始采集数据。

④ 当温度达到设定温度时，仪器自行停止。打开 $CuSO_4 \cdot 5H_2O$ 脱水差热谱图，在软件中可进行标注，得到脱水峰的温度 t_1、t_2、t_3。实验结束升起炉子，用镊子取下样品坩埚。等炉温降至 40℃，切断电源，关掉冷却水。

3. 注意事项

(1) 坩埚一定要干净，埚垢不仅影响导热，杂质在受热过程中也会发生物理或化学变化，影响实验结果的准确性。

(2) 样品必须研细，蹾实，否则可能会影响基线的平整性。

五、数据记录及处理

打开 $CuSO_4 \cdot 5H_2O$ 脱水差热谱图，在软件中可进行标注，得到脱水峰的温度 t_1、t_2、t_3。

六、思考题

1. 影响 $CuSO_4 \cdot 5H_2O$ 差热分析结果的主要因素有哪些？

2. 差热峰向上和向下分别表明样品发生了什么样的热效应？

实验二十二

定 pH 滴定法测定甲酸、乙酸混合酸中各组分含量

一、实验目的

1. 通过实验了解定 pH 滴定法测定二元混酸的基本原理，拓宽有关酸碱滴定实际应用的知识面。

2. 掌握 pH 计的使用及其在酸碱测定中的应用。

3. 提高用计算机处理分析数据的能力。

二、实验原理

43

在二元混酸的滴定过程中，存在下面的质子条件：

$$[H^+]-[OH^-]+\frac{bV_t}{V_0+V_t}-\sum_{i=1}^{2}\frac{V_0}{V_0+V_t}c_iQ_i=0$$

式中，V_0 为被滴定溶液的初始体积；V_t 为加入的滴定剂的体积；c_i 为被测组分的浓度；b 为滴定剂的浓度；$[H^+]$ 和 $[OH^-]$ 是加入滴定剂后所测溶液的氢离子和氢氧根离子浓度；Q_i 表示酸的浓度分数之和，其值为：

$$Q_i=\frac{\dfrac{K_{1i}^a}{[H^+]}+\dfrac{2K_{1i}^aK_{2i}^a}{[H^+]^2}+\cdots}{1+\dfrac{K_{1i}^a}{[H^+]}+\dfrac{K_{1i}^aK_{2i}^a}{[H^+]^2}+\cdots}$$

式中，K^a 为弱酸的解离常数。

将质子条件式改写成如下形式：

$$\sum_{i=1}^{2}c_iQ_i=\frac{V_0+V_t}{V_0}\left([H^+]-[OH^-]+\frac{bV_t}{V_0+V_t}\right)$$

$$令\frac{V_0+V_t}{V_0}\left([H^+]-[OH^-]+\frac{bV_t}{V_0+V_t}\right)=B$$

则上式可改写成：$c_1Q_1+c_2Q_2=B$

由 Q_i 的表达式可知，Q_i 仅由 K^a 和 $[H^+]$ 确定，因此，若对样品中所含的两酸标准溶液，用相同的标准碱溶液滴定至与样品相同的 pH 值，则必存在如下关系：

$$c_{标1}Q_1=B_{标1}$$
$$c_{标2}Q_2=B_{标2}$$

式中，$c_{标1}$、$c_{标2}$ 分别为被测组分标准溶液浓度；$B_{标1}$、$B_{标2}$ 分别为滴定至与样品相同pH值时，由 B 的表达式计算所得的 B 值。

将上两式代入 $c_1Q_1+c_2Q_2=B$，得：

$$c_1\frac{B_{标1}}{c_{标1}}+c_2\frac{B_{标2}}{c_{标2}}=B$$

重排上式，得：

$$\frac{B}{B_{标1}}=\frac{c_1}{c_{标1}}+\left(\frac{c_2}{c_{标2}}\right)\left(\frac{B_{标2}}{B_{标1}}\right)$$

当滴定至不同的pH值处时，以 $B/B_{标1}$ 作为 $B_{标2}/B_{标1}$ 的函数作图，可得一直线，由该直线的斜率和截距可分别计算出样品中两组分含量。

三、仪器和试剂

1. 仪器

pH计；电磁搅拌器；玻璃电极；50mL酸式滴定管；50mL碱式滴定管；乙酸专用移液管；甲酸专用移液管；混合酸专用移液管；KCl专用移液管；移液管架；洗耳球；计算机；吸水滤纸条；大理石滴定台；蝴蝶夹。

2. 试剂

NaOH标准溶液；乙酸标准溶液；甲酸标准溶液；标准缓冲溶液（pH值分别为4.01和6.86）；1.0mol·L^{-1}KCl溶液；混合酸溶液。

四、实验内容及操作步骤

1. 实验内容

（1）学会pH计的校准。

（2）分别配制甲酸、乙酸和混合酸溶液，滴定到相同的pH值，记录相应的滴定体积，在电脑上带入程序进行数据处理，计算得到混合酸中甲酸、乙酸的浓度。

2. 操作步骤

44

（1）pH计的校准

pH计的校准见本篇实验四。

（2）滴定标准酸溶液

准确移取5.00mL标准酸（甲酸或乙酸）溶液于250mL烧杯中，加入10.00mL 1.0mol·L^{-1}KCl溶液，用滴定管加入85.00mL去离子水，稀释至100.00mL，插入电极，在搅拌下用0.1mol·L^{-1}NaOH标准溶液滴定至指定pH（3.80，4.10，4.40，4.70，5.00，5.30，5.60），并记下相应的滴定体积。

（3）样品的测定

准确移取10.00mL样品于250mL烧杯中，加入10.00mL 1.0mol·L^{-1}KCl溶液，用

滴定管加入 80.00mL 去离子水稀释至 100.00mL，插入电极，在搅拌下用 0.1mol·L^{-1} NaOH 标准溶液滴定至上述相同 pH 值处，记下相应的滴定体积。

以上滴定均需插入温度计，若温度有变化，应做补偿。

(4) 在电脑上带入程序进行数据处理，计算得到混合酸中甲酸、乙酸的浓度。

3. 注意事项

(1) 所用干净干燥的烧杯从烘箱中取用，实验结束后务必用去离子水清洗干净，放回烘箱，打开烘箱开关，将烧杯烘干后关闭烘箱开关。

(2) 电极必须浸泡在饱和 KCl 溶液中。

五、数据记录及处理

见表 1-34。

表 1-34 滴定数据记录及处理

V_{NaOH}/mL	pH						
	3.80	4.10	4.40	4.70	5.00	5.30	5.60
甲酸							
乙酸							
混合酸							

将上述表格中的数据输入电脑，进行计算，得到：

回归直线方程：$Y=a+bx$；

线性相关系数：r；

样品中甲酸、乙酸浓度；

浓度的相对偏差。

六、思考题

1. 实验所用的酸度计的读数是否需进行校正？为什么？如何校正？
2. 测定混合酸时出现两个突跃，说明何种物质与 NaOH 发生反应？生成何种产物？

实验二十三
三草酸合铁（Ⅲ）酸钾的合成

一、实验目的

1. 了解三草酸合铁（Ⅲ）酸钾的性质。
2. 掌握倾析法进行固液分离的方法。
3. 掌握无机物制备的基本操作。

二、实验原理

45

三草酸合铁（Ⅲ）酸钾 $K_3[Fe(C_2O_4)_3]\cdot 3H_2O$ 为绿色单斜晶体，易溶于水，难溶于乙醇、丙酮等有机溶剂。110℃下可失去结晶水，230℃时即分解。光照下易分解，为光敏物质。

首先采用硫酸亚铁铵与草酸反应制备草酸亚铁；在草酸钾过量条件下，用过氧化氢氧化草酸亚铁即可制得三草酸合铁（Ⅲ）酸钾配合物和氢氧化铁；再加入过量的草酸，控制在沸点下，氢氧化铁转换成三草酸合铁（Ⅲ）酸钾配合物。反应如下：

$$(NH_4)_2Fe(SO_4)_2+H_2C_2O_4 = FeC_2O_4\downarrow+(NH_4)_2SO_4+H_2SO_4$$

$$6FeC_2O_4+3H_2O_2+6K_2C_2O_4 = 4K_3[Fe(C_2O_4)_3]+2Fe(OH)_3\downarrow$$

$$2Fe(OH)_3+3H_2C_2O_4+3K_2C_2O_4 = 2K_3[Fe(C_2O_4)_3]+6H_2O$$

三、仪器和试剂

1. 仪器

水浴锅；循环水泵；坩埚钳；铁三角；石棉网；酒精灯；玻璃棒；布氏漏斗；抽滤瓶；10mL 量筒；25mL 量筒；100mL 烧杯；250mL 烧杯；去离子水瓶；胶头滴管；玻璃棒；圆形滤纸；自封袋；标签。

2. 试剂

硫酸亚铁铵（s）；$6mol\cdot L^{-1}$ H_2SO_4 溶液；饱和草酸溶液；饱和 $K_2C_2O_4$ 溶液；5% H_2O_2 溶液；无水乙醇。

四、实验内容及操作步骤

1. 实验内容

以$(NH_4)_2Fe(SO_4)_2 \cdot 6H_2O$固体为原料，先后与饱和草酸、$H_2O_2$和饱和草酸钾反应，制备得到$K_3[Fe(C_2O_4)_3] \cdot 3H_2O$。

2. 操作步骤

46

① 将$(5.00 \pm 0.05)g(NH_4)_2Fe(SO_4)_2 \cdot 6H_2O(s)$溶于20mL水中，加入5滴$6mol \cdot L^{-1}$ H_2SO_4酸化，加热溶解，搅拌下加入25mL饱和$H_2C_2O_4$溶液，加热至沸腾，静置，待黄色的FeC_2O_4沉淀完全沉降后，倾去上层清液，倾析法洗涤沉淀2～3次，每次用水约15mL。

② 向沉淀中加入10mL饱和$K_2C_2O_4$溶液，将烧杯置于40℃水浴锅中，用滴管缓慢滴加12mL 5% H_2O_2，边加边搅拌，溶液中有棕色氢氧化铁沉淀产生。加毕，用酒精灯加热至沸，分两批共加入8mL饱和$H_2C_2O_4$溶液（先加入5mL，再慢慢滴加3mL），此时体系应变为亮绿色透明溶液，若体系浑浊可趁热过滤。

③ 加入10mL无水乙醇，采用冰水浴放置暗处进行冷却结晶，待结晶完全后，减压过滤，用乙醇洗涤晶体两次，每次10mL。抽干，在空气中干燥片刻，称量产品质量，装入自封袋，避光保存。计算理论产量和产率。

3. 注意事项

（1）氧化$FeC_2O_4 \cdot 2H_2O$时，氧化温度不能太高（保持在40℃），以免H_2O_2分解，同时需不断搅拌，使Fe^{2+}充分被氧化。

（2）乙醇洗涤产品时，务必确保抽气管断开，乙醇充分浸润，然后再插上抽气管进行抽滤。

（3）配位过程中，$H_2C_2O_4$应逐滴加入，并保持在沸点附近，使过量草酸分解。

（4）若析出产品太少或无产品析出，可向母液中多加一些乙醇或用玻璃棒摩擦烧杯内壁。

五、数据记录及处理

见表1-35。

表1-35　合成$K_3[Fe(C_2O_4)_3] \cdot 3H_2O$数据记录及处理

$m[(NH_4)_2Fe(SO_4)_2 \cdot 6H_2O]$/g	产品外观	产品质量/g	理论产量/g	产率/%

六、思考题

1. 制备该化合物时加完H_2O_2后，为什么要煮沸溶液？

2. 在合成的最后一步，加入95%乙醇的作用是什么？能否用蒸干溶液的办法来提高产量？为什么？

3. 根据三草酸合铁（Ⅲ）酸钾的性质，应如何保存该化合物？

实验二十四

硫酸铝钾的制备及铝含量的测定

一、实验目的

1. 学习硫酸铝钾复盐晶体的制备原理和方法。
2. 掌握配位返滴定法测定铝含量的方法。
3. 熟练化学实验的基本操作。

二、实验原理

47

1. 硫酸铝钾的制备

采用硫酸铝溶液和硫酸钾溶液反应，生成硫酸铝钾晶体。反应方程式为：

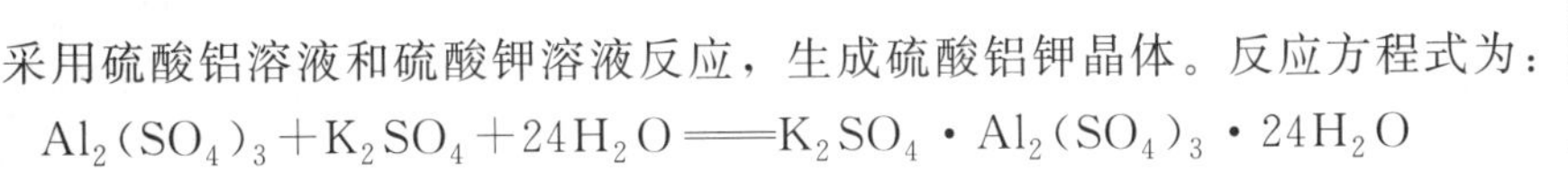

$$Al_2(SO_4)_3+K_2SO_4+24H_2O = K_2SO_4 \cdot Al_2(SO_4)_3 \cdot 24H_2O$$

2. EDTA-Na_2 溶液的标定

见本篇实验十三。

3. 铝含量的测定原理——配位返滴定法测定

因为 Al^{3+} 对二甲酚橙指示剂有封闭作用，Al^{3+} 与 EDTA 络合速度缓慢，在酸度不高时，Al^{3+} 会水解生成一系列多核羟基络合物，所以铝含量的测定采用返滴定法。在明矾溶液中加入过量的 EDTA-Na_2，加热煮沸使 Al^{3+} 与 EDTA-Na_2 完全络合。冷却后，加入缓冲溶液调节溶液的 pH=5～6，以二甲酚橙做指示剂，此时溶液的颜色呈现黄色，用锌标准溶液滴定剩余的 EDTA-Na_2，稍过量的 Zn^{2+} 与二甲酚橙指示剂配位形成紫红色配合物显示终点，记录消耗锌标准溶液的体积。由消耗锌标准溶液的体积和浓度计算铝的含量。

其反应为：

$$Al^{3+}+H_2Y^{2-}(\text{过量}) = AlY^-+2H^+$$

$$H_2Y^{2-}+Zn^{2+} = ZnY^{2-}+2H^+ \text{（滴定剩余的 EDTA-}Na_2\text{）}$$

$$Zn^{2+}+In^{2-} = ZnIn$$

（黄色）（紫红色）

三、仪器和试剂

1. 仪器

电子天平（百分之一）；电子天平（万分之一）；酒精灯；泥三角；铁三角；石棉网；蒸发皿；坩埚钳；布氏漏斗；抽滤瓶；循环水泵；玻璃棒；胶头滴管；500mL 试剂瓶；100mL 烧杯 2 个；250mL 烧杯；250mL 容量瓶 2 个；10mL 量筒；100mL 量筒；产品称量瓶；去离子水瓶；50mL 酸式滴定管；50mL 碱式滴定管；25mL 移液管；移液管架；洗耳球；250mL 锥形瓶 3 个；圆形 Φ7 滤纸；长条压干滤纸；称量纸；火柴；大理石滴定台；蝴蝶夹。

2. 试剂

硫酸铝（s）；硫酸钾（s）；0.1mol·L^{-1} EDTA-Na_2 溶液；ZnO（s）；6mol·L^{-1} HCl 溶液；0.5% 二甲酚橙指示剂；20%六亚甲基四胺溶液。

四、实验内容及操作步骤

1. 实验内容

（1）采用硫酸铝与硫酸钾反应制备硫酸铝钾。

（2）配制 EDTA-Na_2 溶液并进行标定。

（3）采用返滴法对硫酸铝钾产品中的铝含量进行测定。

2. 操作步骤

48

（1）硫酸铝钾的制备

称量（3.50±0.05）g 硫酸铝固体置于 100mL 小烧杯中，加入 9mL 去离子水溶解。另称取（2.00±0.05）g K_2SO_4 固体于另一 100mL 小烧杯中，加入 20mL 去离子水，加热溶解。然后将两溶液混合，加热浓缩体积减少约 1/3 后，立即停止加热，冰水冷却结晶（可稍微搅拌以加快结晶）。结晶完全后减压过滤，产品采用长条滤纸压干，称重，计算理论产量和产率。

（2）EDTA-Na_2 溶液的配制和标定

量取 0.1mol·L^{-1} EDTA-Na_2 40mL 于试剂瓶中，加入 360mL 去离子水，摇匀备用。

用万分之一的电子天平准确称取____g（称准至 0.2 mg）的分析纯 ZnO(s)，置于 100mL 小烧杯中，先用少量去离子水润湿，然后加 2mL 6mol·L^{-1} HCl 溶液，用玻璃棒轻轻搅拌使其溶解。将溶液转移至 250mL 容量瓶中，用去离子水稀释至标线，摇匀。计算锌离子的物质的量浓度。

用酸式滴定管放出 25.00mL Zn^{2+} 标准溶液于 250mL 锥形瓶中，加入 1～2 滴 0.5%二甲酚橙指示剂，滴加 20% 六亚甲基四胺溶液至溶液呈稳定的紫红色再加 2mL，然后用配好的 EDTA-Na_2 溶液滴定至溶液由紫红色变为亮黄色即为终点，并记录消耗的 EDTA-Na_2 溶液体积。按照上述方法重复 3 次，要求极差不大于 0.05mL，根据标定时消耗 EDTA-Na_2 溶液的体积计算 EDTA-Na_2 的准确浓度。

（3）铝含量的测定

准确称取硫酸铝钾晶体____g（称准至 0.2mg），加入 1～2 滴 6mol·L^{-1} HCl 溶液，溶

解稀释定容于250mL容量瓶中。用移液管移取25.00mL硫酸铝钾溶液，用碱式滴定管加入$EDTA-Na_2$标准溶液40mL左右，记录准确体积，加热煮沸5min左右。冷却后再加入20%六亚甲基四胺溶液15mL，再加入二甲酚橙指示剂4～6滴，用Zn^{2+}标准溶液滴至溶液由黄色变为紫红色，即为滴定终点，记录Zn^{2+}标准溶液消耗的体积。平行测定3次。计算铝含量，折算成硫酸铝钾晶体的含量。

3. 注意事项

(1) 制备硫酸铝钾时千万不能蒸发到有晶膜出现。

(2) 配制的硫酸铝钾溶液应该是澄清的，不能出现浑浊。

(3) 使用Zn^{2+}标准溶液要注意节约，避免不够。

五、数据记录及处理

见表1-36～表1-38。

表1-36　硫酸铝钾的制备数据记录及处理

$m[Al_2(SO_4)_3]$/g	$m(K_2SO_4)$/g	产品质量/g	理论产量/g	产率/%

表1-37　$EDTA-Na_2$溶液的标定数据记录及处理

实验序号	1	2	3
$m(ZnO)$/g			
$V(EDTA-Na_2)$/mL			
$c(EDTA-Na_2)/mol\cdot L^{-1}$			
$\bar{c}(EDTA-Na_2)/mol\cdot L^{-1}$			
绝对偏差$/mol\cdot L^{-1}$			
平均偏差$/mol\cdot L^{-1}$			
相对平均偏差/%			

表1-38　铝含量的测定数据记录及处理

实验序号	1	2	3
m(产品)/g			
$V(EDTA-Na_2)$/mL			
$V(Zn^{2+})$/mL			
Al/%			
$\overline{Al}$/%			
理论Al/%			
绝对偏差/%			
平均偏差/%			
相对平均偏差/%			

六、思考题

1. 控制一定的条件下能否用$EDTA-Na_2$标准溶液直接滴定铝？

2. $EDTA-Na_2$溶液的标定中，基准物ZnO的称量范围怎样计算？

3. 写出铝含量的计算公式。

实验二十五

六水合硫酸镁铵的制备及镁含量的测定

一、实验目的

1. 掌握以 ZnO 为基准物，标定 $EDTA\text{-}Na_2$ 溶液的方法、原理和操作条件。
2. 掌握无机物制备的基本方法，制备化合物六水合硫酸镁铵。
3. 掌握络合滴定法测定化合物中镁的含量的原理和方法。

二、实验原理

49

1. 六水合硫酸镁铵的制备

六水合硫酸镁铵为白色晶体，本实验由硫酸铵与硫酸镁反应来制备。

$$(NH_4)_2SO_4 + MgSO_4 \cdot 7H_2O \xlongequal{} (NH_4)_2Mg(SO_4)_2 \cdot 6H_2O + H_2O$$

2. $EDTA\text{-}Na_2$ 溶液的标定

见本篇实验十三。

3. 镁含量的测定

将所合成的化合物产品用水溶解，以铬黑 T 为指示剂，缓冲溶液为氨性缓冲溶液，$EDTA\text{-}Na_2$ 为滴定剂，络合滴定法测 Mg 含量，终点时溶液由酒红色变为纯蓝色。

$$H_2Y^{2-} + Mg^{2+} \xlongequal{} MgY^{2-} + 2H^+ \qquad (\lg K = 8.69)$$

终点时：

$$\underset{\text{酒红色}}{MgIn^-} + H_2Y^{2-} \xlongequal{} MgY^{2-} + \underset{\text{纯蓝色}}{HIn^{2-}} + H^+$$

三、仪器和试剂

1. 仪器

电子天平（百分之一）；电子天平（万分之一）；水泵；水浴锅；称量纸；圆形滤纸；100mL 烧杯 2 个；500mL 烧杯；玻璃棒；胶头滴管；布氏漏斗；抽滤瓶；蒸发皿；称量瓶；碱式滴定

管；滴定管架；蝴蝶夹；10mL 量筒；100mL 量筒；去离子水瓶；250mL 锥形瓶 3 个；25mL 移液管。

2. 试剂

硫酸铵（s）；七水合硫酸镁（s）；无水乙醇；冰块；氨性缓冲溶液；铬黑 T 指示剂；0.3mol・L^{-1} EDTA-Na_2 溶液；ZnO（s）；6mol・L^{-1} HCl 溶液；0.5%二甲酚橙指示剂；20%六亚甲基四胺溶液。

四、实验内容及操作步骤

1. 实验内容

（1）采用硫酸铵与硫酸镁反应制取六水合硫酸镁铵。

（2）配制 EDTA-Na_2 溶液并进行标定。

（3）将 EDTA-Na_2 标准溶液用于六水合硫酸镁铵产品的滴定，确定产品中镁的含量。

2. 操作步骤

50

（1）六水合硫酸镁铵的制备

称取（3.20±0.05）g 硫酸铵于 100mL 烧杯中，加入 10mL 去离子水，搅拌使其完全溶解。再称取（5.00±0.05）g 七水合硫酸镁于 100mL 烧杯中，加入 10mL 去离子水，置于 60℃水浴锅中，加热搅拌使其溶解。将硫酸铵溶液倒入硫酸镁溶液中，搅拌使其混合充分，冷却至室温后，加入 5mL 乙醇，置于 500mL 烧杯中冰水浴 20min，使晶体充分析出。减压过滤，用乙醇洗涤 1～2 次，每次约 10mL，抽干后，将晶体转移到蒸发皿里，置于 60℃水浴锅中烘干（约 30min），即可得到 $(NH_4)_2Mg(SO_4)_2 \cdot 6H_2O$。将产品转移到称量瓶中，称重，计算理论产量和产率。

（2）EDTA-Na_2 溶液的配制和标定

配制 EDTA-Na_2 溶液：称取（4.46±0.05）g 乙二胺四乙酸二钠盐（EDTA-Na_2）于 100mL 烧杯中，加入 50mL 去离子水，加热溶解（微热即可，不用煮沸），再转移至试剂瓶中，用去离子水稀释至 400mL。或者采用量筒量取 40mL 0.3mol・L^{-1} EDTA-Na_2 溶液，加入 360mL 去离子水，摇匀。

Zn^{2+} 标准溶液配制：准确称取____g（称准至 0.2mg）ZnO 于 100mL 小烧杯中，用少量去离子水润湿，加入 6mL 6mol・L^{-1} HCl 溶液，搅拌完全溶解，加 10mL 水稀释，转移到 250mL 容量瓶中，定容，摇匀。

EDTA-Na_2 溶液的标定：移取 25.00mL Zn^{2+} 标准溶液于 250mL 锥形瓶中，加入 2 滴 0.5%二甲酚橙指示剂，滴加 20%六亚甲基四胺溶液至稳定紫红色后追加 2mL。用 EDTA-Na_2 溶液滴定至变亮黄色。平行做 3 组，要求极差不大于 0.05mL，计算 EDTA-Na_2 溶液的准确浓度。

（3）镁含量的测定

采用分析天平减量法分别准确称取 0.22～0.32g（称准至 0.2mg）产品 3 份于锥形瓶中，加入 30mL 去离子水，然后加入 8mL 氨性缓冲溶液、4 滴铬黑 T 指示剂，用已标定好的 EDTA-Na_2 标准溶液滴定，溶液由酒红色变为纯蓝色即为终点，记录所用 EDTA-Na_2 的体积。平行测定 3 次，计算产品中镁的含量。

3. 注意事项

（1）制备六水合硫酸镁铵时，冰水浴要注意液面高度，不要倒灌入产品烧杯中。

（2）镁含量的测定时终点颜色要好好把握。

五、数据记录及处理

见表 1-39～表 1-41。

表 1-39　制备六水合硫酸镁铵数据记录及处理

$m[(NH_4)_2SO_4]$/g	$m(MgSO_4 \cdot 7H_2O)$/g	理论产量/g	实际产量/g	产率/%

表 1-40　EDTA-Na_2 溶液的标定数据记录及处理

实验序号	1	2	3
m(ZnO)/g			
V(EDTA-Na_2)/mL			
c(EDTA-Na_2)/mol·L^{-1}			
$\bar{c}$(EDTA-Na_2)/mol·L^{-1}			
绝对偏差/mol·L^{-1}			
平均偏差/mol·L^{-1}			
相对平均偏差/%			

表 1-41　镁含量的测定数据记录及处理

实验序号	1	2	3
m(产品)/g			
V(EDTA-Na_2)/mL			
Mg/%			
$\overline{Mg}$/%			
绝对偏差/%			
平均偏差/%			
相对平均偏差/%			

六、思考题

1. 写出实验中镁含量的计算公式，并说明分析测定中为什么要控制体系 pH 在合适的范围内。

2. 若要测定化合物中硫酸根离子的含量，应使用何种方法？简要说明实验原理（写出反应方程式即可）与计算公式。

第二篇　有机化学实验

实验一

常压蒸馏（乙醇和环己酮）

一、实验目的

1. 学习蒸馏和沸点测定的基本原理。

2. 了解蒸馏的类型及应用范围。

3. 掌握有机化学实验的一些基本操作，如仪器的选择、安装、拆卸等；掌握常压蒸馏的操作方法和沸点的测定方法。

二、实验原理

1. 实验理论原理

常压蒸馏是指在大气压下沸腾而不分解的液体精制的一种常用蒸馏方法。所谓蒸馏就是将液态物质加热到沸腾变为蒸气，又将蒸气冷凝为液体这两个过程的联合操作。如蒸馏沸点差别较大的液体时，沸点较低的先蒸出，沸点较高的随后蒸出，不挥发的留在蒸馏瓶内，这样，可达到分离和提纯的目的。利用蒸馏可将沸点相差较大（如相差 20℃）的液态混合物分开。故蒸馏为分离和提纯液态有机化合物常用的方法之一，是重要的基本操作。

51

但在蒸馏沸点比较接近的混合物时，各种物质的蒸气将同时蒸出，只不过低沸点的多一些，故难于达到分离和提纯的目的，只好借助于分馏。

当被蒸馏的液体的蒸气压等于外界压力时，该液体就沸腾，此时的温度为该液体的沸点。所以蒸馏可以测定液体的沸点。纯物质的沸点一定，不纯物质的沸点不恒定且沸程长。但沸点恒定的物质不一定是纯物质（如恒沸物）。

纯液态有机化合物在蒸馏过程中沸程范围很小（0.5～1℃），所以，可以利用蒸馏来测定沸点，用蒸馏法测定沸点叫常量法，此法用量较大，要 10mL 以上，若样品不多时，可采用微量法。

2. 实验装置原理

常压蒸馏实验装置由蒸馏烧瓶、蒸馏头、温度计套管、温度计、直形冷凝管、接液管、接收瓶等组装而成，见图 2-1。

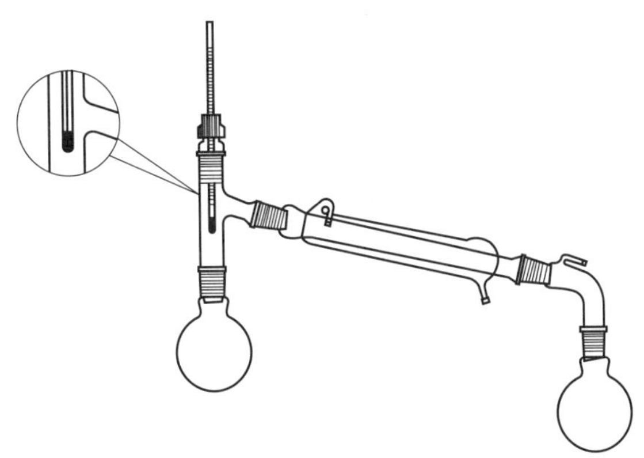

图 2-1 常压蒸馏实验装置及温度计水银球放置的位置

为了消除在蒸馏过程中的过热现象和保证沸腾的平稳状态，常加入沸石或素烧瓷片，或一端封口的毛细管等，因为它们都能防止加热时的暴沸现象，故把它们叫做止沸剂。或者投入磁子，安装电磁搅拌来蒸馏。

（1）仪器安装

实验装置必须用铁夹固定在铁架台上，才能正常使用。因此要注意铁夹等的正确使用。安装仪器时，应选好主要仪器的位置，要以热源为准，先下后上，先左后右，逐个将仪器边固定边组装。拆卸的顺序则与组装相反。拆卸前，应先停止加热，移走加热源，待稍微冷却后，先取下产物，然后再逐个拆掉。拆冷凝管时注意不要将水洒到电热套上。总之，仪器装配要求做到严密、正确、整齐和稳妥。在常压下进行的装置，应与大气相通。铁夹的双钳内侧贴有橡皮或绒布，或缠上石棉绳、布条等；否则，容易将仪器损坏。

在装配过程中还应注意：

① 为了保证温度测量的准确性，温度计水银球的放置如图 2-1 所示，即温度计水银球上限与蒸馏头支管下限在同一水平线上。

② 任何蒸馏或回流装置均不能密封，否则，当液体蒸气压增大时，轻者蒸气冲开连接口，使液体冲出蒸馏瓶，重者会发生装置爆炸而引起火灾。

③ 安装仪器时，应首先确定仪器的高度，一般在铁架台上摆放升降台，将电热套放在升降台上，再将蒸馏瓶放置于电热套中间。然后，按自下而上、从左至右的顺序组装。接收瓶也摆在另一升降台上，以防脱落。仪器组装应做到横平竖直，铁架台一律整齐地放置于仪器背后。

（2）常压蒸馏操作

① 加料　做任何实验都应先组装仪器后再加原料。加液体原料时，取下温度计和温度计套管，在蒸馏头上口放一个长颈漏斗，注意长颈漏斗下口处的斜面应超过蒸馏头支管，慢慢地将液体倒入蒸馏烧瓶中。

② 加沸石　为了防止液体暴沸，再加入 2～3 粒沸石或安装装置前先行在烧瓶中投入磁子。沸石为多孔性物质，刚加入液体中小孔内有许多气泡，它可以将液体内部的气体导入液体表面，形成汽化中心。如加热中断，再加热时应重新加入新沸石，因原来沸石上的小孔已被液体充满，不能再起汽化中心的作用。同理，分馏和回流时也要加沸石。也可以在烧瓶中投入磁子，安装电磁搅拌来蒸馏。电磁搅拌装置中，调节磁子的合理转速，使之均匀混合搅

拌也可以防止液体暴沸。

③ 加热　在加热前，应检查仪器装配是否正确，原料、沸石等是否加好，冷凝水是否通入，一切无误后再开始加热。开始加热时，电热套电压可以调得略高一些，一旦液体沸腾，水银球部位出现液滴，开始控制调压器电压，以蒸馏速度每秒 1～2 滴为宜。蒸馏时，温度计水银球上应始终保持有液滴存在，如果没有液滴说明可能有两种情况：一是温度低于沸点，体系内气-液相没有达到平衡，此时，应将电压调高；二是温度过高，出现过热现象，此时，温度已超过沸点，应将电压调低。

④ 馏分的收集　收集馏分时，应取下接收馏头的容器，换一个经过称量干燥的容器来接收馏分，即产物。当温度超过沸程范围，停止接收。沸程越小，蒸出的物质越纯。

⑤ 停止蒸馏　馏分蒸完后，如不需要接收第二组分，可停止蒸馏。应先停止加热，将变压器调至零点，关掉电源，取下电热套。待稍冷却后馏出物不再继续流出时，取下接收瓶保存好产物，关掉冷却水，按安装仪器的相反顺序拆除仪器，即按次序取下接收瓶、接液管、冷凝管和蒸馏烧瓶，并加以清洗。

三、仪器、药品及试剂

1. 仪器

蒸馏烧瓶；蒸馏头；温度计套管；温度计；直形冷凝管；空气冷凝管；接液管；接收瓶。

2. 药品及试剂

无水乙醇 20mL；环己酮 20mL。

四、实验内容及操作步骤

1. 乙醇的蒸馏

52

在 50mL 圆底烧瓶中放入 20mL 乙醇，加料时用玻璃漏斗将蒸馏液体倒入，注意勿使液体从支管流出。加入 2～3 粒沸石，装好温度计，通入冷凝水，用电热套加热，开始加热速度可稍快些，并注意蒸馏烧瓶中的现象和温度计读数的变化。当瓶内液体开始沸腾时，蒸气前沿逐渐上升，待到达温度计时，温度计读数急剧上升。这时应适当控制蒸馏速度以每秒 1～2 滴为宜，当温度计读数上升至 77℃时，换一个已称量过的干燥的锥形瓶作接收瓶，收集 77～79℃的馏分。称量所收集馏分的质量或量其体积，并计算回收率。

2. 环己酮的蒸馏

在 50mL 圆底烧瓶中放入 20mL 环己酮，采用空气冷凝管，其余操作步骤同上。收集 154～156℃的馏分。

五、实验要点及注意事项

1. 注意蒸馏仪器的正确选择（了解各仪器名称、规格）：

烧瓶：内盛液体在烧瓶容积的 1/3～2/3 之间。

冷凝管：注意空气冷凝管、直形冷凝管的使用范围。

温度计：根据待测体系的温度选择100℃、300℃。

接收瓶：每次事先要准备好三个（前、后馏分及所需馏分各一个）。

2. 注意温度计位置：必须使水银球的上端与蒸馏头支管口下部在同一水平线上。温度计安装位置不正确，测出的沸点就会有误差。水银球位置过高，沸点偏低；水银球位置过低，沸点偏高。

3. 注意冷凝管的进、出水口与循环水泵的连接方法。如果用自来水作为冷却水，水流不能太大，只要保持流通即可。拆卸冷凝管时，必须先关水或水泵，然后将进水口向上，拔去进水管即可，否则易造成跑水现象。如果使用循环水泵产生冷凝水，要注意循环水泵的使用，先检查水箱的水量和水质，水量约为水箱容量的2/3。

4. 注意仪器安装顺序：了解铁架台、双顶丝、铁夹（烧瓶夹、万能夹）、升降台、电热套的使用方法。安装时由下到上，由左到右，安装完后才能加入液体，加沸石。拆卸仪器时与安装次序正好相反，先关电热套电源，移去电热套后待液体不再馏出稍冷后才能拆除仪器。使用磨口仪器时，应注意磨口规格、使用方法，不能将磨口与非磨口仪器同时使用。

5. 蒸馏一定要加沸石，以防止液体产生暴沸。在加热开始后发现没加沸石，应停止加热，待稍冷却后再加入沸石。千万不可在沸腾或接近沸腾的液体中加入沸石，以免在加入沸石的过程中发生暴沸。沸石加2～3粒即可，如果加得太多，会吸附一部分液体，影响产品产率。还要避免加热温度过高，产生过热现象。

6. 对于沸点较低又易燃的液体，如乙醚，应用水浴加热，而且蒸馏速度不能太快，以保证蒸气全部冷凝。如果室温较高，接收瓶应放在冷水中冷却，在接液管支口处连接橡胶管，将未被冷凝的蒸气导入流动的水中带走。

7. 在蒸馏沸点高于140℃的液体时，应用空气冷凝管。主要原因是温度高时，水作为冷却介质，冷凝管内外温差增大，而使冷凝管接口处局部骤然遇冷容易断裂。

8. 要求学生作详细记录，必须记录现象，包括第一滴馏出温度，实际收集馏分的温度及各馏分的体积。

9. 必须经教师检查仪器合格后才能开始蒸馏。

10. 蒸馏完毕，不能将沸石倒在水池里，以免造成下水道堵塞。要倒在回收桶里。

六、思考与讨论

1. 在什么情况下采用普通蒸馏装置？

2. 如何选择冷凝管？

实验二

重结晶（苯甲酸和萘）

一、实验目的

1. 了解常用固体有机物的精制方法。

2. 学习重结晶法精制固体有机物的基本原理和应用。

3. 掌握重结晶的操作过程（溶剂的选择、热饱和溶液的配制、脱色、热过滤、结晶、减压过滤以及干燥结晶）；掌握用水、有机溶剂重结晶有机物的操作方法。

二、实验原理

1. 实验理论原理

53

用适当的溶剂进行重结晶是纯化固体化合物最常用的方法之一。固体有机物在溶剂中的溶解度与温度有密切关系。一般温度升高溶解度增大。若把待纯化的固体有机物溶解在热的溶剂中达到饱和，冷却时，由于溶解度降低，溶液变成过饱和而析出晶体。重结晶就是利用溶剂对被提纯物质及杂质的溶解度不同，让杂质全部或大部分留在溶液中（或被过滤除去），从而达到分离纯化的目的。

2. 实验装置原理

重结晶一般过程如下：

（1）溶剂的选择

在进行重结晶时，选择理想的溶剂是关键。理想的溶剂必须具备下列条件：

① 不与被提纯物质起化学反应。

② 温度高时，被提纯物质在溶剂中溶解度大，在室温或更低温度下溶解度很小。

③ 杂质在溶剂中的溶解度非常大或非常小（前一种情况是使杂质留在母液中不随被提纯晶体一同析出，后一种情况是使杂质在热过滤时除去）。

④ 溶剂沸点较低，易挥发，易与结晶分离除去。

此外还要考虑能否得到较好的结晶，溶剂的毒性、易燃性和价格等因素。

在重结晶时需要知道用哪一种溶剂最合适和物质在该溶剂中的溶解度情况。若为早已研究过的化合物，可查阅手册或辞典中溶解度一栏中找到有关适当溶剂的资料；若从未研究过，则须用少量样品进行反复实验。在进行实验时必须应用“相似相溶”原理，即物质往往易溶于结构和极性相似的溶剂中。

若不能选到单一的合适的溶剂，可应用混合溶剂。一般由两种能互溶的溶剂组成，其中一种对被提纯的化合物溶解度较大，而另一种溶解度较小。常用的混合溶剂有：乙醇-水、乙酸-水、苯-石油醚、乙醚-甲醇等。

（2）固体的溶解

溶解样品时常用锥形瓶或圆底烧瓶作容器，以减少溶剂的损失。若溶剂可燃或有毒则应采用回流装置，如图 2-2。除用高沸点的溶剂外，都应在水浴上加热。

要使重结晶得到的产品纯且回收率高，溶剂的用量是关键，溶剂用量太大，会使待提纯物过多地留在母液中造成损失；但用量太少，在随后的热过滤中又易析出晶体而损失掉，并且还会给操作带来麻烦。因此一般比理论需要量（刚好形成饱和溶液的量）多加 10%～20%的溶剂。

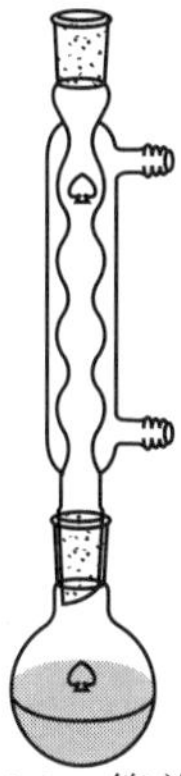

（3）脱色

不纯的有机物常含有有色杂质，若遇这种情况，常可向溶液中加入少量活性炭来吸附这些杂质。加入活性炭的方法是：待沸腾的溶液稍冷后加入，活性炭用量视杂质多少而定，一般为干燥的粗品质量的 1%～5%。然后煮沸 5～10min，并不时搅拌以防暴沸。

图 2-2　简单回流装置

（4）热过滤

为了除去不溶性杂质和活性炭需要趁热过滤。由于在过滤的过程中溶液的温度下降，往往导致结晶析出，因此常使用保温漏斗（热水漏斗）过滤（图 2-3）。保温漏斗要用铁夹固定好，注入热水，并预先烧热。若是易燃的有机溶剂，应熄灭火焰后再进行热滤；若溶剂是不可燃的，则可煮沸后一边加热一边热滤。

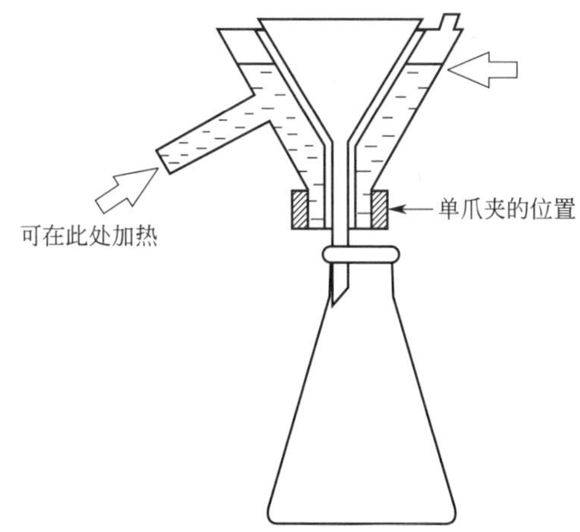

图 2-3　保温过滤装置

为了提高过滤速度，滤纸最好折成扇形滤纸（又称折叠滤纸或菊花形滤纸）。将圆形滤纸对折，然后再对折成四分之一，以边 3 对边 4 叠成边 5，以边 1 对边 4 叠成边 6，以边 4 对边 5 叠成边 7，以边 4 对边 6 叠成边 8，依次以边 1 对边 6 叠成边 10，边 3 对边 5 叠成边 9，这时折得的滤纸外形如图 2-4。在折叠时应注意，滤纸中心部位不可用力压得太紧，以免在过滤时，滤纸底部由于磨损而破裂。然后将滤纸在 1 和 10、6 和 8、4 和 7 等之间各朝相反方向折叠，做成扇形，打开滤纸，最后做成如图 2-4 的折叠滤纸，即可放在漏斗中使用。

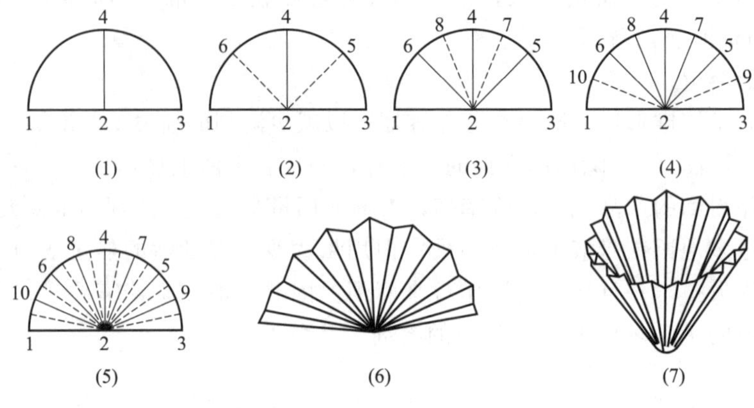

图 2-4　扇形滤纸的叠法

抽气热减压过滤常用的装置如图 2-5 所示，布氏漏斗须事先加热后，迅速取出使用。少量及半微量操作时常用的装置如图 2-6 所示。

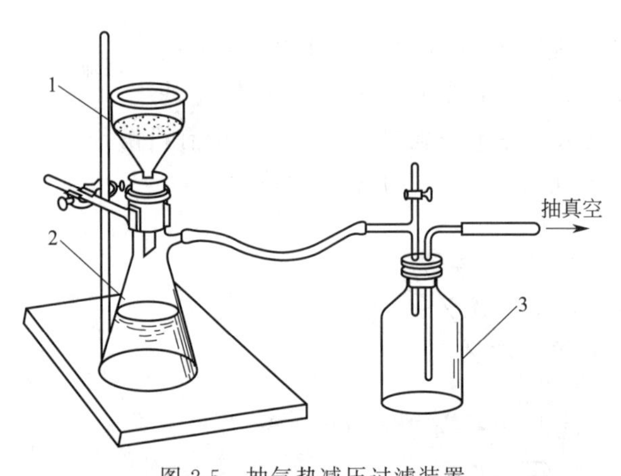

图 2-5　抽气热减压过滤装置

1—布氏漏斗（或希氏漏斗）；2—抽滤瓶；3—安全瓶

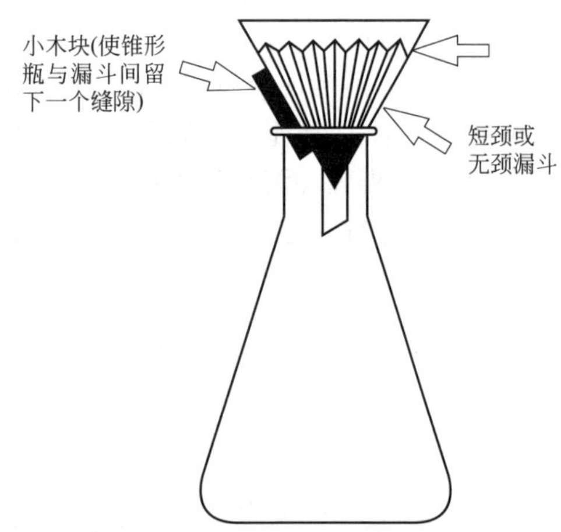

图 2-6　热过滤装置

布氏漏斗常用于抽气过滤，瓷质，底部有许多小孔，有直径大小不一的各种规格，选用时与所要过滤的样品的量相称。

(5) 结晶

让热滤液在室温下慢慢冷却，结晶随之形成。如果冷时无结晶析出，可加入一小颗晶种（原来固体的结晶）或用玻璃棒在液面附近的玻璃壁上稍用力摩擦引发结晶。

所形成晶体太细或过大都不利于纯化。太细则表面积大，易吸附杂质；过大则在晶体中央夹杂溶液且干燥困难。让热滤液快速冷却或振摇会使晶体很细，使热滤液极缓慢冷却则产生的晶体较大。

(6) 抽气过滤（减压过滤）

把结晶与母液分离一般采用布氏漏斗抽气过滤的方法。其装置如图 2-7。

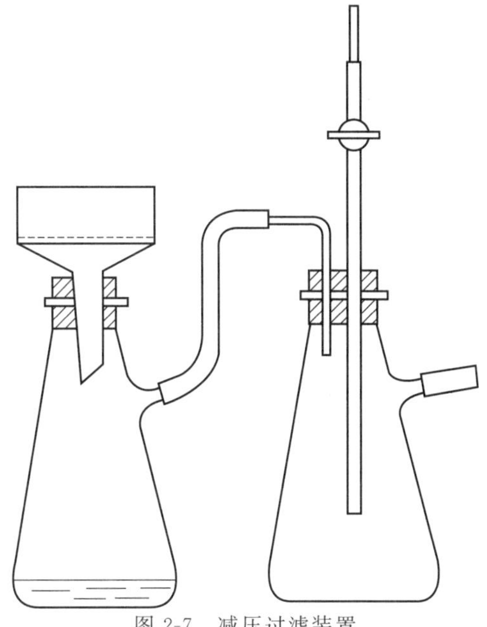

图 2-7　减压过滤装置

根据需要选用大小合适的布氏漏斗和刚好覆盖住布氏漏斗底部的滤纸。先用与待滤液相同的溶剂湿润滤纸，然后打开水泵，并慢慢关闭安全瓶上的活塞使吸滤瓶中产生部分真空，使滤纸紧贴漏斗。将待滤液及晶体倒入漏斗中，液体穿过滤纸，晶体收集在滤纸上。关闭水泵前，先将安全瓶上的活塞打开或拆开抽滤瓶与水泵连接的橡皮管，以免水倒吸流入抽滤瓶中。

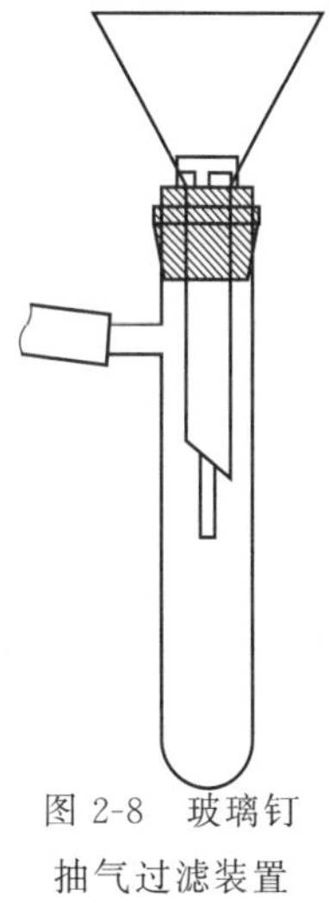

图 2-8　玻璃钉抽气过滤装置

过滤少量的结晶（1～2g 以下），可用玻璃钉抽气过滤装置，如图 2-8 所示。

（7）干燥结晶

用重结晶法纯化后的晶体，其表面还吸附有少量溶剂，应根据所用溶剂及结晶的性质选择恰当的方法进行干燥。固体的干燥方法很多，可根据重结晶所用溶剂及晶体的性质选择。常用的方法有如下几种：①空气干燥；②烘干；③干燥器干燥。

三、仪器、药品及试剂

1. 仪器

圆底烧瓶；球形冷凝管；热水漏斗；布氏漏斗；抽滤瓶。

2. 药品及试剂

粗苯甲酸；50%乙醇；粗萘。

四、实验内容及操作步骤

1. 苯甲酸的重结晶

54

称取 1g 粗苯甲酸于 100mL 烧杯中，加入 25mL 水和几粒沸石，加热至沸，并用玻棒不断搅动，使固体溶解。若尚有未溶解的固体，可继续加入少量（几毫升）热水，直至全部溶解为止。将预先预热好的保温过滤漏斗，趁热放在锥形瓶上，漏斗中放入预先叠好的折叠滤纸，并用少量热水润湿。将上述溶液迅速滤入锥形瓶中，每次倒入漏斗的液体不要太满，也不要等溶液全部滤完再加。在过滤过程中，应保持溶液的温度，应将未过滤的部分继续用小火加热，以防冷却。待所有溶液过滤完毕，用少量热水洗涤烧杯和滤纸。让滤液慢慢冷却，而后抽滤干燥。称重并计算回收率。

2. 萘的重结晶

在装有回流冷凝管的 100mL 圆底烧瓶中，加入 0.5g 粗萘，加入 15～25mL 乙醇（50%）和 1～2 粒沸石，并不时振摇瓶中物，以加速溶解。若所加的乙醇不能使粗萘完全溶解，则应从冷凝管上方继续加入少量乙醇（添加溶剂时，灭掉火焰）。每次加入乙醇后，应略加振摇并继续加热，观察是否可完全溶解，待完全溶解后再多加几毫升（20%量），再加热煮沸数分钟，停止加热，稍冷后加入少许活性炭，稍加搅拌后继续加热微沸 5～10min。趁热用预热好的保温过滤漏斗和折叠滤纸过滤，用少量热乙醇润湿折叠滤纸后，将上述萘的热溶液滤入锥形瓶中（附近不能有明火），滤完后用少量热乙醇洗涤容器和滤纸。盛滤液的锥形瓶塞好，任其冷却，最后用冰水冷却。用布氏漏斗抽滤（滤纸应先用乙醇润湿，吸紧），用少量乙醇洗涤。抽干后，将结晶移至表面皿上，放在空气中晾干或放在干燥器中干燥。称重并计算回收率。

五、实验要点及注意事项

1. 溶剂的用量是回收率高低的关键，用量过多或过少，会造成产品析出过少或析出在热过滤的滤纸上，造成重结晶回收率过低。

2. 在操作时防止加热温度太高，任其沸腾，以免溶剂挥发。

3. 抽滤转移晶体时，避免溶剂使用过多。

六、思考与讨论

1. 加热溶解重结晶粗产物时，为何先加入较少溶剂，使其恰好溶解，最后再多加少量溶剂？

2. 抽气过滤固体时，为什么在关闭水泵前，先要拆开水泵和抽滤瓶之间的连接？

实验三

熔点和沸点的测定（苯甲酸和乙醇）

一、实验目的

1. 学习熔点和沸点测定的基本原理。

2. 了解熔点和沸点测定的意义。

3. 掌握用提勒管法和微量熔点测定仪法测定固体有机物熔点的方法；掌握用沸点管微量法测定液体有机物沸点的方法。

二、实验原理

55

1. 实验理论原理

熔点是在一个大气压下固体化合物固相与液相平衡时的温度。这时固相与液相的蒸气压相等。每种纯固体有机化合物一般都有一个固定的熔点，即在一定压力下，从初熔到全熔（这一熔点范围称为熔程），温度不超过0.5～1℃。

熔点是鉴定固体有机化合物的重要物理常数，也是化合物纯度的判断标准。当化合物中混有杂质时，熔程较长，熔点降低。当测得一未知物的熔点同已知某物质熔点相同或接近时，可将该已知物与未知物混合，测量混合物的熔点，至少要按1∶9、1∶1、9∶1这三种比例混合。若它们是相同化合物，则熔点值不降低；若是不同的化合物，则熔程长，熔点值下降（少数情况下熔点值上升）。

纯物质的熔点和凝固点是一致的。从图2-9可以看到，当加热纯固体化合物时，在一段时间内温度上升，固体不熔。当固体开始熔化时，温度不会上升，直至所有固体都变为液体，温度才上升。反过来，当冷却一种纯液体化合物时，在一段时间内温度下降，液体未固化。当开始有固体出现时，温度不会下降，直至液体全部固化时，温度才会再下降。

在一定温度和压力下，将某纯物质的固液两相放于同一容器中，这时可能发生三种情况：固体熔化；液体固化；固液两相并存。我们可以从该物质的蒸气压与温度关系图来理解在某一温度时，哪种情况占优势。图2-10（a）是固体的蒸气压随温度升高而增大的情况，（b）是液体蒸气压随温度变化的曲线，若将（a）和（b）两曲线加合，可得（c）。可以看到，固相蒸气压随温度的变化速率比相应的液相大，最后两曲线相交于M点。在这特定的温度和压力下，固液两相并存，这时的温度T_m即为该物质的熔点。不同的化合物有不同的T_m值。当温度高于T_m时，固相全部转变为液相；低于T_m时液相全部转变为固相。只有

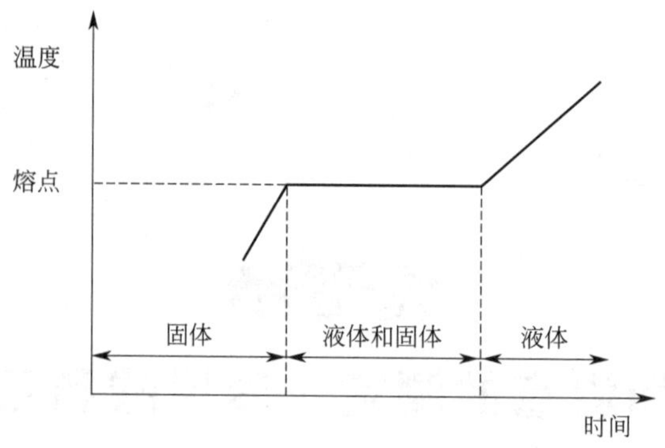

图 2-9 相随着时间和温度的变化

固液并存时，固相和液相的蒸气压是一致的。这就是纯物质有固定而又敏锐熔点的原因。一旦温度超过 T_m（甚至只有几分之一摄氏度时），若有足够的时间，固体就可以全部转变为液体。所以要精确测定熔点，则在接近熔点时，加热速度一定要慢，一般每分钟温度升高不能超过 1～2℃。只有这样，才能使熔化过程近似接近于平衡状态。

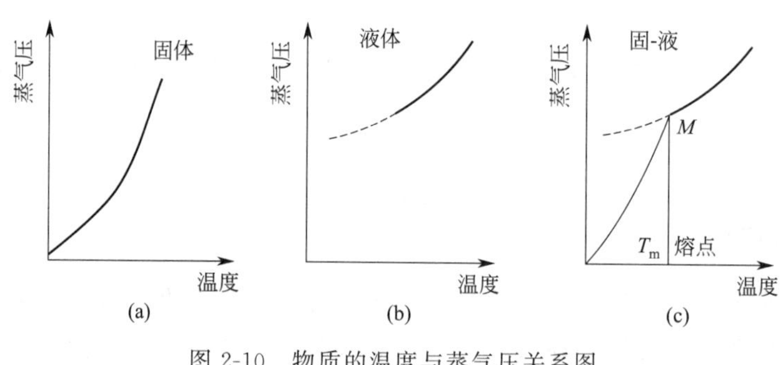

图 2-10 物质的温度与蒸气压关系图

2. 实验装置原理

（1）毛细管法测定熔点

① 毛细管的拉制 取一根干净干燥的内径为 1cm、壁厚为 1mm 的软质玻璃管，在煤气灯上加热，火焰由小到大，边加热边转动，使之受热均匀，直到玻璃管完全烧红和软化。从火中取出，先慢慢地两手同方向地边转边拉，然后较快地边转边水平地向两边拉开。待拉好的毛细管冷却后，在内径约为 1mm 的部分，截取 20cm 长的小段。毛细管的两头开口处在煤气灯上用小火封口，保存好以备后用。同时可以从中间截断，即成两根毛细管（一端开口，一端闭口）。

② 样品的装入 将少许干燥的待测样品放在干净的表面皿上，用玻璃钉研成极细的粉末，堆成小堆，将毛细管开口的一端垂直插入样品粉末中，然后将毛细管侧过来，开口向上，在桌面上蹾几下，再通过一根长 40cm 的玻璃管（可用空气冷凝管代替），从上端使毛细管自由落下，把装入的药品在桌面上蹾实。如此反复，直到毛细管内样品装入 2～3mm 高为止。装入的样品应均匀、紧密、结实。

③ 常用的熔点管 常用的熔点管是提勒管（除此之外还有双浴式、搅拌式等），熔点管内倒入液体石蜡或浓硫酸或其他无色的高沸点液体作为加热液体。液体的量不应过多，一般

不超过熔点管的上支管（应考虑液体受热膨胀）。温度计的上端接上一个开口的软木塞，温度计的水银球在熔点管上下两叉管口的中间，将待测样品的毛细管利用液体的黏性使之“贴”在温度计上或用小橡皮圈套在温度计上（橡皮圈不能浸在热浴液中），使其样品的部分置于水银球侧面中部（图 2-11)。控制好加热速度，对准确测定熔点是关键。

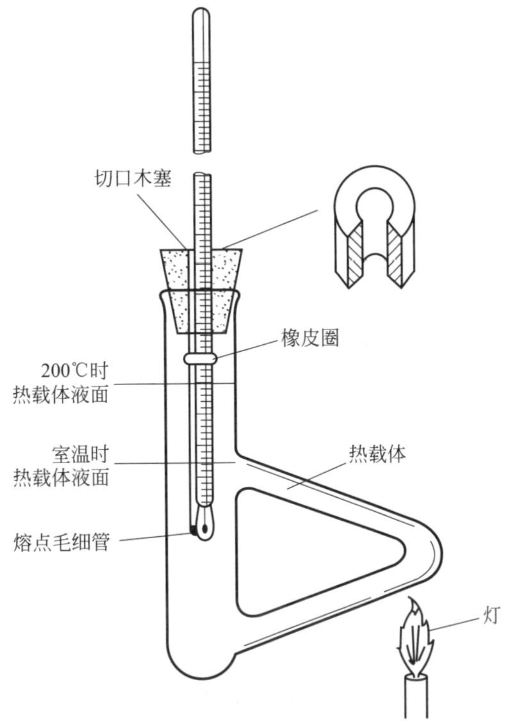

图 2-11　毛细管法测定熔点装置

在测定已知熔点样品时，可先以较快速度加热，在距离熔点 15～20℃时，以每分钟 1～2℃的速度加热，当接近熔点时，加热要更慢，每分钟约上升 0.2～0.3℃，此时要特别注意温度的上升和毛细管中样品的情况，直到测出熔程。在测定未知熔点的样品时，应先粗测熔点范围，再用上述方法细测。第二次细测前，应先待热浴的温度下降大约 30℃后，再进行测定。

测定时，应观察和记录样品开始塌落并有液相产生时（初熔）和固体完全消失时（全熔）的温度读数，所得数据即为该物质的熔程。还要观察和记录在加热过程中是否有萎缩、变色、发泡、升华及炭化等现象，以供分析参考。

例如某一化合物在 112℃时开始萎缩坍塌，113℃时有液滴出现，在 114℃时全部成为透明液体，应记录为：熔点 113～114℃，112℃坍塌（或萎缩），以及该化合物的颜色变化。

测定熔点至少要有两次重复数据，每次要用新毛细管重新装入样品。

注意：当被测物质的熔点较高（例如在 140℃以上）时，在测完熔点后不能立即把温度计从熔点管中取出。否则，由于突然冷却，温度计常会破裂或水银柱中断。

(2) 微量熔点测定仪法测定熔点

用毛细管测定熔点仪器简单，方法简便，但不能观察样品在加热过程中的转化及其他变化过程（如结晶水的失水、多晶体的变化及分解等）。微量熔点测定仪（或称显微熔点测定仪，图 2-12）就可观察其加热的全过程，且可测微量样品的熔点，通常在普通显微镜台上放一电热板，由电热丝加热，用标准温度计测定其温度。

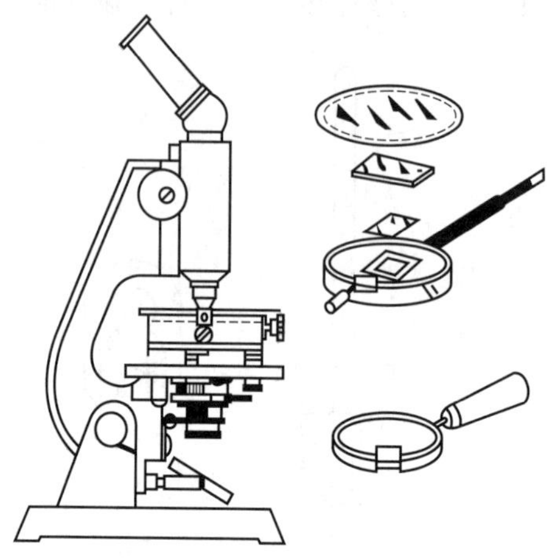

图 2-12 显微熔点测定仪

测定熔点时，先将玻璃载片洗净擦干，将微量样品放在载玻片上，用一带柄的支持器使载玻片位于电热板中心空洞上，用一干净盖玻片盖住，放上隔热的圆玻璃片，调节镜头，使显微镜焦点对准样品，开启加热开关，用可变电阻调节加热速度，当温度接近样品熔点时，控制温度上升速度为每分钟 1～2℃，当样品结晶的棱角开始变圆时，是熔化的开始，晶形完全消失是全部熔化。

测定熔点后，停止加热，稍冷，除去隔热圆玻璃片、盖玻片及载玻片，将一厚圆的铅板放在电热板上加快冷却。重新测定两次。

(3) 沸点的测定

微量法测定沸点：取一段干净干燥的薄壁软质粗玻璃管或一支打破了的软质试管，拉制成细管。截取一段内径约 5mm、长 7～8cm 的细管，将一端封闭，管底要薄，作为装试样的外管。再截取一段内径约 1mm、总长约为 9cm 的毛细管，在中间部位封闭，自封闭处截取成两根长约 5cm 的毛细管，作为沸点管的内管。由此两根粗细不同的细管组成沸点管。测定时将试样滴入外管中，高度为 1～1.5cm，放入内管，然后将沸点管用小橡皮圈附于温度计旁，沸点管底部在温度计水银球中间（图 2-13），将附有沸点管的温度计放入提勒管中，其位置与测熔点时相同。

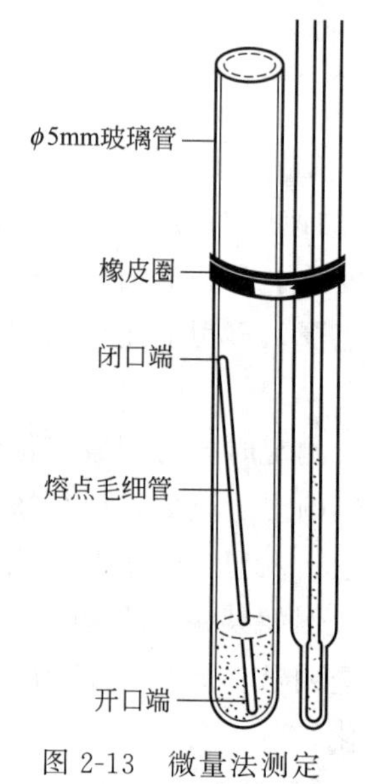

图 2-13 微量法测定沸点装置

将热浴慢慢地加热，使温度均匀地上升。当温度达到比沸点稍高的时候，可以看到从内管中有一连串的小气泡不断地逸出。停止加热，让热浴慢慢冷却。当液体开始不冒气泡并且气泡将要缩入内管时的温度即为该液体的沸点，记录下这一温度。这时液体的蒸气压和外界大气压相等。

三、仪器、药品及试剂

1. 仪器

熔点毛细管（内径 1mm、壁厚 0.1mm）；酒精灯；表面皿；提勒管；温度计；微量熔点测定仪；载玻片。

2. 药品及试剂

苯甲酸；无水乙醇。

四、实验内容及操作步骤

56

1. 苯甲酸熔点的测定

利用提勒管法、微量熔点测定仪两种方法测定苯甲酸的熔点。

(1) 提勒管法

样品苯甲酸放在干净的表面皿上，用玻璃钉研成极细的粉末后装入毛细管，通过一根空气冷凝管，从上端使毛细管自由落下，把装入的药品在桌面上蹾实。如此反复，直到毛细管内样品装入 2～3mm 高为止。样品应装得均匀、紧密、结实。

测熔点的提勒管装有液体石蜡，液体高度过支管即可。将待测样品的毛细管用小橡皮圈固定在温度计上（橡皮圈不能浸在热浴液中），样品位置在温度计水银球中部，温度计通过开槽的塞子固定或用线吊在提勒管上，温度计位置是水银球在提勒管两支管中间。

熔点测定的关键步骤就是加热速度，使热能透过毛细管，样品受热熔化，令熔化温度与温度计所示温度一致。

加热速度开始时可稍快（开始每分钟上升 10℃，以后减为每分钟上升 5℃），待温度上升接近其熔点时（约低于熔点 10℃），调节火焰，使温度每分钟上升 1℃。这时加热不能太快，一方面是为了保证有充分的时间让热量由管外传至管内，以使固体熔化；另一方面因观察者不能同时观察温度计示数及样品变化情况，所以只有缓慢加热，才能使此项误差减小。仔细观察毛细管内的固体变化情况，记录毛细管中固体开始熔化时的温度和熔化完全时的温度，如 134～134.6℃，而不是记录两个数值的平均值。

熔点管中的液体石蜡必须冷却到低于被测物质的熔点 20～30℃时，方可插入样品毛细管重新进行测定。在测未知物的熔点时，可先做一次粗测，这时加热可稍快一点，大致确定样品熔点，然后精测两次，这时加热速度如上所述。

(2) 微量熔点测定仪法

测定熔点时，取两片新载玻片，将 2～3 粒微量苯甲酸样品放在一载玻片上，将载玻片置于电热板中心位置，用另一载玻片（作盖玻片）盖住，放上隔热的圆玻璃片，调节镜头，使显微镜焦点对准样品，开启加热开关，调节加热速度，当温度接近样品熔点时，控制温度上升速度为每分钟 1～2℃。

当样品结晶的棱角开始变圆时，是熔化的开始，晶形完全消失是全部熔化。测定熔点后，停止加热，稍冷，除去隔热圆玻璃片、盖玻片及载玻片，将一厚圆的铅板放在电热板上加快冷却。重新测定两次。

2. 乙醇沸点的测定

微量沸点管法测定乙醇的沸点：测定时将试样无水乙醇滴入外管中，高度为1～1.5cm，放入内管，然后将沸点管用小橡皮圈附于温度计旁，沸点管底部在温度计水银球中间，将附有沸点管的温度计放入提勒管中，其位置与测熔点时相同。

将热浴慢慢地加热，使温度均匀地上升。当温度达到80℃左右比沸点稍高的时候，可以看到从内管中有一连串的小气泡不断地逸出。停止加热，让热浴慢慢冷却。当液体开始不冒气泡并且气泡将要缩入内管时的温度即为该液体的沸点，记录下这一温度。这时液体的蒸气压和外界大气压相等。乙醇的沸点为78.2℃。

五、实验要点及注意事项

1. 装入的样品应均匀、紧密、结实。

2. 正确安装温度计的位置：温度计的水银球在熔点管上下两叉管口的中间。

3. 控制好加热速度：加热速度开始时可稍快（开始每分钟上升10℃，以后减为5℃），待温度上升接近其熔点时（约低于熔点10℃），调节升温速度，使温度每分钟上升1℃。

4. 当被测物质的熔点较高（例如在140℃以上）时，在测完熔点后不能立即把温度计从熔点管中取出。否则，由于突然冷却，温度计常会破裂或水银柱中断。

5. 记录毛细管中固体开始熔化时的温度和熔化完全时的温度。

6. 熔点管中的液体必须冷却到低于被测物质的熔点20～30℃时，方可插入样品毛细管重新进行测定。

7. 对已知物质的熔点要测到两次数据重复为止，未知样品要先作一次粗测，每次测定都必须作数据记录（不管正确与否）。

8. 要求记下大量气泡出现时的温度与停止加热后，气泡不再冒出，而液体刚要进入内管瞬间时的温度，两次温度计读数不超过1℃。

六、思考与讨论

1. 分别测得样品A及B的熔点各为100℃，将它们按任何比例混合后测得的熔点仍为100℃，这说明什么？

2. 测定熔点时，若遇下列情况，将产生什么结果？

① 熔点管壁太厚。

② 熔点管底部未完全封闭，尚有一针孔。

③ 熔点管不洁净。

④ 样品未完全干燥或含有杂质。

⑤ 样品研得不细或装得不紧密。

⑥ 加热太快。

3. 什么叫沸点？液体的沸点和大气压有什么关系？文献上记载的某物质的沸点温度是否即为你们那里的沸点温度？

4. 如果液体具有恒定的沸点，那么能否认为它是纯物质？

实验四

混合物中乙醇含量的气相色谱法测定以及苯甲酸、乙酸乙酯的红外光谱定性分析

一、实验目的

1. 学习气相色谱分析和红外光谱分析的基本原理和应用。

2. 了解气相色谱仪和红外光谱仪的基本结构和主要部件。

3. 掌握气相色谱仪的操作规程，掌握用色谱工作站进行气相色谱分析的方法；掌握各种红外光谱制样的方法，掌握几种常用的红外光谱解析方法。

二、实验原理

57

色谱法是分离、提纯和鉴定有机化合物的重要方法，在有机化学、生物化学和医学等领域中已得到广泛应用。色谱法的基本原理是建立在相分配原理的基础上，混合物的各组分随着流动的液体或气体（称为流动相），通过另一种固定的固体或液体（称为固定相），利用各组分在两相中的分配、吸附或其他亲和性能的不同，经过反复作用，最终达到分开各组分的目的，所以色谱法是一种物理分离方法。气相色谱中的气-液色谱法属于分配色谱，是利用混合物中各组分在固定相与流动相之间分配情况不同，从而达到分离的目的。色谱工作原理见图 2-14。

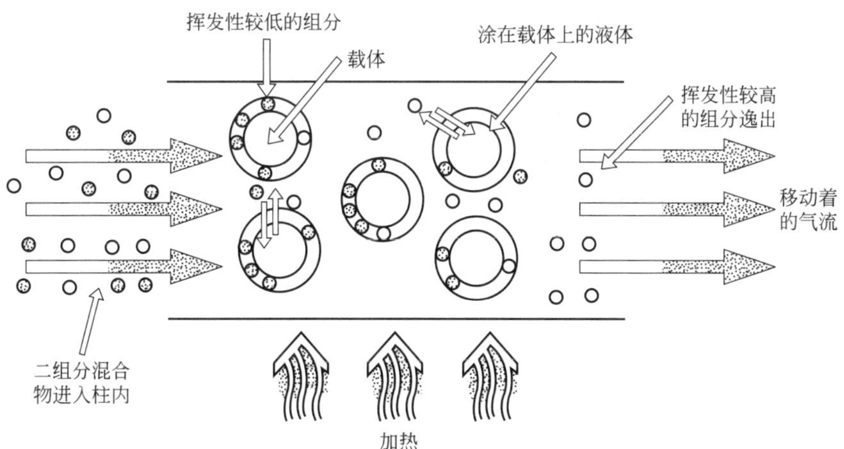

图 2-14 色谱工作原理

红外光谱中吸收谱带的位置与分子中组成化学键的原子之间的振动频率有关。每个化合物有着彼此不相同的谱图，通过化合物的红外光谱可以测定化合物的结构。

根据所给的未知样品，选择适当的制样方法制样后，在红外光谱仪上作图，并对谱图进行解析，在解析的基础上查找标准光谱图，最后确定未知样品的结构。

三、仪器、药品及试剂

1. 仪器

气相色谱仪（含色谱工作站）；填充柱；固定相（PEG-20M）；热导池检测器；微量进样器；红外光谱仪（美国 BRUKER 生产的 VECTOR22）；油压式压片机；玛瑙研钵；盐片。

2. 药品及试剂

无水乙醇（AR）；混合醇；KBr（AR）；乙酸乙酯；苯甲酸。

四、实验内容及操作步骤

1. 测定乙醇标准样的保留时间

按操作说明书使仪器正常运转，设定仪器操作条件：柱温 180℃，检测室温度 180℃，汽化室温度 180℃，载气氢气流量 $30mL \cdot min^{-1}$。

待仪器稳定后，用微量进样器分别迅速注入 $0.5\mu L$ 标准乙醇溶液，在工作站上可得到色谱峰。

得到记录各色谱峰保留时间及峰面积等分析结果。重复操作 3 次。

2. 测定混合物中乙醇的含量

在完全相同的条件下，用微量进样器分别迅速注入未知混合物溶液，在工作站上可得到色谱峰。得到记录各色谱峰保留时间及峰面积等分析结果。重复操作 3 次。

58

3. 测定固体样品苯甲酸的红外光谱

取约 2～3mg 苯甲酸样品于干净的玛瑙研钵中，加约 100mg 的 KBr 粉末，在红外灯下研磨成粒度约 $2\mu m$ 细粉后，移入压片模中，将模子放在油压机上，加压力，在 60～65MPa 的压力下维持 5min，放气去压，取出模子进行脱模，可获得一片直径为 13mm 的半透明盐片。将片子装在样品架上，即可进行红外光谱测定。

59

4. 测定液体样品乙酸乙酯的红外光谱

在一块干净抛光的 KBr 盐片上，滴加一滴乙酸乙酯样品，压上另一块盐片，将它置于池架上，即可进行红外光谱测定。

五、实验要点及注意事项

1. 用已知乙醇和未知混合物测定，每种样品至少分析两次。

2. 正确使用微量进样器，吸取样品的时候一只手操作，进样时两只手操作。

3. 要在红外干燥灯下完成整个制样过程，因为溴化钾易吸收水分，而羟基在红外区域有吸收峰，影响测定。

4. 小心盐片的使用：时刻放在红外灯下，避免吸收水分。

六、思考与讨论

1. 色谱仪的开启原则是什么，即先开什么后开什么？不然会产生什么后果？关机的次序又是什么？

2. 影响分离度的因素有哪些？提高分离度的途径有哪些？

3. 红外测试样品有哪几种制样方法，它们各适用于哪一种情况？

4. 为什么红外光谱是连续的曲线图谱？

实验五

环己烯的制备及定性鉴定

一、实验目的

1. 学习在酸催化下醇分子内脱水制备烯烃的原理和方法；学习分馏的基本原理及应用；学习萃取和洗涤的基本原理及应用；学习液体干燥的基本原理及干燥剂的选择原则。

2. 了解常规有机合成的程序和方法；了解有机物结构定性鉴定方法。

3. 掌握分馏柱的使用方法；掌握分液漏斗的使用方法、应用范围和保养方法；掌握液体有机物的干燥方法。

二、实验原理

60

1. 实验理论原理

在强酸如浓硫酸、浓磷酸的催化作用下使醇进行分子内脱水制备烯。本实验用浓磷酸作催化剂，由环己醇脱水制备环己烯，反应如下：

$$\text{C}_6\text{H}_{11}\text{OH} \xrightarrow{85\%H_3PO_4} \text{C}_6\text{H}_{10} + H_2O$$

本实验采用分馏装置不断蒸馏产品环己烯和水的共沸物，使反应不断向右进行，提高烯烃的产率。

生成的环己烯中混有少量酸、未完全转化的醇、副产物醚类等，经过洗涤、干燥和蒸馏予以除去。

2. 实验装置原理

（1）分馏原理、分馏装置及操作要点

分馏柱一般用以分离两种或两种以上有一定沸点差的液体（不包括恒沸物），本实验使用分馏柱是防止环己醇在反应过程中被蒸出。

简单分馏主要用于分离两种或两种以上沸点相近且混溶的有机溶液。分馏在实验室和工业生产中广泛应用，工程上常称为精馏。

简单蒸馏只能使液体混合物得到初步的分离。为了获得高纯度的产品，理论上采用多次部分汽化和多次部分冷凝的方法，即将简单蒸馏得到的馏出液，再次部分汽化冷凝，以得到纯度更高的馏出液。而将简单蒸馏剩余的混合液再次部分汽化，则得到易挥发组分更低、难挥发组分更高的混合液。只要上面这一过程足够多，就可以将两种沸点相近溶液分离成纯度很高的易挥发组分和难挥发组分两种产品。简而言之，分馏即为反复多次的简单蒸馏。在实验室常采用分馏柱来实现，而工业上采用精馏塔。

简单分馏装置与简单蒸馏装置类似，不同之处是在蒸馏瓶与蒸馏头之间加了一根分馏柱，如图 2-15 所示。分馏柱的种类很多，实验室常用韦氏分馏柱。半微量实验一般用填料柱，即在一根玻璃管内填上惰性材料，如玻璃、陶瓷或螺旋形、马鞍形等各种形状的金属小片。

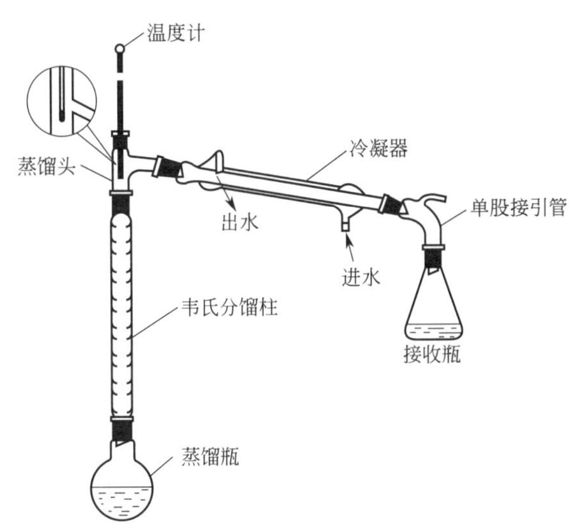

图 2-15　简单分馏装置图

当液体混合物沸腾时，混合物蒸气进入分馏柱（可以是填料塔，也可以是板式塔），蒸气通过柱身上升，通过柱身进行热交换，在塔内进行反复多次的冷凝-汽化-再冷凝-再汽化过程，以保证达到柱顶的蒸气为纯的易挥发组分，而蒸馏瓶中的液体为难挥发组分，从而高效率地将混合物分离。分馏柱沿柱身存在着动态平衡，不同高度段存在着温度梯度，此过程是一个热和质的传递过程。

为了得到良好的分馏效果，应注意以下几点：

① 在分馏过程中，不论使用哪种分馏柱，都应防止回流液体在柱内聚集，否则会减少液体和蒸气接触面积，或者使上升的蒸气将液体冲入冷凝管中，达不到分馏的目的。为了避免这种情况的发生，需在分馏柱外面包一定厚度的保温材料，以保证柱内具有一定的温度，防止蒸气在柱内冷凝太快。当使用填充柱时，往往由于填料装得太紧或不均匀，造成柱内液体聚集，这时需要重新装柱。

② 对分馏来说，在柱内保持一定的温度梯度是极为重要的。在理想情况下，柱温度与蒸馏瓶内液体沸腾时的温度接近。柱内自下而上温度不断降低，直至柱顶接近易挥发组分的沸点。一般情况下，柱内温度梯度的保持是通过调节馏出液速度来实现的，若加热速度快，蒸出速度也快，会使柱内温度梯度变小，影响分离效果。若加热速度慢，蒸出速度也慢，会使柱身被流下来的冷凝液阻塞，这种现象称为液泛。为了避免上述情况出现，可以通过控制回流比来实现。所谓回流比，是指冷凝液流回蒸馏瓶的速度与柱顶蒸气通过冷凝管流出速度的比值。回流比越大，分离效果越好。回流比的大小根据物系和操作情况而定，一般回流比控制在 4∶1，即冷凝液流回蒸馏瓶为每秒 4 滴，柱顶馏出液每秒 1 滴。

③ 液泛能使柱身及填料完全被液体浸润，在分离开始时，可以人为地利用液泛将液体均匀地分布在填料表面，充分发挥填料本身的效率，这种情况叫做预液泛。一般分馏时，先将电压调得稍大些，一旦液体沸腾就应注意将电压调小，当蒸气冲到柱顶还未到温度计水银球部位时，通过控制电压使蒸气保证在柱顶全回流，这样维持 5min。再将电压调至合适的位置，此时，应控制好柱顶温度，使馏出液以每两三秒 1 滴的速度平稳流出。

由于分馏柱蒸馏部分部位较高，因此安装时，必须以电热套为基准，接收瓶放在升降台上。分馏柱顶部温度不超过 90℃，这是因为环己烯与水的共沸点为 70.8℃（含水 10%）。蒸馏可以及时移走产物，使反应向右进行。若温度过高，蒸馏速度过快，易使未作用的环己醇蒸出，因环己醇与水的共沸点为 97.8℃，含水 80%。

（2）分液漏斗萃取、洗涤的原理，实验装置及操作要点

萃取是物质从一相向另一相转移的操作过程。它是有机化学实验中用来分离或纯化有机化合物的基本操作之一。应用萃取可以从固体或液体混合物中提取出所需要的物质，也可以用来洗去混合物中少量杂质。通常称前者为“萃取”（或“抽提”），后者称为“洗涤”。

随着被提取物质状态的不同，萃取分为两种：一种是用溶剂从液体混合物中提取物质，称为液-液萃取；另一种是用溶剂从固体混合物中提取所需物质，称为液-固萃取。

萃取常用的仪器是分液漏斗。使用前应先检查下口活塞和上口塞子是否有漏液现象。在活塞处涂少量凡士林，旋转几圈将凡士林涂均匀。在分液漏斗中加入一定量的水，将上口塞子塞好，上下摇动分液漏斗中的水，检查是否漏水。确定不漏后再使用。

将待萃取的原溶液倒入分液漏斗中，再加入萃取剂（如果是洗涤应先将水溶液分离后，再加入洗涤溶液），将塞子塞紧，用右手的拇指和中指拿住分液漏斗，食指压住上口塞子，左手的食指和中指夹住下口管，同时，食指和拇指控制活塞。然后将漏斗平放，前后摇动或做圆周运动，使液体振动起来，两相充分接触，如图 2-16。在振动过程中应注意不断放气，以免萃取或洗涤时，内部压力过大，造成漏斗的塞子被顶开，使液体喷出，严重时会引起漏斗爆炸，造成伤人事故。放气时，将漏斗的下口向上倾斜，使液体集中在下面，用控制活塞的拇指和食指打开活塞放气，注意不要对着人，一般动两三次就放一次气。经几次摇动放气后，将漏斗放在铁架台的铁圈上，将塞子上的小槽对准漏斗上的通气孔，静置 2～5min。待液体分层后将萃取相倒出（即有机相），放入一个干燥好的锥形瓶中，萃余相（水相）再加入新萃取剂继续萃取。重复以上操作过程，萃取后，合并萃取相，加入干燥剂进行干燥。干燥后，先将低沸点的物质和萃取剂用简单蒸馏的方法蒸出，然后视产品的性质选择合适的纯化手段。

当被萃取的原溶液量很少时，可采取微量萃取技术进行萃取。取一支离心分液管放入原溶液和萃取剂，盖好盖子，用手摇动分液管或用滴管向液体中鼓气，使液体充分接触，并注意随时放气。静置分层后，用滴管将萃取相吸出，在萃余相中加入新的萃取剂继续萃取。以后的操作如前所述。

在萃取操作中应注意以下几个问题：

① 分液漏斗中的液体不宜太多，以免摇动时影响液体接触而使萃取效果下降。

② 液体分层后，上层液体由上口倒出，下层液体由下口经活塞放出。

③ 在溶液呈碱性时，常产生乳化现象。有时由于存在少量轻质沉淀，两液相密度接近，两液相部分互溶等都会引起分层不明显或不分层。此时，静置时间应长一些，或加入一些食盐，增大两相的密度差，使絮状物溶于水中，迫使有机物溶于萃取剂中，或加入几滴酸、

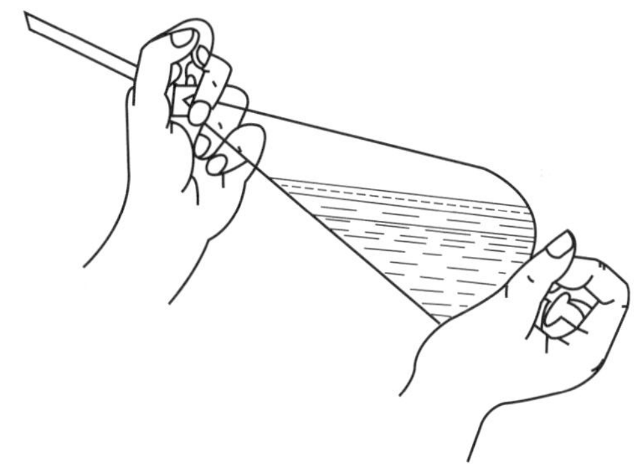

图 2-16　分液漏斗的操作方法

碱、醇等，以破坏乳化现象。如上述方法不能将絮状物破坏，在分液时，应将絮状物与萃余相（水层）一起放出。

④ 液体分层后应正确判断萃取相（有机相）和萃余相（水相），一般根据两相的密度来确定，密度大的在下面，密度小的在上面。如果一时判断不清，应将两相分别保存起来，待弄清后，再弃掉不要的液体。

(3) 液体有机化合物干燥的基本原理、干燥的操作要点

① 基本原理　干燥是常用的除去固体、液体或气体中少量水分或少量有机溶剂的方法。如在进行有机物波谱分析、定性或定量分析以及测物理常数时，往往要求预先干燥，否则测定结果不准确。液体有机物在蒸馏前也需干燥，否则沸点前馏分较多，产物损失，甚至沸点也不准。此外，许多有机反应需要在无水条件下进行，因此，溶剂、原料和仪器等均要干燥。可见，在有机化学实验中，试剂和产品的干燥具有重要的意义。

干燥方法可分为物理方法和化学方法两种。

a. 物理方法　物理方法中有烘干、晾干、吸附、分馏、共沸蒸馏和冷冻等。近年来，还常用离子交换树脂和分子筛等方法进行干燥。

离子交换树脂是一种不溶于水、酸、碱和有机溶剂的高分子聚合物。分子筛是含水硅铝酸盐的晶体。

b. 化学方法　化学方法采用干燥剂来除水。根据除水作用原理又可分为两种：

ⅰ. 能与水可逆地结合，生成水合物，例如：

$$CaCl_2 + nH_2O \rightleftharpoons CaCl_2 \cdot nH_2O$$

ⅱ. 与水发生不可逆的化学变化，生成新的化合物，例如：

$$2Na + 2H_2O \longrightarrow 2NaOH + H_2\uparrow$$

使用干燥剂时要注意以下几点：

ⅰ. 干燥剂与水的反应为可逆反应时，反应达到平衡需要一定时间。因此，加入干燥剂后，一般最少要 2h 或更长一点的时间后才能收到较好的干燥效果。因反应可逆，不能将水完全除尽，故干燥剂的加入量要适当，一般为溶液体积的 5%左右。当温度升高时，这种可逆反应的平衡向脱水方向移动，所以在蒸馏前，必须将干燥剂滤除，否则被除去的水将返回液体中。另外，若把盐倒（或留）在蒸馏瓶底，受热时会发生崩溅。

ⅱ. 干燥剂与水发生不可逆反应时，使用这类干燥剂在蒸馏前不必滤除。

ⅲ. 干燥剂只适用于干燥少量水分。若水的含量大，干燥效果不好。为此，萃取时应尽

量将水层分净，这样干燥效果好，且产物损失少。

② 液体有机化合物的干燥

a. 干燥剂的选择　干燥剂应与被干燥的液体有机化合物不发生化学反应，包括溶解、络合、缔合和催化等作用，例如酸性化合物不能用碱性干燥剂等。表 2-1 列出各类有机物常用干燥剂及其性能。

表 2-1　各类有机物常用干燥剂及其性能

干燥剂	性能
$CaCl_2$	中性，与水作用产物：$CaCl_2 \cdot nH_2O$，$n=1,2,4,6$。适用范围：烃类、卤代烃、烯酮、醚、硝基化合物、中性气体、氯化氢。非适用范围：醇、胺、氨、酚、酯、酸、酰胺和某些醛酮。特点：吸水量大，作用快，效力不高，是良好的初步干燥剂，廉价，含有碱性杂质氢氧化钙
硫酸钠	中性，与水作用产物：七水和十水硫酸钠。适用范围：醇、酯、醛、酮、酸、酰胺、卤代烃、硝基化合物等不能用氯化钙干燥的物质。吸水特点：吸水量大，作用慢，效力低，是良好的初步干燥剂
硫酸镁	中性，与水作用产物：一水和七水硫酸镁。适用范围：醇、酯、醛、酮、酸、酰胺、卤代烃、硝基化合物等不能用氯化钙干燥的物质。特点：较硫酸钠作用快，效力高
硫酸钙	中性，与水作用产物：$CaSO_4 \cdot 1/2H_2O$。适用范围：烷、芳香烃、醚、醇、醛、酮。特点：吸水量小，作用快，效力高，可先用吸水量大的干燥剂初步干燥后再用
碳酸钾	碱性，与水作用产物：1.5 水和 2 水合物。适用范围：醇、酮、脂、胺和杂环等碱性化合物。非适用范围：酸、酚及其他酸性化合物
硫酸	强酸性。与水作用产物：H_3OHSO_4。适用范围：脂肪烃，烷基卤代物。非适用范围：烯、醚、醇及弱碱性化合物。特点：脱水效力高
氢氧化钾，氢氧化钠	强碱性。适用于胺、杂环等碱性化合物干燥。非适用于醇、酯、醛酮、酸、酚和酸性化合物干燥。其特点是干燥快速有效
金属钠	强碱性。适用于醚、三级胺、烃中的痕量水干燥。对碱土金属或对碱敏感物、醇等不适用。其特点是效力高，作用慢，需经初步干燥后才可再用，干燥后需蒸馏
P_2O_5	酸性。适用于醚、烃、卤代烃、腈中痕量水分，酸溶液，二硫化碳干燥。不适用于醇、酸、酮、胺、碱性化合物、氯化氢、氟化氢等的干燥。其特点是吸水效力高，干燥后需蒸馏
CaH_2	碱性。适用于碱性、中性、弱酸性化合物干燥。不适用于对碱敏感的化合物干燥。其特点是效力高，作用慢，先经初步干燥再用，干燥后需蒸馏
CaO，BaO	碱性。适用于低级醇类、胺。其特点是效力高，作用慢，干燥后需蒸馏
3Å、4Å 分子筛	中性。是物理吸附。适用于各类有机物、不饱和烃气体。其特点是干燥快速高效，经初步干燥后可再用
硅胶	常用于干燥器。不适用于氟化氢干燥

b. 使用干燥剂时要考虑干燥剂的吸水容量和干燥效能　干燥效能是指达到平衡时液体被干燥的程度。对于形成水合物的无机盐干燥剂，常用吸水后结晶水的蒸气压来表示干燥剂效能。如硫酸钠形成 10 个结晶水，蒸气压为 260Pa；氯化钙最多能形成 6 个水的水合物，其吸水容量为 0.97，在 25℃时水蒸气压力为 39Pa。因此硫酸钠的吸水容量较大，但干燥效能弱；而氯化钙吸水容量较小，但干燥效能强。在干燥含水量较大而又不易干燥的化合物时，常先用吸水容量较大的干燥剂除去大部分水，再用干燥效能强的干燥剂进行干燥。

c. 干燥剂的用量　根据水在液体中溶解度和干燥剂的吸水量，可算出干燥剂的最低用量。但是，干燥剂的实际用量是大大超过计算量的。一般干燥剂的用量为每 10mL 液体需 0.5～1g 干燥剂。但在实际操作中，主要通过现场观察判断。

ⅰ. 观察被干燥液体　干燥前，液体呈浑浊状，经干燥后变成澄清，这可简单地作为水分基本除去的标志。例如在环己烯中加入无水氯化钙进行干燥，未加干燥剂之前，由于环己烯中含有水，环己烯不溶于水，溶液处于浑浊状态；当加入干燥剂吸水之后，环己烯呈清澈透明状，这时即表明干燥合格。否则应补加适量干燥剂继续干燥。

ⅱ. 观察干燥剂 例如用无水氯化钙干燥乙醚时，无论乙醚中的水除净与否，溶液总是呈清澈透明状，如何判断干燥剂用量是否合适，则应看干燥剂的状态。加入干燥剂后，因其吸水变黏，粘在器壁上，摇动不易旋转，表明干燥剂用量不够，应适量补加无水氯化钙，直到新加的干燥剂不结块，不粘壁，干燥剂棱角分明，摇动时旋转并悬浮（尤其 $MgSO_4$ 等小晶粒干燥剂），表示所加干燥剂用量合适。

由于干燥剂还能吸收一部分有机液体，影响产品收率，故干燥剂用量应适中。加入少量干燥剂后应静置一段时间，观察用量不足时再补加。一般每 10mL 样品加入 0.5～1g 干燥剂。

d. 干燥时的温度 对于生成水合物的干燥剂，加热虽可加快干燥速度，但远远不如水合物放出水的速度快，因此，干燥通常在室温下进行。

③ 液体有机物干燥的操作步骤与要点

a. 首先把被干燥液中水分尽可能除净，不应有任何可见的水层或悬浮水珠。

b. 把待干燥的液体放入锥形瓶中，取颗粒大小合适（如无水氯化钙，应为黄豆粒大小并不夹带粉末）的干燥剂，放入液体中，用塞子盖住瓶口，轻轻振摇，经常观察，判断干燥剂是否足量，静置（半小时，最好过夜）。

c. 把干燥好的液体滤入蒸馏瓶中，然后进行蒸馏。

三、仪器、药品及试剂

1. 仪器

50mL 圆底烧瓶；韦氏分馏柱；蒸馏头；温度计；温度计套管；直形冷凝管；接液管；锥形瓶；分液漏斗等。

2. 药品及试剂

环己醇；85%磷酸；10% Na_2CO_3 溶液；饱和食盐水；无水氯化钙。

四、实验内容及操作步骤

1. 环己烯的制备

61

在 50mL 干燥的圆底烧瓶中加入 10.5mL 环己醇和 5mL 85%磷酸，充分摇匀，放入 2～3 粒沸石，按图 2-15 安装分馏装置，用 50mL 锥形瓶作接收器。接收器置于冷水浴或冰水浴中。

慢慢加热混合物至沸腾，控制分馏柱顶部温度（71℃左右）不超过 90℃，慢慢蒸出生成的环己烯及水，当反应瓶中只剩下很少量的残液并出现阵阵白雾时，即可停止蒸馏。

将蒸馏液倒入分液漏斗中，静置、分离并弃去下层（水层）。加入 5mL 10% Na_2CO_3 溶液洗涤，振摇后静置，待两层液体分层清晰后，分离并弃去 Na_2CO_3 溶液层（下层）。再用 5mL 饱和食盐水洗涤一次，振摇，静置，分离并弃去水层。

将环己烯从分液漏斗上口倒入一个干燥的小锥形瓶中，加入少量无水氯化钙干燥，塞紧塞子，间歇振摇，放置 10～15min，直至产物清亮而不浑浊。

安装一套普通蒸馏装置，所用仪器都必须干燥。将干燥后的粗产物，通过放有棉花的玻璃漏斗（注意要干燥）滤入 50mL 干燥的蒸馏烧瓶中，加入几粒沸石，加热蒸馏，收集沸点 80～85℃的馏分，称量，回收产品，计算产率。

环己烯为无色透明液体，沸点为 83℃，相对密度 $d_4^{20}=0.8102$，折射率 $n_D^{20}=1.4465$。

2. 环己烯的定性鉴定

取几滴环己烯加入盛有 5mL 水的试管中，加入 2～3 滴 1%高锰酸钾溶液，观察有无颜色反应。

五、实验要点及注意事项

1. 分馏柱一般用以分离两种或两种以上有一定沸点差的液体（不包括恒沸物），本实验使用分馏柱是防止环己醇在反应过程中被蒸出。

由于分馏柱蒸馏部分部位较高，因此安装时，必须以电热套为基准，接收瓶放在升降台上。分馏柱顶部温度不超过 90℃，这是因为环己烯与水的共沸点为 70.8℃（含水 10%）。蒸馏可以及时移走产物，使反应向右进行。若温度过高，蒸馏速度过快，易使未作用的环己醇蒸出，因环己醇与水的共沸点为 97.8℃，含水 80%。

2. 当分馏速度极慢，瓶内只剩少量残留物，反应即告完成。

3. 分液漏斗的使用

(1) 分液漏斗使用前，用水检查上、下活塞是否有漏水现象，若有则不能使用。

(2) 涂凡士林：使用前擦干活塞孔，然后在活塞上涂一层很薄的凡士林，插入孔中旋转活塞，使之透明。

(3) 分液漏斗应放在固定在铁架台上的铁圈上。

(4) 加液体时，应通过玻璃漏斗在分液漏斗上口的气孔对侧加。

(5) 放液体：上层由上口倒出，下层由下面放出（两层液体放出后，分别保存）。

(6) 分液漏斗的存放：分液漏斗用完后，洗净，活塞处包上纸，放妥。

4. 液体的干燥

本实验用无水氯化钙干燥，干燥好的液体，必须澄清透明，然后通过放有少量棉花的玻璃漏斗滤入蒸馏瓶内，切不可将氯化钙滤入瓶内，否则蒸馏时水又析出。

$$CaCl_2+nH_2O \longrightarrow CaCl_2\cdot nH_2O \xrightarrow[\triangle]{} CaCl_2+nH_2O$$

5. 产品的精制

蒸馏产品所用的仪器必须干燥，否则造成产品带水而浑浊。

六、思考与讨论

1. 用磷酸作脱水剂比用浓硫酸作脱水剂有什么优点？

2. 环己醇用磷酸脱水合成环己烯时，在所得的粗产品中可能含有哪些杂质？在精制过程中应如何除去？

3. 如果你的实验产率太低，试分析主要是在哪些操作步骤中造成的损失？

实验六

己二酸的合成及熔点测定

一、实验目的

1. 学习环己醇氧化制备己二酸的原理和方法。

2. 了解自动熔点仪的工作原理、应用范围和使用方法。

3. 掌握滴加控温反应的操作方法；掌握在合成过程中有害气体的吸收方法；掌握固体有机化合物的干燥方法。

二、实验原理

1. 实验理论原理

62

氧化反应是制备羧酸的常用方法，由环己醇或环己酮氧化制备己二酸，氧化剧烈时还产生一些碳数较少的二元羧酸。制备羧酸采用的都是比较剧烈的氧化条件，而氧化反应一般都是放热反应，所以，控制反应条件是非常重要的。如果反应失控，不但破坏产物，使产率降低，有时还会发生爆炸。

$$\text{环己醇(C}_6\text{H}_{11}\text{OH)} \xrightarrow{[O]} \text{环己酮(C}_6\text{H}_{10}\text{O)} \xrightarrow{[O]} HO-\overset{\overset{O}{\|}}{C}-(CH_2)_4-\overset{\overset{O}{\|}}{C}-OH$$

2. 实验装置原理

(1) 带气体吸收的滴加反应装置

有些反应进行剧烈，放热量大，如将反应物一次加入，会使反应失去控制；有些反应为了控制反应物选择性，也不能将反应物一次加入。在这些情况下，可采用滴加反应装置，将一种试剂逐渐滴加进去。常用恒压滴液漏斗进行滴加。

本实验产生的氧化氮是有毒气体，不可逸散在实验室内，故采用气体吸收装置（图 2-17）。

(2) 固体有机化合物的干燥

干燥固体有机化合物，主要是为除去残留在固体中的少量低沸点溶剂，如水、乙醚、乙醇、丙酮、苯等。由于固体有机物的挥发性比溶剂小，所以采取蒸发和吸附的方法来达到干燥的目的。常用干燥法如下：

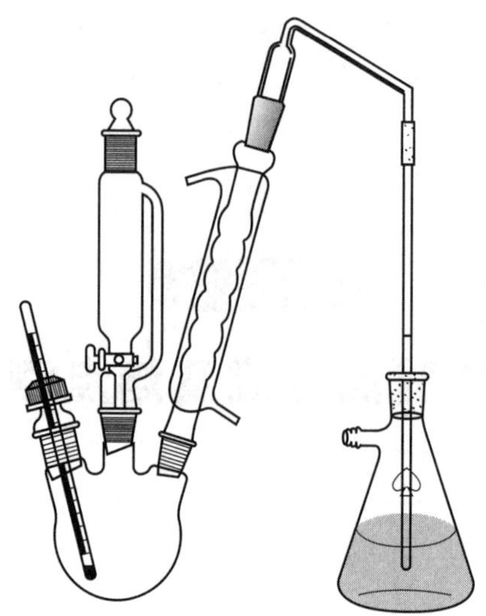

图 2-17　气体吸收滴加反应实验装置

① 晾干。

② 烘干：a. 用恒温烘箱烘干或用恒温真空干燥箱烘干；b. 用红外灯烘干。

③ 冻干。

④ 若遇难抽干溶剂时，把固体从布氏漏斗中转移到滤纸上，上下均放 2～3 层滤纸，挤压，使溶剂被滤纸吸干。

⑤ 干燥器干燥：a. 普通干燥器；b. 真空干燥器；c. 真空恒温干燥器（干燥枪）。

三、仪器、药品及试剂

1. 仪器

100mL 三口烧瓶；滴液漏斗；100℃温度计；温度计套管；球形冷凝管；气体吸收导管；抽滤瓶；布氏漏斗；表面皿等。

2. 药品及试剂

环己醇；68%浓硝酸。

四、实验内容及操作步骤

1. 制备己二酸

63

在 100mL 三口烧瓶中加入 5mL 浓硝酸和 5mL 水，瓶口分别装置温度计、滴液漏斗、气体吸收装置，用水吸收产生的氧化氮气体。三口烧瓶用电热套或水浴预热至 50℃左右，自滴液漏斗慢慢滴入 2～3 滴环己醇，间歇振荡，加入时放热，瓶内反应温度升高，当烧瓶中出现棕色气体时说明反应开始，继续滴加剩余环己醇(2.1mL)，控制滴加速度，不断振荡，使瓶内温度维持在 50～60℃之间，温度过高时用冷水冷却，温度过低时则可用电热套或水浴加热。滴加完毕（约 15min），在 80～90℃加热 10min，直到几乎无棕色气体放出为止，稍冷后，将反应物用冷水冷却，析出己二酸晶体，减压抽滤，用 3mL 冷水洗涤产品。用水重结晶，烘干，得纯净棱状己二酸晶体。

纯己二酸是熔点为 153℃的白色棱状结晶。

2. 结构鉴定

测定合成的己二酸的熔点与标准样的熔点对比，如两者一致，则可确定产物为己二酸。

五、实验要点及注意事项

1. 本实验是一个强烈放热的氧化反应，滴加环己醇的速度不可过快，以免反应剧烈，引起爆炸，滴加速度以每分钟 4～5 滴为宜，约需 15min。且温度不可过高或过低，过高反应太剧烈，放热太多，引起意外；反应温度过低，致使未反应的环己醇积蓄起来，一旦反应，就会很剧烈，此部分环己醇迅速被氧化，引起爆炸事故，故反应温度控制在 50～60℃为宜，若温度超过限定范围时，可用冷水浴或湿布冷却反应瓶。

2. 环己醇熔点为 24℃，熔融时为黏稠液体，为减少转移损失，可用少量水冲洗量筒，并入滴液漏斗中。在室温较低时，这样做还可以起到降低熔点的作用，以免堵塞滴液漏斗。

3. 环己醇和硝酸切不可用同一量筒量取，因为两者相遇会发生剧烈反应，甚至引起意外。

4. 加料顺序不能搞反，否则也会引起意外。

5. 仪器装置要求严密不漏，因产生的氧化氮是有毒气体，不可逸散在实验室内。如发现漏气现象，应立即暂停实验，改正后再继续进行。

6. 重结晶不一定加活性炭，视具体情况而定，水量不宜过多，每克粗产品用 6～7mL 水。重结晶后产物可在水蒸气浴上炒干或在空气中晾干，称重，测熔点。纯己二酸为白色棱状结晶。

六、思考与讨论

1. 本实验必须严格控制环己醇的滴加速度和反应温度，为什么？

2. 写出用硝酸氧化环己醇成为己二酸的平衡方程式，根据平衡方程式计算己二酸的理论产量（假定硝酸的分解产物完全是一氧化氮）。

实验七

乙酸异丁酯的制备及折射率测定

一、实验目的

1. 学习利用酯化反应制备乙酸异丁酯的基本原理和方法。
2. 了解分水器的工作原理和使用方法；了解折射仪的工作原理、应用范围和使用方法。
3. 掌握分水反应的操作方法；进一步掌握液体有机物的精制方法。

二、实验原理

64

1. 实验理论原理

在酸催化下，羧酸与醇反应生成酯和水，这个反应叫酯化反应。酯化反应是可逆的平衡反应：

$$CH_3COOH + (CH_3)_2CHCH_2OH \xrightleftharpoons{H^+, \Delta} CH_3COOCH_2CH(CH_3)_2 + H_2O$$

当反应混合物中产物达到一定含量时，反应时间再长，产量也不会再增加，为了改变平衡反应方向，提高产量，可采取增加某一反应物的浓度和减少生成物或某一生成物的浓度。为了加快反应速度，可使用催化剂（一般用浓硫酸）和提高反应温度。

酯的合成主要采用羧酸与醇直接酯化法。酸酐与醇反应合成酯，酯的醇解也是常用的方法。本实验采用分水器，排除反应生成的水来提高产量。生成的乙酸异丁酯中混有过量冰乙酸、未完全转化的异丁醇、起催化作用的硫酸及副产物醚类，经过洗涤、干燥和蒸馏予以除去。

2. 实验装置原理

（1）回流分水反应装置

在进行某些可逆平衡反应时，为了使正向反应进行到底，可将反应产物之一不断从反应混合物体系中除去，常采用回流分水装置（图 2-18）除去生成的水。在图 2-18 的装置中，有一个分水器，回流下来的蒸气冷凝液进入分水器，分层后，有机层自动被送回烧瓶，而生成的水可从分水器中放出去。

（2）液态有机化合物折射率的基本原理和测定方法

折射率（又称折光率）是有机化合物的重要常数之一。它是液态化合物的纯度标志，也可作为定性鉴定的手段。

当光线从一种介质 m 射入另外一种介质 M 时光的速度发生变化，光的传播方向（除光线与两介质的界面垂直）也会改变，这种现象称为光的折射现象。光线方向的改变是用入射角 θ_i 和折射角 θ_r 来量度的。

根据光折射定律：

$$\frac{\sin\theta_i}{\sin\theta_r}=\frac{v_m}{v_M}$$

我们把光的速度的比值 v_m/v_M 称为介质 M 的折射率（对介质 m）。即：

$$n'=v_m/v_M$$

若 m 是真空，则 $v_m=c$（真空中的光速），

$$n=\frac{c}{v_M}=\frac{\sin\theta_i}{\sin\theta_r}$$

在测定折射率时，一般都是光从空气射入液体介质中，而：

$$\frac{c}{v_{空气}}=1.00027(\text{即空气的折射率})$$

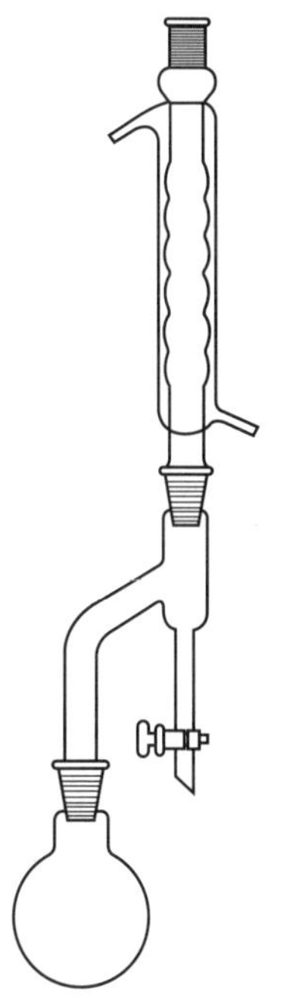

图 2-18　回流分水实验装置

因此，我们通常用在空气中测得的折射率作为该介质的折射率。

$$n=\frac{v_{空气}}{v_{液体}}=\frac{\sin\theta_i}{\sin\theta_r}$$

但是在精密的工作中，对两者应加以区别。折射率与入射波长及测定时介质的温度有关，故表示为 n_D^t。例如 n_D^{20} 即表示以钠光的 D 线（波长 589.3nm）在 20℃时测定的折射率。对于一个化合物，当 λ、t 都固定时，它的折射率是一个常数。

由于光在空气中速度接近于真空中的速度，而光在任何介质中的速度均小于光速。所以所有的介质的折射率都大于 1。从前面的式子可看出 $\theta_i>\theta_r$。

当入射角 $\theta_i=90°$时，这时的折射角最大，称为临界角 θ_c。如果 θ_i 从 0°到 90°都有入射的单色光，那么折射角 θ_r 从 0°到临界角 θ_c 也都有折射光，即角 $N'OD$ 区是亮的，而 DOA 区是暗的，OD 是明暗两区的分界线（图 2-19）。从分界线的位置可以测出临界角 θ_c。若 $\theta_i=90°$，$\theta_r=\theta_c$，则：

$$n=\frac{\sin 90°}{\sin\theta_c}=\frac{1}{\sin\theta_c}$$

只要测出临界角，即可求得介质的折射率。

在有机化学实验里，一般都用阿贝（Abbe）折射仪来测定折射率。在折射仪上所刻的读数不是临界角度数，而是已计算好的折射率，故可直接读出。由于仪器上有消色散棱镜装置，所以可直接使用白光作光源，其测得的数值与钠光的 D 线所测得结果等同。

阿贝折射仪的使用方法：先将折射仪与恒温槽相连接。恒温（一般是 20℃）后，小心地扭开直角棱镜的闭合旋钮，把上下棱镜分开。用少量丙酮、乙醇或乙醚润冲上下两镜面，分别用擦镜纸顺一方向把镜面轻轻擦拭干净。待完全干燥，使下面毛玻面棱镜处于水平状

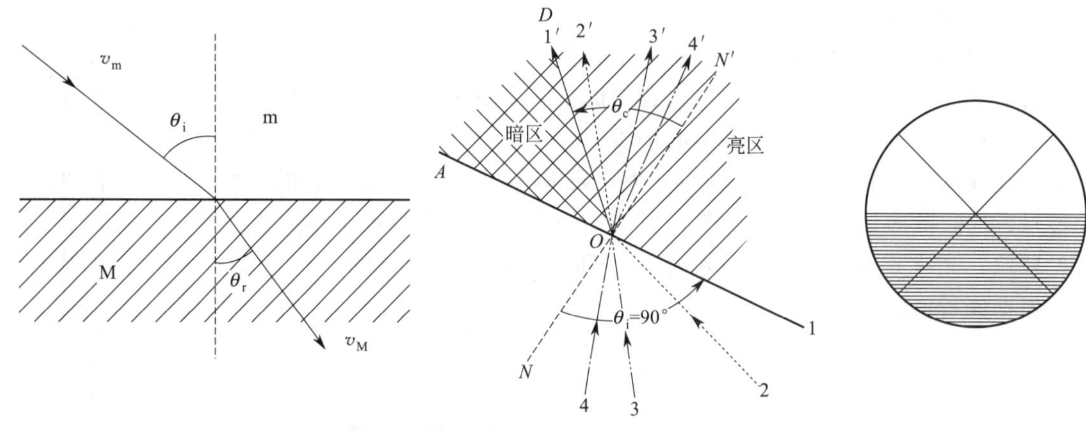

(a) 折射率测定原理　　(b) 临界角时目镜视野图

图 2-19　折射率测定原理和临界角时目镜视野图

态，滴加一滴高纯度蒸馏水。合上棱镜，适当扭紧闭合旋钮。调节反射镜使光线射入棱镜。转动棱镜，直到从目镜中可观察到视场中有界线或出现彩色光带。出现彩色光带，可调整消色散镜调节器，使明暗界线清晰，再转动棱镜使界线恰好通过“十”字的交点。还须调节望远镜的目镜进行聚焦，使视场清晰。记下读数与温度。重复两次，将测得的纯水的平均折射率与纯水的标准值（$n_D^{20}=1.33299$）比较，就可求得仪器的校正值。然后用同样的方法，测定待测溶液样品的折射率。一般来说，校正值很小，若数值太大时，必须请实验室专职人员或指导教师重新调整仪器。

使用折射仪时要注意不应使仪器暴晒于阳光下。要保护棱镜，不能在镜面上造成刻痕。在滴加液体样品时，滴管的末端切不可触及棱镜。避免使用对棱镜、金属保温套及其间的胶合剂有腐蚀或溶解作用的液体。

三、仪器、药品及试剂

1. 仪器

50mL 圆底烧瓶；分水器；球形冷凝管；蒸馏头；200℃温度计；温度计套管；直形冷凝管；接液管；锥形瓶；分液漏斗等。

2. 药品及试剂

异丁醇 11mL；冰乙酸 7mL；浓硫酸 0.3mL（0.36mol）；10％碳酸钠溶液；饱和食盐水；无水硫酸镁。

四、实验内容及操作步骤

1. 乙酸异丁酯的制备

65

在 50mL 圆底烧瓶中加入 11mL 异丁醇和 7mL 冰乙酸，冷却下小心加入 0.3mL 浓硫酸，边加边摇匀，加入 1～2 粒沸石，安装分水器及回流冷凝管，并在分水器中预先加水至略低于支管口。在电热套上加热回流，反应一段时间后把水逐渐分去，保持分水器中水层液面在原来的高度。约 35min 后不再有水生成，表示反应完毕。停止加热，记录分出的水量。冷却后卸下回流冷凝管，把分水器中分出的酯层和圆底烧瓶中的反应液一起倒入分液漏斗中。用10mL水洗涤，分去水层。酯层用10%碳酸钠溶液洗涤（每次10mL），用试纸检验酯层是否仍有酸性，分去水层。将酯层再用10mL水洗涤一次，分去水层。将酯层倒入干燥的小锥形瓶中，加少量无水硫酸镁干燥。将干燥后的乙酸异丁酯倒入干燥的蒸馏烧瓶中，加入沸石，安装好蒸馏装置，加热蒸馏。收集110～113℃的馏分。

2. 结构鉴定

将合成的乙酸异丁酯折射率与标准样的折射率对比，如两者一致，则可确定产物为乙酸异丁酯。

测定方法：阿贝折射仪。

五、实验要点及注意事项

1. 浓硫酸必须在冷却条件下缓慢加到异丁醇和冰乙酸的混合物中，边加边摇匀，否则加热时会有部分有机物炭化，反应液变成深色。

2. 分水器的使用：是为了除去酯化反应中生成的水，在回流的时候，水、醇、酯的二元及三元恒沸物蒸气经冷凝形成水相和有机相，利用它们不互溶的性质，以及水的相对密度大于有机物（所以有机物在上层，水在下层），因此将水留在分水器中；为了使上层的有机物及时回到反应瓶中，反应前，先在分水器中加入一定高度的水，在水面处作标记，标记距分水器支管2cm；为了随时观察反应进行的程度，同时避免水进入反应瓶，当水面上升到一定高度，就从分水器下边塞子处放出一些水，但仍保持水面在标记处。

3. 慢慢加热，使回流液呈滴状。

4. 当从分水器中分出理论分水量时（理论分水量如何计算?），反应接近终点，一般分水量大于理论分水量（仪器、药品中含水或副反应生成水）。所以不能单从分出理论分水量判断反应终点，而应该从冷凝管回滴的液滴中很少有水珠落于水面作为反应结束的标志，反应时间也可作参考。

5. 将分出的水量记在实验报告中。

6. 水洗是为了除去硫酸和未反应的乙酸，10%的碳酸钠洗去前一步未洗干净的硫酸和乙酸，然后再用水洗去碳酸钠、碳酸氢钠、乙酸钠。

7. 本实验遇到的有关多元恒沸物的数据：

二元恒沸物：乙酸异丁酯和水（bp37.5℃，酯含量80.5%）；异丁醇和水（bp90℃，水含量33.2%）；异丁醇和乙酸异丁酯（bp107.6℃，醇含量95%）。三元恒沸物：水∶异丁醇∶乙酸异丁酯＝30.4%∶23.1%∶46.5%（bp86.8℃）。

8. 正确判断反应终点的方法：

（1）分水器中不再有水珠下沉；

（2）分水器中分出的水量达到理论分水量。

六、思考与讨论

1. 本实验是通过什么原理提高乙酸异丁酯的产率的？

2. 计算反应完全时应分出多少水。

3. 试说明各步洗涤的作用。

实验八

乙醚的制备

一、实验目的

1. 学习由醇制备醚的基本原理和方法。
2. 了解控制反应条件对合成反应的影响。
3. 掌握滴加蒸出反应的操作方法；掌握低沸点、易燃有机化合物的蒸馏操作方法。

二、实验原理

1. 实验理论原理

66

低级醇在浓硫酸存在下分子间脱水，生成单醚。生成物生成的条件主要是温度控制在 135～140℃，温度高于 160℃，则有利于烯烃生成。另外浓硫酸的氧化性，在受热的情况下，可能会有醛、酸、SO_2 等副产物生成。

主反应：

$$2CH_3CH_2OH \xrightarrow[140℃]{H_2SO_4} CH_3CH_2OCH_2CH_3$$

副反应：

$$CH_3CH_2OH \xrightarrow[\triangle]{H_2SO_4} CH_2=CH_2 + \text{醛、酸等}$$

2. 实验装置原理

滴加蒸出反应装置：有些有机反应需要一边滴加反应物一边将产物或产物之一蒸出反应体系，防止产物发生二次反应。可逆平衡反应，蒸出产物能使反应进行到底。这时常用与图 2-20 类似的反应装置来进行这种操作。在图 2-20 的装置中，反应产物可单独或形成共沸混合物不断在反应过程中蒸馏出去，并可通过滴液漏斗将一种试剂逐渐滴加进去以控制反应速率或使这种试剂消耗完全。

必要时可在上述反应装置的反应烧瓶外面用冷水浴或冰水浴进行冷却；在某些情况下，也可用热浴加热。

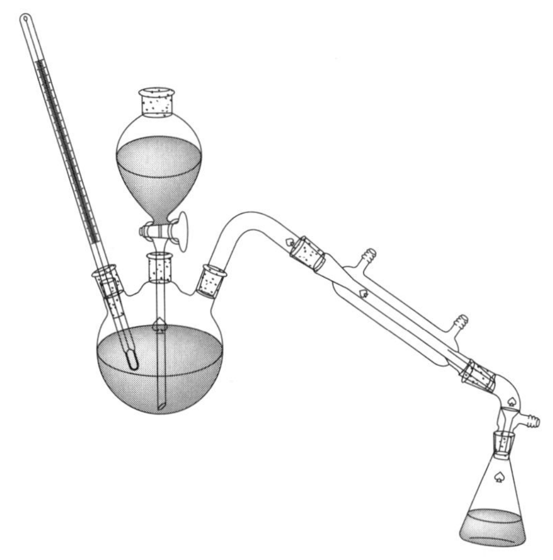

图 2-20 滴加蒸出反应装置

三、仪器、药品及试剂

1. 仪器

100mL 三口烧瓶；滴液漏斗；200℃温度计；温度计套管；50mL 圆底烧瓶；蒸馏头；直形冷凝管；接液管；锥形瓶；分液漏斗等。

2. 药品及试剂

乙醇（95%）；浓硫酸；5%NaOH 溶液；饱和 $CaCl_2$ 溶液；饱和食盐水；无水氯化钙。

四、实验内容及操作步骤

67

在一干燥的 100mL 三口烧瓶分别装上温度计、滴液漏斗和 75 度弯管，温度计的水银球和滴液漏斗的末端均应浸入液面以下，距瓶底 0.5～1cm 处。弯管连接冷凝管和接收装置，接引管的支管连接橡皮管通入下水道。仪器装置必须严密不漏气。在三口烧瓶中放入 6mL 95%乙醇，在冷水浴冷却下边摇动边缓慢加入 6mL 浓硫酸，使混合均匀，并加入几粒沸石。

在滴液漏斗中加入 14mL 95%乙醇，然后小心加热，当反应温度升到 140℃时，开始由滴液漏斗慢慢滴入 95%乙醇，滴加速度和馏出速度大致相等（约每秒 1 滴），并保持温度在 135～140℃之间。待乙醇加完（约需 45min），继续慢慢加热 10min，直到温度上升到 160℃为止，撤掉热源，停止反应。

将馏出物倒入分液漏斗中，依次用等体积的 5mL 5% NaOH 溶液、5mL 饱和食盐水洗涤，最后再用 5mL 饱和 $CaCl_2$ 溶液洗涤一次，充分静置后将下层氯化钙溶液分出；从分液漏斗上口把乙醚倒入干燥的锥形瓶中，用块状无水氯化钙干燥。待乙醚干燥后通过长颈漏斗把乙醚倒入 50mL 蒸馏瓶中，投入 2～3 粒沸石，装好蒸馏装置，在热水浴上加热蒸馏，收集 33～38℃的馏分。

乙醚为无色易挥发的液体，沸点 34.5℃，相对密度 $d_4^{20}=0.713$，折射率 $n_D^{20}=1.3526$。

五、实验要点及注意事项

1. 仔细检查滴液漏斗活塞，不能有滴漏情况，因为这是引起着火的原因之一。

2. 在醇与酸混合时的操作须边加边摇并冷却。

3. 安装仪器要注意各连接处一定严密不漏气，否则因乙醚易燃、易爆而发生事故。

4. 滴加乙醇时，注意保持温度在要求的135～140℃范围内，调整好滴加速度、加热温度、蒸出速度三者的配合关系，保证正常的蒸馏速度。且在要求的时间内滴加完毕，过快会造成有利于副产物生成的条件，过慢浪费时间。

5. 用无水氯化钙进行干燥：除去残存的水分，还可以除去少量残存的醇。

6. 温度不要过高，控制正常蒸馏速度，按要求温度收集产品。另外注意接收瓶用冷水冷却。尾气导入下水道或室外。

六、思考与讨论

1. 为什么温度计的水银球和滴液漏斗的末端均应浸于反应液中？

2. 反应温度过高、过低或乙醇滴入速度过快对反应有什么不好？

实验九

阿司匹林的合成及结构鉴定

一、实验目的

1. 学习以酚类化合物作原料制备酚酯的原理和方法。
2. 了解用三氯化铁显色反应鉴定酚类结构的方法。
3. 掌握阿司匹林的合成相关的基本操作。

二、实验原理

68

1. 实验理论原理

本实验用乙酸酐对水杨酸的酚羟基进行酰基化制备阿司匹林（乙酰水杨酸），在生成乙酰水杨酸的同时，水杨酸分子间可以发生缩合反应，生成少量聚合物，因此反应温度不宜过高以减少聚合物的生成。

主反应：

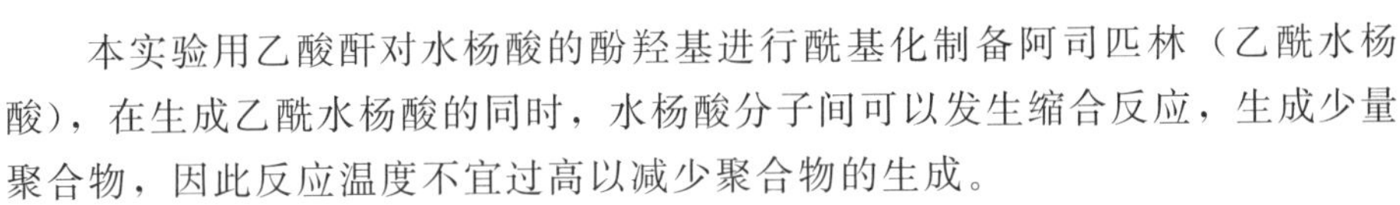

副反应：

2. 实验装置原理

如果反应物怕受潮，可在冷凝管上端口上装接氯化钙干燥管来防止空气中湿气侵入（见图 2-21）。

三、仪器、药品及试剂

1. 仪器

50mL 圆底烧瓶；球形冷凝管；水浴锅；表面皿；250mL 烧杯；量筒等。

2. 药品及试剂

水杨酸；乙酸酐；浓硫酸；饱和碳酸氢钠溶液；浓盐酸；pH 试纸。

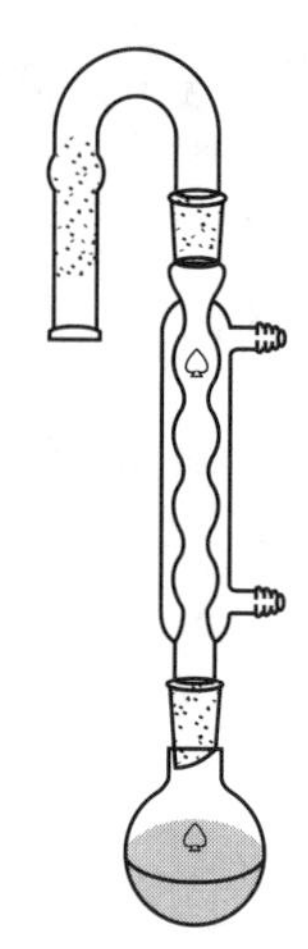

图 2-21 带干燥管的回流装置

四、实验内容及操作步骤

69

1. 乙酰水杨酸的制备

在 50mL 圆底烧瓶中加入 2g 水杨酸、5mL 乙酸酐和 5 滴浓硫酸，旋摇圆底烧瓶使水杨酸全部溶解后，在水浴上加热 5～10min，控制浴温在 85～90℃。冷至室温，即有乙酰水杨酸结晶析出。如不结晶，可用玻棒摩擦瓶壁并将反应物置于冰水中冷却使结晶产生。加入 50mL 水，将混合物继续在冰水浴中冷却使结晶完全。减压过滤，用滤液反复洗涤烧瓶，直至所有晶体被收集到布氏漏斗中。每次用少量冷水洗涤结晶 3 次。粗产物转移至表面皿上，在空气中风干，称重，粗产物约 1.8g。

将粗产物转移至 250mL 烧杯中，在搅拌下加入 25mL 饱和碳酸氢钠溶液，加完后继续搅拌几分钟，直至无二氧化碳气泡产生。抽气过滤，副产物聚合物应被滤出，用 5～10mL 水冲洗漏斗，合并滤液，倒入预先盛有 4～5mL 浓盐酸和 10mL 水配成溶液的烧杯中，搅拌均匀，即有乙酰水杨酸沉淀析出。将烧杯置于冰浴中冷却，使结晶完全。减压过滤，用洁净的玻塞挤压滤饼，尽量抽去滤液，再用冷水洗涤 2～3 次，抽干水分。将结晶移至表面皿上，干燥后约 1.5g，熔点 133～135℃。

为了得到更纯的产品，可将上述结晶的一半溶于少量的乙酸乙酯中（需 2～3mL），溶解时应在水浴上小心地加热。如有不溶物出现，可用预热过的玻璃漏斗趁热过滤。将滤液冷至室温，阿司匹林晶体析出。如不析出结晶，可在水浴上稍加浓缩，并将溶液置于冰水中冷却，或用玻棒摩擦瓶壁，抽滤收集产物，干燥后测熔点。

2. 乙酰水杨酸的结构鉴定

乙酰水杨酸为白色针状晶体，熔点 135～136℃。

取几粒结晶加入盛有 5mL 水的试管中，加入 1～2 滴 1%三氯化铁溶液，观察有无颜色反应。

五、实验要点及注意事项

1. 由于分子内氢键的作用，水杨酸与乙酸酐直接反应需在 150～160℃才能生成乙酰水杨酸。加入酸的目的主要是破坏氢键的存在，使反应在较低的温度下（90℃）就可以进行，而且可以大大减少副产物，因此实验中要注意控制好温度。

2. 此反应开始时，仪器应经过干燥处理，药品也要事先经过干燥处理。

3. 乙酰水杨酸受热后易发生分解，分解温度为 126～135℃，因此在烘干、重结晶、熔点测定时均不宜长时间加热。

4. 如粗产品中混有水杨酸，用 1%三氯化铁检验时会显紫色。

5. 本实验中要注意控制好温度（水温<90℃），否则将增加副产物的生成，如水杨酰水杨酸、乙酰水杨酰水杨酸、乙酰水杨酸酐等。

六、思考与讨论

1. 反应容器为什么要干燥无水？
2. 何谓酰化反应？常用的酰化剂有哪些？
3. 通过什么样的简便方法可以鉴定出阿司匹林是否变质？
4. 本实验中可产生什么副产物？

实验十

2-甲基-2-己醇的合成及结构鉴定

一、实验目的

1. 学习利用格氏（Grignard）试剂反应来制备结构复杂的醇的基本原理和方法。

2. 了解制备无水试剂的基本原理和方法。

3. 掌握电动搅拌反应的操作方法；掌握格氏试剂的制备和应用的操作方法；进一步掌握红外光谱分析用于有机物结构鉴定的方法。

二、实验原理

1. 实验理论原理

70

在实验室中，结构复杂的醇主要由格氏反应来制备。本实验通过在无水醚类中，卤代烷与金属镁作用，生成烷基卤化镁（RMgX）即格氏试剂。格氏试剂必须在无水、无氧条件下进行反应。因为格氏试剂能与水、氧气、二氧化碳反应，所以微量水分和氧的存在，不但阻碍卤代烷和镁之间的反应，同时还会破坏格氏试剂。

格氏试剂与醛、酮、羧酸和酯等进行加成反应，用稀酸水解即得醇，而对于遇酸极易脱水的醇，可用氯化铵溶液。

在格氏反应进行过程中，有热量放出，所以滴加卤代烷的速度不宜太快，必要时，反应瓶需用冷水冷却。

反应方程式如下：

$$n\text{—}C_4H_9Br + Mg \xrightarrow{\text{四氢呋喃}} n\text{—}C_4H_9MgBr$$

$$n\text{—}C_4H_9MgBr + CH_3\text{—}\overset{\overset{\displaystyle O}{\|}}{C}\text{—}CH_3 \xrightarrow{\text{四氢呋喃}} C_4H_9\underset{\underset{\displaystyle OMgBr}{|}}{C}(CH_3)_2 \xrightarrow[H^+]{H_2O} n\text{—}C_4H_9\underset{\underset{\displaystyle OH}{|}}{C}(CH_3)_2$$

2. 实验装置原理

（1）制备无水试剂

首先要对实验仪器充分干燥，保证没有水存在，再次用金属钠等干燥剂对有水试剂进行干燥后蒸馏，最后无水反应装置还须在回流管顶端安装一个装有干燥剂的球形干燥管。

(2) 电动搅拌反应装置

用固体和液体或互不相溶的液体进行反应时，为了使反应混合物能充分接触，应该进行强烈的搅拌或振荡。在反应物量小，反应时间短，而且不需要加热或温度不太高的操作中，用手摇动容器就可达到充分混合的目的。用回流冷凝装置进行反应时，有时需做间歇的振荡。这时可将固定烧瓶和冷凝管的夹子暂时松开，一只手扶住冷凝管，另一只手拿住瓶颈做圆周运动；每次振荡后，应把仪器重新夹好。也可用振荡整个铁架台的方法（这时夹子应夹牢）使容器内的反应物充分混合。

在那些需要用较长时间进行搅拌的实验中，最好用电动搅拌器。电动搅拌的效率高，节省人力，还可以缩短反应时间。

图 2-22 是适合不同需要的电动搅拌反应装置。搅拌棒是用电机带动的。在装配电动搅拌装置时，可采用简单的橡皮管密封或用液封管密封。搅拌棒与玻璃管或液封管应配合得合适，不太松也不太紧，搅拌棒能在中间自由地转动。根据搅拌棒的长度（不宜太长）选定三口烧瓶和电机的位置。先将电机固定好，用短橡皮管（或连接器）把已插入封管中的搅拌棒连接到电机的轴上，然后小心地将三口烧瓶套上去，至搅拌棒的下端距瓶底约 5mm，将三口烧瓶夹紧。检查这几件仪器安装得是否正直，电机的轴和搅拌棒应在同一直线上。用手试验搅拌棒转动是否灵活，再以低转速开动电机，试验运转情况。当搅拌棒与封管之间不发出摩擦声时才能认为仪器装配合格，否则需要进行调整。最后装上冷凝管、滴液漏斗（或温度计），用夹子夹紧。整套仪器应安装在同一个铁架台上。

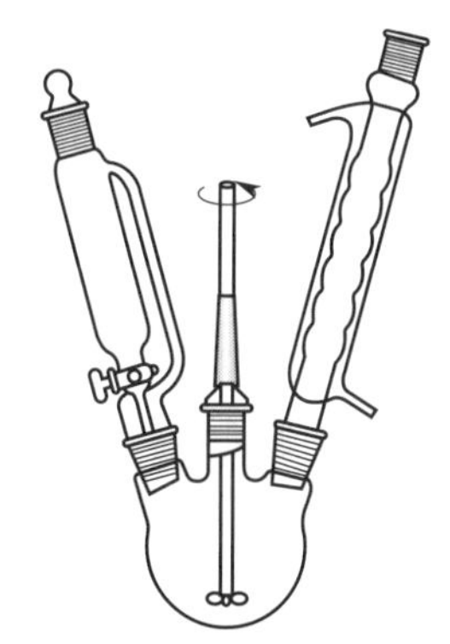

图 2-22　电动搅拌反应装置

三、仪器、药品及试剂

1. 仪器

250mL 三口烧瓶；电动搅拌器；平衡滴液漏斗；球形冷凝管；干燥管；分液漏斗；500mL 烧杯；蒸馏头；200℃温度计；温度计套管；直形冷凝管；接液管；锥形瓶等。

2. 药品及试剂

镁条；1-溴丁烷；四氢呋喃；丙酮；浓硫酸；乙酸乙酯；10%硫酸溶液；10%碳酸钠溶液；无水碳酸钾。

四、实验内容及操作步骤

1. 2-甲基-2-己醇的制备

71

在 250mL 三口烧瓶中，分别装搅拌器、球形冷凝管和平衡加料管。平衡加料管上口用塞子密封，球形冷凝管上口装氯化钙干燥管。三口烧瓶内放入 3.1g 镁条和 15mL 四氢呋喃。在平衡加料管中加入 13.5mL 1-溴丁烷和 15mL 四氢呋喃，混合均匀。先在三口烧瓶中滴入几滴上述混合液，数分钟后若不微沸，用电热套 50～60℃温热。反应开始后，开动搅拌器，并慢慢加入其余 1-溴丁烷的四氢呋喃溶液，保持反应物正常沸腾与回流。如果反应过于剧烈，则暂停滴加并用冷水浴冷却。加完后，用温水加热回流，直到镁条作用完全（约 15min）。

三口烧瓶在冷水冷却下，从平衡加料管中缓缓滴加 9.5mL 无水丙酮和 10mL 四氢呋喃的混合液。控制滴加速度，维持反应液呈微沸状态。加完后，在室温下继续搅拌 15min，得灰白色浑浊液体。

将三口烧瓶用冷水冷却，继续搅拌。自平衡加料管中小心滴加 100mL 10%硫酸，使产物分解（开始滴入速度宜慢，以后渐快）。待水解完后，将溶液倒入分液漏斗中，分出醚层。水层用 20mL 乙酸乙酯萃取两次，合并醚层。用 20mL 10%碳酸钠溶液洗涤一次，用 3～5g 无水碳酸钾干燥。

将干燥的乙酸乙酯溶液滤入蒸馏烧瓶中，先蒸出乙酸乙酯（倒入乙酸乙酯回收瓶）。收集 137～143℃馏分。称量，约 7～8g。

2. 结构鉴定

将合成的 2-甲基-2-己醇的红外光谱图与标准样的红外光谱图对比，如两者一致，则可确定产物为 2-甲基-2-己醇。

制样方法：液膜法。

五、实验要点及注意事项

1. 所用仪器要绝对干燥，否则实验很难进行。

2. 镁条的处理：可按操作演示视频上的方法操作，也可用细砂纸擦出金属断面后，用四氢呋喃润湿的棉球擦净后截断使用。

3. 如果样品滴加后数分钟仍不见反应，可用 50～60℃水浴温热，或再加几粒碘引发反应。

4. 如反应过快，应停止滴加 1-溴丁烷或用水冷却，使反应呈微沸状态。直到镁屑全反应完为止。

5. 10%硫酸分解应注意先慢慢滴加，然后逐渐加快，且注意反应放热，要用冷水冷却。

6. 用乙酸乙酯萃取和蒸馏除去乙酸乙酯操作中要注意安全，不能用明火，特别是室温较高时更应注意，防止事故发生。

六、思考与讨论

反应容器为什么要干燥无水？

实验十一

香蕉油的合成及结构鉴定

一、实验目的

1. 学习羧酸酯制备的常用方法。

2. 了解乙酸异戊酯的制备原理和操作。

3. 掌握电磁搅拌反应的操作方法；进一步掌握常规有机合成的程序和方法；进一步掌握红外光谱分析用于有机物结构鉴定的方法。

二、实验原理

1. 实验理论原理

72

乙酸异戊酯，即香蕉水、香蕉油，无色中性液体，有香蕉香味。用作溶剂，能溶解油漆、硝化纤维素、松脂、树脂、蓖麻油、氯丁橡胶等。用于配制香蕉、梨、苹果、草莓、葡萄、菠萝等多种香型食品香精，也用于配制香皂、洗涤剂等所用的日化香精及烟用香精，还用于香料和青霉素的提取、织物染色处理等。

实验室通常采用冰醋酸和异戊醇在浓硫酸的催化下发生酯化反应来制取：

$$CH_3COOH + CH_3CH(CH_3)CH_2CH_2OH \xrightleftharpoons{H^+,\triangle} CH_3COOCH_2CH_2CH(CH_3)CH_3 + H_2O$$

冰醋酸　　异戊醇　　乙酸异戊酯

酯化反应是可逆的，本实验采取加入过量冰醋酸，使反应不断向右进行，提高酯的产率。

生成的乙酸异戊酯中混有过量冰醋酸、未完全转化的异戊醇、起催化作用的硫酸及副产物醚类，经过洗涤、干燥和蒸馏予以除去。

2. 实验装置原理

电磁搅拌：由电动机带动磁钢转动，利用磁钢转动产生的旋转磁场带动玻璃容器中的搅拌子来完成搅拌任务（图 2-23）。

三、仪器、药品及试剂

1. 仪器

50mL 圆底烧瓶；球形冷凝管；蒸馏头；200℃温度计；温度计套管；直形冷凝管；接液管；锥形瓶；分液漏斗；恒温磁力搅拌器；红外光谱仪；气相色谱仪。

2. 药品及试剂

冰醋酸；异戊醇；浓硫酸；碳酸氢钠溶液；饱和食盐水；饱和氯化钙溶液；无水硫酸镁。

图 2-23 电磁搅拌实验装置

四、实验内容及操作步骤

73

1. 乙酸异戊酯的合成

在 50mL 圆底烧瓶中加入 10.8mL（0.1mol）异戊醇和 12.8mL（0.225mol）冰醋酸，摇动下小心加入 2.5mL 浓 H_2SO_4，混匀后，开动搅拌或加入沸石，装上回流冷凝管，小心加热反应瓶，缓慢回流 1h。冷却反应物至室温，将混合液转入分液漏斗，用 25mL 冷水洗涤烧瓶，并将涮洗液合并至分液漏斗中。摇振后静置，分去下层水溶液，有机层分别用 15mL 5% $NaHCO_3$ 溶液洗涤几次，振荡，至不再有 CO_2 气体产生，水溶液对 pH 试纸呈碱性为止。有机层再用 10mL 饱和 NaCl 洗涤一次，分去下层水层后，有机层倒入干燥锥形瓶中，用无水 $MgSO_4$ 干燥。粗产品倒入圆底烧瓶，蒸馏收集 138～143℃馏分。称重，计算产率。

纯乙酸异戊酯沸点 142.5℃，折射率 $n_D^{20}=1.4003$。

2. 结构鉴定

将合成的乙酸异戊酯的红外光谱图与标准样的红外光谱图对比，如两者一致，则可确定产物为乙酸异戊酯。制样方法：液膜法。

五、实验要点及注意事项

1. 加浓硫酸时，必须慢慢加入并充分振荡烧瓶，使其与异戊醇均匀混合。

2. 用碳酸氢钠溶液洗涤时，开始不要塞住分液漏斗，摇荡漏斗至无明显的气泡产生后再塞住振摇，洗涤时应注意及时放气。

3. 饱和氯化钠溶液不仅降低酯在水中溶解度（0.16g/100mL），而且还可以防止乳化，有利分层，便于分离。

六、思考与讨论

1. 制备乙酸异戊酯时，使用过量的冰醋酸，本实验为什么要用过量冰醋酸？如使用过量异戊醇有什么不好？

2. 能否用氢氧化钠代替碳酸氢钠溶液洗涤有机层？

3. 画出分离提纯乙酸异戊酯的流程图，各步洗涤的目的何在？

实验十二

从茶叶中提取咖啡因

一、实验目的

1. 学习从天然产物提取有机物的原理和方法。

2. 了解通过连续萃取从茶叶中提取咖啡因的原理和方法。

3. 掌握索氏提取器的使用方法；掌握简单的提纯固体有机化合物的升华操作方法。

二、实验原理

74

1. 实验理论原理

咖啡因（又称咖啡碱、茶素），是杂环化合物嘌呤的衍生物，其化学名称为 1，3，7-三甲基-2，6-二氧嘌呤。

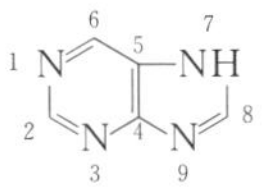

嘌呤 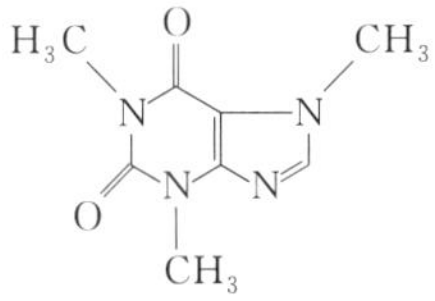　　咖啡因

咖啡因为无色针状晶体，味苦，能溶于水（2%）、乙醇（2%）、氯仿（12.5%）等。含结晶水的咖啡因加热到 100℃即失去结晶水，并开始升华，120℃时升华显著，178℃升华很快。无水咖啡因的熔点为 234.5℃。室温下咖啡因微溶于水、乙醇、丙酮、苯等溶剂。在加热情况下能溶于水（2%）、乙醇（2%），它具有刺激心脏、兴奋大脑神经和利尿作用。

在此实验中用 95%乙醇在脂肪提取器中连续抽提茶叶中的咖啡因，将不溶于乙醇的纤维素和蛋白质等分离，所得萃取液中除了咖啡因外，还含有叶绿素、单宁及其水解物等，蒸去溶剂，在粗咖啡因中拌入生石灰，与单宁等酸性物质反应生成钙盐，游离的咖啡因就可通过升华纯化。

2. 实验装置原理

（1）液-固萃取

从固体混合物中萃取所需要的物质是利用固体物质在溶剂中的溶解度不同来达到分离、

提取的目的。通常是用长期浸出法或采用 Soxhlt 提取器（脂肪提取器，图 2-24）来提取物质。前者是用溶剂长期的浸润溶解而将固体物质中所需物质浸出来，然后用过滤或倾析的方法把萃取液和残留的固体分开。这种方法效率不高，时间长，溶剂用量大，实验室不常采用。

Soxhlt 提取器是利用溶剂加热回流及虹吸原理，使固体物质每一次都能为纯的溶剂所萃取，因而效率较高并节约溶剂，但对受热易分解或变色的物质不宜采用。Soxhlt 提取器由三部分构成，上面是冷凝管，中部是带有虹吸管的提取管，下面是烧瓶。萃取前应先将固体物质研细，以增加液体浸溶的面积。然后将固体物质放入滤纸套内，并将其置于中部，内装物不得超过虹吸管，溶剂由上部经中部虹吸加入到烧瓶中。当溶剂沸腾时，蒸气通过通气侧管上升，被冷凝管冷凝成液体，滴入提取管中。当液面超过虹吸管的最高处时，产生虹吸，萃取液自动流入烧瓶中，因而萃取出溶于溶剂的部分物质。再蒸发溶剂，如此循环多次，直到被萃取物质大部分被萃取为止。固体中可溶物质富集于烧瓶中，然后用适当方法将萃取物质从溶液中分离出来。

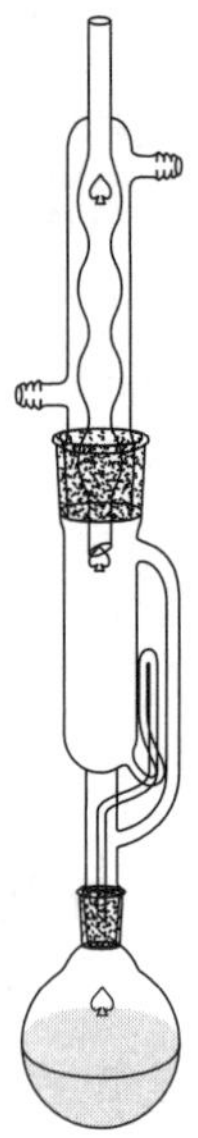

固体物质还可用热溶剂萃取，特别是有的物质冷时难溶，热时易溶，则必须用热溶剂萃取。一般采用回流装置进行热提取，固体混合物在一段时间内被沸腾的溶剂浸润溶解，从而将所需的有机物提取出来。为了防止有机溶剂的蒸气逸出，常用回流冷凝装置，使蒸气不断地在冷凝管内冷凝，返回烧瓶中。回流的速度应控制在溶剂蒸气上升的高度不超过冷凝管的 1/3 为宜。

图 2-24 Soxhlt 提取器实验装置

(2) 升华

与液体相同，固体物质亦有一定的蒸气压，并随温度而变。当加热时，物质自固态不经过液态而直接汽化为蒸气，蒸气冷却又直接凝固为固态物质，这个过程称为升华。常采用升华的方法提纯某些固体物质，升华是利用固体混合物中的被纯化固体物质与其他固体物质（或杂质）具有不同的蒸气压。

一个固体物质在熔点温度以下具有足够大的蒸气压，则可用升华方法来提纯。显然，欲纯化物中杂质的蒸气压必须很低，分离的效果才好。但在常压下具有适宜升华蒸气压的有机物不多，常常需要减压以增加固体的汽化速率，即采用减压升华。这与对高沸点液体进行减压蒸馏是同一道理。

利用升华可除去不挥发性杂质或分离不同挥发度的固体混合物。升华的产品具有较高的纯度，但操作时间长，损失较大，因此在实验室里一般用于较少量（1～2g）化合物的提纯。

把待精制的物质放入蒸发皿中，用一张穿有若干小孔的圆滤纸把锥形漏斗的口包起来，把此漏斗倒盖在蒸发皿上，漏斗颈部塞一团棉花，加热蒸发皿，逐渐升高温度，使待精制的物质汽化，蒸气通过滤纸孔，遇到漏斗的内壁，冷凝为晶体，附在漏斗的内壁和滤纸上。在滤纸上穿小孔可防止升华后形成的晶体落回到下面的蒸发皿。

较大量物质的升华，可在烧杯中进行。烧杯上放置一个通冷水的烧瓶，使蒸气在烧瓶底部凝结成晶体并附在瓶底上。升华前，必须把待精制的物质充分干燥。

图 2-25 为常用的升华装置。其中图 2-25(a)、图 2-25(b) 为常压升华装置；图 2-25(c) 为减压升华装置。

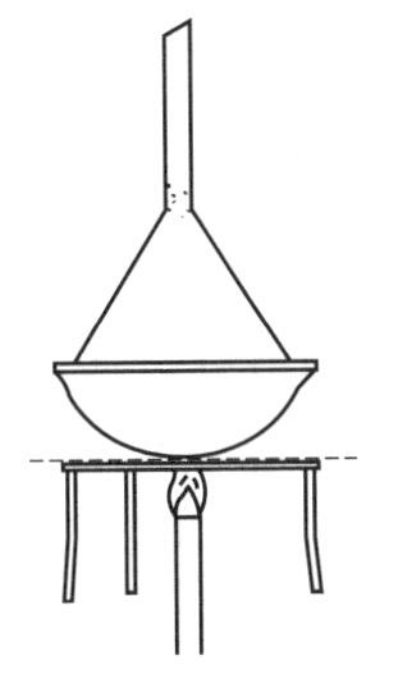

(a) 常压升华少量物质的装置

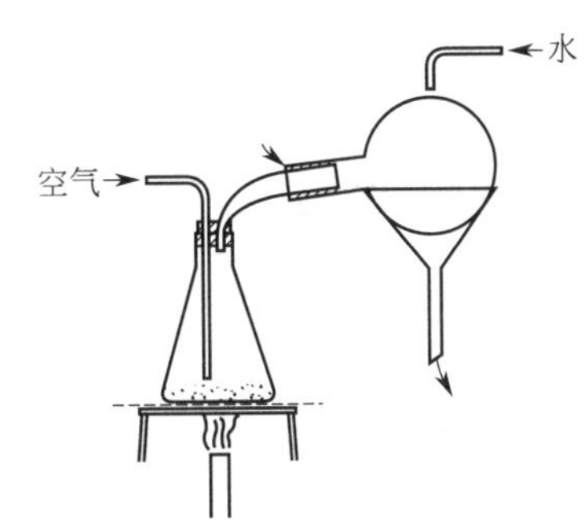

(b) 在空气中或在惰性气体中物质的升华装置

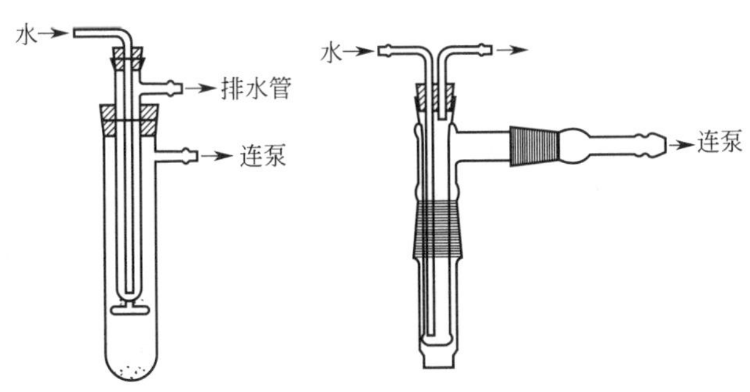

(c) 减压升华少量物质的装置

图 2-25　升华装置

三、仪器、药品及试剂

1. 仪器

150mL 平底烧瓶；索氏提取器；200℃温度计；75 度弯管；100mL 圆底烧瓶；直形冷凝管；接液管；锥形瓶；短颈漏斗；蒸发皿等。

2. 药品及试剂

绿珠茶；乙醇（95%）；生石灰。

四、实验内容及操作步骤

1. 从茶叶中提取粗咖啡因

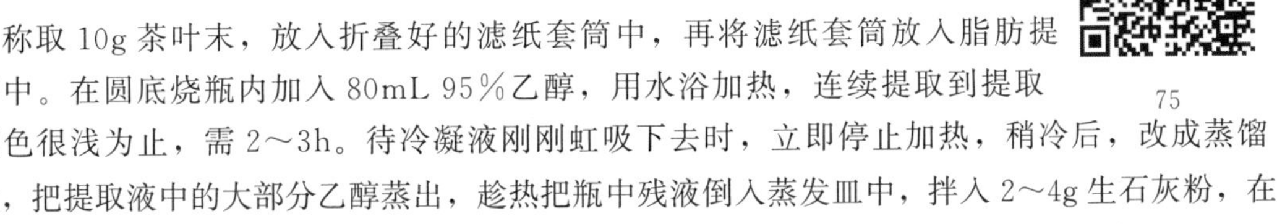

称取 10g 茶叶末，放入折叠好的滤纸套筒中，再将滤纸套筒放入脂肪提取器中。在圆底烧瓶内加入 80mL 95%乙醇，用水浴加热，连续提取到提取液颜色很浅为止，需 2～3h。待冷凝液刚刚虹吸下去时，立即停止加热，稍冷后，改成蒸馏装置，把提取液中的大部分乙醇蒸出，趁热把瓶中残液倒入蒸发皿中，拌入 2～4g 生石灰粉，在蒸汽浴上蒸干，使水分全部除去，冷却，擦去沾在边上的粉末，以免在升华时污染产物。

2. 粗咖啡因的升华提纯

取一只合适的玻璃漏斗，罩在隔以刺有许多小孔的滤纸的蒸发皿上，用沙浴小心加热升华。当纸上出现白色毛状结晶时，暂停加热，冷至100℃左右。揭开漏斗和滤纸，仔细地把附在纸上及器皿周围的咖啡因用小刀刮下，残渣经搅拌后用较大的火再加热片刻，使升华完全。合并两次收集的咖啡因，称量约0.2g，并测其熔点（235～236℃）。

五、实验要点及注意事项

1. 滤纸筒的折叠：滤纸筒要大小合适，以免茶叶末漏出堵塞回流管，使实验不能继续进行（一旦发生此故障，须停止加热，冷却后将茶叶末清除）。故此应给同学们示范折叠滤纸筒的方法。将茶叶末放入折叠好的滤纸套筒中，要压实一些，其茶叶高度不能超过虹吸管。

2. 蒸出乙醇的量要合适，不少于50mL，不多于60mL。蒸出乙醇太少时，蒸干操作中易发生燃烧事故；蒸出乙醇太多时，含有产物的残留液体不易从烧瓶中倒净，损失产量。趁热将残留液体倒入100mL蒸发皿中，加入2～4g生石灰粉，起吸水及中和单宁酸的作用，在水浴上蒸干，用玻璃棒研碎。

3. 将蒸干研细的粗产品，在沙浴上升华提纯。取一只合适的玻璃漏斗，罩在隔以刺有许多小孔的滤纸的蒸发皿上。玻璃漏斗放入蒸发皿中的高度要适当，位置太高升华物不易附着在滤纸上；位置太低，升华物易冲击滤纸，冷凝在玻璃漏斗上。这两种情况均造成产量降低。先慢慢加热，将沙子炒干，当温度降到100℃以下，再将准备好的蒸发皿埋在沙浴中，但不能接触到铁盘。温度计略斜插入，紧靠蒸发皿底部，埋入沙中深度和蒸发皿相同。开始加热可稍快，接近150℃时，改慢慢加热，使温度缓慢上升（但不可太慢，否则升华物不能附着在滤纸上，又落回到残渣表面，不能取出，损失产品）。控制升华温度为175～180℃，或略高于180℃，升华时间约1.5h。冷至100℃以下，揭开漏斗和滤纸，把附在纸上及器皿周围的咖啡因用小刀刮下，重约0.2g，为白色针状晶体。

六、思考与讨论

1. 从茶叶中提取的粗咖啡因呈绿色，为什么？
2. 采取哪些措施可以提高提取咖啡因的效率？

实验十三

甲基橙的制备

一、实验目的

1. 学习重氮化反应和偶合反应的原理和应用。
2. 了解甲基橙的结构、性能以及合成方法。
3. 掌握甲基橙制备的操作方法；进一步掌握盐析和重结晶操作。

二、实验原理

76

1. 实验理论原理

甲基橙，俗称金莲橙 D；化学名称为对二甲基氨基偶氮苯磺酸钠，4-{[4-(二甲氨基)苯]偶氮}苯磺酸钠盐。为橙红色鳞状晶体或粉末。微溶于水，较易溶于热水，不溶于乙醇。显碱性。现今被广泛用作酸碱指示剂（pH 值变色范围 3.1 之前为红色，3.1～4.4 为橙色，4.4 以后为黄色），测定多数强酸、强碱和水的碱度。

本实验是由对氨基苯磺酸在低温下，盐酸（磷酸、硫酸）中加亚硝酸钠经重氮化反应制成重氮盐，然后再与 *N*，*N*-二甲基苯胺偶合制成酸式甲基橙，然后再碱化得到粗产品甲基橙。然后经冷却结晶、过滤、重结晶等一系列操作，得到纯度较高的产品甲基橙。反应如下：

$$HO_3S-C_6H_4-NH_2 \xrightarrow{NaOH} NaO_3S-C_6H_4-NH_2$$

$$NaO_3S-C_6H_4-NH_2 \xrightarrow[0\sim5℃]{NaNO_2,H^+} \left[HO_3S-C_6H_4-\overset{+}{N}\equiv N\right]Cl^-$$

$$HO_3S-C_6H_4-\overset{+}{N}\equiv N + (H_3C)_2N-C_6H_5 \xrightarrow{HOAc} {}^-O_3S-C_6H_4-N=N-C_6H_4-\overset{+}{N}H(CH_3)_2$$

$${}^-O_3S-C_6H_4-N=N-C_6H_4-\overset{+}{N}H(CH_3)_2 \xrightarrow{NaOH} NaO_3S-C_6H_4-N=N-C_6H_4-N(CH_3)_2$$

2. 实验装置原理

有时在反应中产生大量的热，它使反应温度迅速升高，如果控制不当，可能引起副反应；它还会使反应物蒸发，甚至会发生冲料和爆炸事故。要把温度控制在一定范围内，就要进行适当的冷却。有时为了降低溶质在溶剂中的溶解度或加速结晶析出，也要采用冷却的方法。

(1) 冰水冷却

可用冷水在容器外壁流动，或把反应器浸在冷水中，交换走热量。

也可用水和碎冰的混合物作冷却剂，其冷却效果比单用冰块好，可冷却至0～5℃。也可把碎冰直接投入反应器中，以更有效地保持低温。

(2) 冰盐冷却

要在0℃以下进行操作时，常用按不同比例混合的碎冰和无机盐作为冷却剂。可把盐研细，把冰砸碎（或用冰片花）成小块，使盐均匀包在冰块上。冰-食盐混合物（质量比3∶1）可冷至－5～－18℃，其他盐类的冰-盐混合物冷却温度见表2-2。

表 2-2　冰-盐混合物的质量分数及冷却温度

盐名称	盐的质量分数	冰的质量分数	冷却温度/℃
六水氯化钙	100	246	－9
	100	123	－21.5
	100	70	－55
	100	81	－40.3
硝酸铵	45	100	－16.8
硝酸钠	50	100	－17.8
溴化钠	66	100	－28

(3) 干冰或干冰与有机溶剂混合冷却

干冰（固体的二氧化碳）和乙醇、异丙醇、丙酮、乙醚或氯仿混合，可冷却到－50～－78℃，加入时会猛烈起泡。

应将这种冷却剂放在杜瓦瓶（广口保温瓶）中或其他绝热效果好的容器中，以保持其冷却效果。

(4) 液氮

液氮可冷至－196℃（77K），用有机溶剂可以调节所需的低温浴浆。一些作低温恒温浴的化合物列在表2-3中。

液氮和干冰是两种方便而又廉价的冷冻剂，这种低温恒温冷浆浴的制法是：在一个清洁的杜瓦瓶中注入纯的液体化合物，其用量不超过容积的3/4，在良好的通风橱中缓慢地加入新取的液氮，并用一支结实的搅拌棒迅速搅拌，最后制得的冷浆稠度应类似于黏稠的麦芽糖。

表 2-3　可作低温恒温浴的化合物

化合物	冷浆浴温度/℃
乙酸乙酯	－83.6
丙二酸乙酯	－51.5
异戊烷	－160.0
乙酸甲酯	－98.0
乙酸乙烯酯	－100.2
乙酸正丁酯	－77.0

（5）低温浴槽

低温浴槽是一个小冰箱，冰室口向上，蒸发面用筒状不锈钢槽代替，内装酒精，外设压缩机，循环氟里昂制冷。压缩机产生的热量可用水冷或风冷散去。可装外循环泵，使冷酒精与冷凝器连接循环。还可装温度计等指示器。反应瓶浸在酒精液体中。适于－30～30℃范围的反应使用。

以上制冷方法供选用。注意温度低于－38℃时，由于水银会凝固，因此不能用水银温度计。对于较低的温度，应采用添加少许颜料的有机溶剂（酒精、甲苯、正戊烷）温度计。

三、仪器、药品及试剂

1. 仪器

100mL 和 250mL 烧杯；玻璃棒；10mL 和 100mL 量筒；胶头滴管；布氏漏斗；水浴锅；锥形瓶。

2. 药品及试剂

5%氢氧化钠溶液；对氨基苯磺酸；亚硝酸钠；*N*，*N*-二甲基苯胺；淀粉 KI 试纸；冰醋酸，浓盐酸；乙醇。

四、实验内容及操作步骤

77

1. 重氮盐的制备

在 100mL 1 号烧杯中放置 10mL 5%氢氧化钠溶液及 2.1g 对氨基苯磺酸晶体，温热使之溶解。在 100mL 2 号烧杯中溶 0.8g 亚硝酸钠于 6mL 水中，加入上述 1 号烧杯反应液中。再在 2 号烧杯中用 3mL 浓盐酸与 10mL 冰水配制而成的溶液，冰水浴冷至 0～5℃，并在不断搅拌下，缓缓滴加到上述 1 号烧杯混合溶液中。滴加完后用淀粉 KI 试纸检验，反应温度始终控制在 5℃以下，反应液由橙黄色变为肉粉色，沉淀为白色。然后在冰水浴中放置 15min 以使反应完全。

2. 偶合

在 2 号烧杯中混合 1.3mL *N*，*N*-二甲基苯胺和 1mL 冰醋酸，在不断搅拌下，将此溶液慢慢滴加到上述 1 号烧杯冷却的重氮盐中，加完后，继续搅拌 10min，反应物为棕红色。然后慢慢加入约为 25mL 5%氢氧化钠溶液中，此时用 pH 试纸检验溶液是否呈碱性。粗制的甲基橙呈浆状沉淀析出，将反应物在沸水浴中加热 5min 使陈化，冷却至室温后，再在冰水浴中冷却，使甲基橙晶体析出完全。

抽滤收集结晶，依次使用水洗涤、乙醇洗涤得到橙色的小叶片状甲基橙结晶。

3. 精制

将滤纸连同上面的晶体移到装有 75mL 热水中微热搅拌，全溶后冷却至室温，冰浴冷却至甲基橙结晶全部析出，抽滤。用少量乙醇洗涤产品，得到橙色的结晶物。将产品晾在空气中几分钟，称重，计算产率。

4. 检验

溶解少许甲基橙于水中，加几滴硫酸，然后再用氢氧化钠溶液中和，观察颜色变化。

五、实验要点及注意事项

1. 对氨基苯磺酸是两性化合物，酸性比碱性强，以酸性内盐存在，所以它能与碱作用成盐而不能与酸作用成盐。

2. 若试纸不显蓝色，尚需补充亚硝酸钠溶液。

3. 往往析出对氨基苯磺酸的重氮盐。这是因为重氮盐在水中可以电离，形成中性内盐$^-O_3S—Ph—N^+\equiv N$，在低温时难溶于水而形成细小晶体析出。

4. 若反应物中含有未作用的N，N-二甲基苯胺醋酸盐，在加入氢氧化钠后，就会有难溶于水的N，N-二甲基苯胺析出，影响产物的纯度。湿的甲基橙在空气中受光的照射后，颜色很快变深，所以一般得紫红色粗产物。

5. 重结晶操作应迅速，否则由于产物呈碱性，在温度高时易使产物变质，颜色变深。用乙醇、乙醚洗涤的目的是使其迅速干燥。

六、思考与讨论

1. 何谓重氮化反应？为什么此反应必须在低温、强酸性条件下进行？

2. 本实验中，制备重氮盐时，为什么要把对氨基苯磺酸变成钠盐？本实验若改成下列操作步骤，先将对氨基苯磺酸与盐酸混合，再加亚硝酸钠溶液进行重氮化反应，可以吗？为什么？

3. 什么叫做偶联反应？结合本实验讨论一下偶联反应的条件。

实验十四

肉桂酸的制备及结构鉴定

一、实验目的

1. 学习柏琴（Perkin）反应制备芳基取代的 α、β-不饱和酸的原理和方法。

2. 了解减压蒸馏的原理及应用；了解水蒸气蒸馏的原理及应用。

3. 掌握减压蒸馏的操作；初步掌握水蒸气蒸馏的操作。

78

二、实验原理

1. 实验理论原理

芳醛与脂肪族酸酐在相应酸的碱金属盐存在下共热，发生缩合反应，称为 Perkin 反应。当酸酐包含两个 α-H 原子时，通常生成 α，β-不饱和酸。这是制备 α，β-不饱和酸的一种方法。

$$PhCHO+(CH_3CO)_2O\xrightarrow{CH_3COOK}PhCH=CHCOOH+CH_3COOH$$

此反应是碱催化缩合反应，其中羧酸（钠或钾）盐作为碱起催化剂作用。在某些情况下，三乙胺或无水 K_2CO_3 也可作为碱性催化剂使用。脂肪醛通常不发生 Perkin 反应。

2. 实验装置原理

(1) 减压蒸馏

① 减压蒸馏的原理　某些沸点较高的有机化合物在加热还未达到沸点时往往发生分解、聚合或氧化的现象，所以，不能用常压蒸馏。使用减压蒸馏便可避免这种现象的发生。因为当蒸馏系统内的压力减小后，其沸点便降低，许多有机化合物的沸点当压力降低到 1.3～2.0kPa（10～15mmHg）时，可以比其常压下沸点降低 80～100℃。因此，减压蒸馏对于分离或提纯沸点较高或性质比较不稳定的液态有机化合物具有特别重要的意义。所以，减压蒸馏亦是分离提纯液态有机物常用的方法。

在进行减压蒸馏前，应先从文献中查阅该化合物在所选择的压力下的相应沸点。如果文献中缺乏此数据，可用下述经验规律大致推算，以供参考：当蒸馏在 1333～1999Pa（10～15mmHg）时，压力每相差 133.3Pa（1mmHg），沸点相差约 1℃。也可以用图 2-26 的压力-温度关系图来查找，即从某一压力下的沸点便可近似地推算出另一压力下沸点。例如，水杨酸乙酯常压下 234℃，减压至 1999Pa（15mmHg）时，沸点为多少度？可在图 2-26 中 B 线上找到 234℃的点，再在 C 线上找到 1999Pa（15mmHg）的点，然后通过两点连一条直线，该直线与 A 线的交点 113℃，即水杨酸乙酯在 1999Pa（15mmHg）时的沸点。

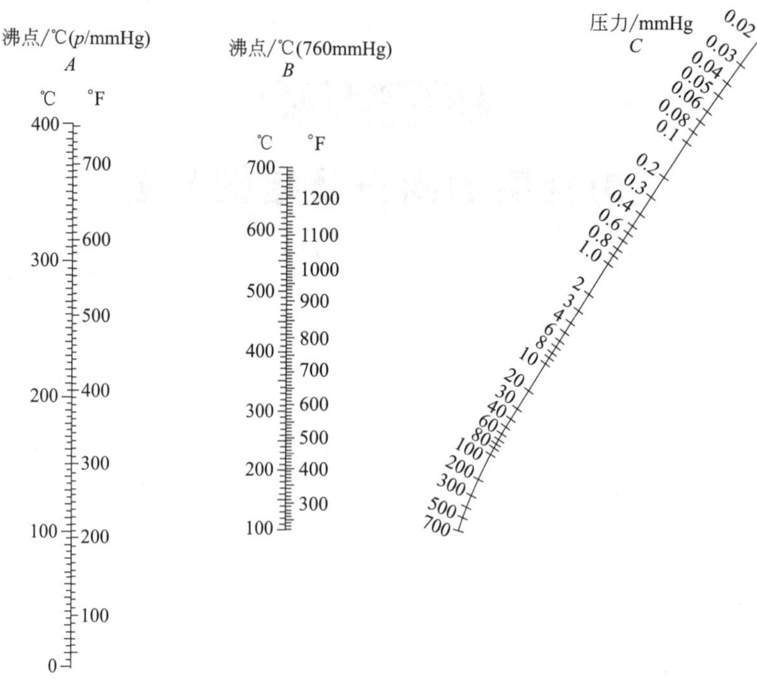

图 2-26　压力-温度关系图

一般把压力范围划分为几个等级：

“粗”真空［1.333～100kPa（10～760mmHg）］，一般可用水泵获得；

“次高”真空［0.133～133.3Pa（0.001～1mmHg）］，可用油泵获得；

“高”真空［<0.133Pa（<10^{-3}mmHg）］，可用扩散泵获得。

②减压蒸馏的装置　减压蒸馏装置是由蒸馏烧瓶、克氏蒸馏头（或用 Y 形管与蒸馏头组成）、直形冷凝管、真空接引管（双股接引管或多股接引管）、接收器、安全瓶、压力计和油泵（或循环水泵）组成的，见图 2-27。

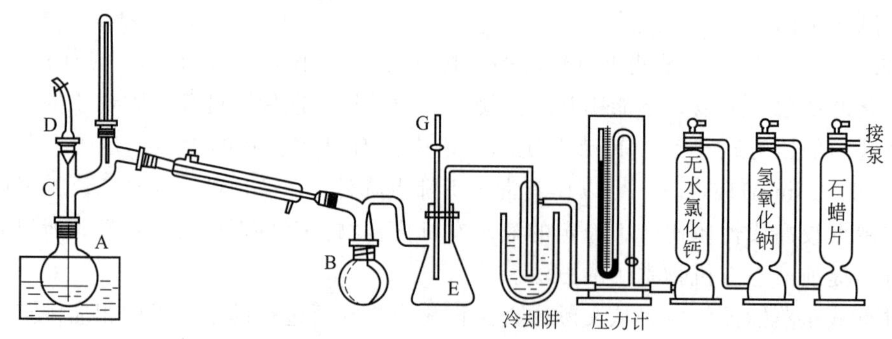

图 2-27　减压蒸馏装置

a. 蒸馏部分　A 为减压蒸馏烧瓶也称克氏蒸馏烧瓶，有两个颈，能防止减压蒸馏时瓶内液体由于暴沸而冲入冷凝管中。在带支管的瓶颈中插入温度计（安装要求与常压蒸馏相同），另一瓶颈中插入一根毛细管 C（也称起泡管），其长度恰好使其下端离瓶底 1～2mm。毛细管上端连一段带螺旋夹 D 的橡皮管，以调节进入空气，使有极少量的空气进入液体呈微小气泡冒出，产生液体沸腾的汽化中心，使蒸馏平稳进行。减压蒸馏的毛细管要粗细合适，否则达不到预期的效果。一般检查方法是将毛细管插入少量丙酮或乙醚中，由另一端吹气，从毛细管中冒出一连串小气泡，则毛细管合用。

接收器 B 常用圆底烧瓶或蒸馏烧瓶（切不可用平底烧瓶或锥形瓶）。蒸馏时若要收集不同的馏分而又不中断蒸馏，可用两股或多股接引管。转动多股接引管，就可使不同馏分收集到不同的接收器中。

应根据减压时馏出液的沸点选用合适的热浴和冷凝管。一般使用热浴的温度比液体沸点高 20～30℃。为使加热温度均匀平稳，减压蒸馏中常选用水浴或油浴。

b. 减压部分　实验室通常用水泵或油泵进行抽气减压。应根据实验要求选用减压泵。真空度愈高，操作要求愈严。如果能用水泵减压蒸馏的物质则尽量使用水泵，否则非但自寻麻烦，而且导致产品损失，甚至损坏减压泵（沸点降低易被抽走或抽入减压泵中）。

c. 保护及测压部分　使用水泵减压时，必须在馏出液接收器与水泵之间装上安全瓶 E。安全瓶由耐压的抽滤瓶或其它广口瓶装置而成，瓶上的二通活塞 G 供调节系统内压力及防止水压骤然下降时，水泵的水倒吸入接收器中。

若用油泵减压时，油泵与接收器之间除连接安全瓶外，还须顺次安装冷却阱和几种吸收塔以防止易挥发的有机溶剂、酸性气体和水蒸气进入油泵，污染泵油，腐蚀机体，降低油泵减压效能。冷却阱置于盛有冷却剂（如冰-盐等）的广口保温瓶中，用以除去易挥发的有机溶剂。吸收塔装无水氯化钙或硅胶用以吸收水蒸气，装氢氧化钠（粒状）用以吸收酸性气体和水蒸气（装浓硫酸则可用以吸收碱性气体和水蒸气），装石蜡片用以吸收烃类气体。使用时可按实验的具体情况加以组装。

减压装置的整个系统必须保持密封不漏气。

③ 减压蒸馏操作　如图 2-27 安装好仪器（注意安装顺序），检查蒸馏系统是否漏气。方法是旋紧毛细管上的螺旋夹 D，打开安全瓶上的二通活塞 G，旋开水银压力计的活塞，然后开泵抽气（如用水泵，这时应开至最大流量）。逐渐关闭 G，从压力计上观察系统所能达到的压力，若压力降不下来或变动不大，应检查装置中各部分的塞子和橡皮管的连接是否紧密，必要时可用熔融的石蜡密封。磨口仪器可在磨口接头的上部涂少量真空油脂进行密封（密封应在解除真空后才能进行）。检查完毕后，缓慢打开安全瓶的活塞 G，使系统与大气相通，压力计缓慢复原，关闭油泵停止抽气。

将待蒸馏液装入蒸馏烧瓶中，以不超过其容积的 1/2 为宜。若被蒸馏物质中含有低沸点物质时，在进行减压蒸馏前，应先进行常压蒸馏。然后用水泵减压，尽可能除去低沸点物质。

按上述操作方法开泵减压，通过小心调节安全瓶上的二通活塞 G 达到实验所需真空度。调节螺旋夹 D，使液体中有连续平稳的小气泡通过。若在现有条件下仍达不到所需真空度，可按原理中所述方法，从图 2-26 中查出在所能达到的压力条件下，该物质的近似沸点，进行减压蒸馏。

当调节到所需真空度时，将蒸馏烧瓶浸入水浴或油浴中，通入冷凝水，开始加热蒸馏。加热时，蒸馏烧瓶的圆球部分至少应有 2/3 浸入热浴中。待液体开始沸腾时，调节热源的温度，控制馏出速度为每秒1～2滴。

在整个蒸馏过程中都要密切注意温度和压力的读数，并及时记录。纯物质的沸点范围一般不超过1～2℃，但有时因压力有所变化，沸程会稍大一点。

蒸馏完毕时，应先移去热源，待稍冷后，稍稍旋松螺旋夹D，缓慢打开安全瓶上的活塞G解除真空，待系统内外压力平衡后方可关闭减压泵。

减压蒸馏装置中与减压系统连接的橡皮管应都用耐压橡皮管，否则在减压时会抽瘪而堵塞。减压蒸馏结束后，一定要缓慢旋开安全瓶上的活塞，使压力计中的汞柱缓慢地恢复原状，否则，汞柱急速上升，有冲破压力计的危险。

（2）水蒸气蒸馏

① 水蒸气蒸馏的原理　当两种互不相溶（或难溶）的液体A与B共存于同一体系时，每种液体都有各自的蒸气压，其蒸气压力的大小与每种液体单独存在时的蒸气压力一样（彼此不相干扰）。根据道尔顿（Dalton）分压定律，混合物的总蒸气压为各组分蒸气压之和。即：

$$p=p_A+p_B$$

混合物的沸点是总蒸气压等于外界大气压时的温度，因此混合物的沸点比其中任一组分的沸点都要低。水蒸气蒸馏就是利用这一原理，将水蒸气通入不溶或难溶于水的有机化合物中，使该有机化合物在100℃以下便能随水蒸气一起蒸馏出来。当馏出液冷却后，有机液体通常可从水相中分层析出。

根据气态方程式，在馏出液中，随水蒸气蒸出的有机物与水的物质的量之比（n_A、n_B表示此两种物质在一定容积的气相中的物质的量）等于它们在沸腾时混合物蒸气中的分压之比。即：

$$\frac{n_A}{n_B}=\frac{p_A}{p_B}$$

而$n_A=W_A/M_A$，$n_B=W_B/M_B$。其中W_A、W_B为各物质在一定容积中蒸气的质量，M_A、M_B为其分子量。因此这两种物质在馏出液中的相对质量可按下式计算：

$$\frac{W_A}{W_B}=\frac{M_A n_A}{M_B n_B}=\frac{M_A p_A}{M_B p_B}$$

例如，1-辛醇和水的混合物用水蒸气蒸馏时，该混合物的沸点为99.4℃，我们可以从数据手册查得纯水在99.4℃时的蒸气压为744mmHg，因为p必须等于760mmHg，因此1-辛醇在99.4℃时的蒸气压必定等于16mmHg，所以馏出液中1-辛醇与水的质量比等于：

$$\frac{\text{1-辛醇的质量}}{\text{水的质量}}=\frac{130\times16}{18\times744}\approx\frac{0.155}{1}$$

即蒸出1g水能够带出0.155g 1-辛醇，1-辛醇在馏出液中的组分占13.44%。

上述关系式只适用于与水互不相溶或难溶的有机物，而实际上很多有机化合物在水中或多或少有些溶解，因此这样的计算仅为近似值，而实际得到的要比理论值低。如果被分离提纯的物质在100℃以下的蒸气压为1～5mmHg，则其在馏出液中的含量约占1%，甚至更低，这时就不能用水蒸气蒸馏来分离提纯，而要用过热水蒸气蒸馏，方能提高被分离或提纯物质在馏出液中的含量。

水蒸气蒸馏是分离和纯化有机化合物的重要方法之一，它广泛用于从天然原料中分离出液体和固体产物，特别适用于分离那些在其沸点附近易分解的物质，适用于分离含有不挥发性杂质或大量树脂状杂质的产物，也适用于从较多固体反应混合物中分离被吸附的液体产物，其分离效果较常压蒸馏或重结晶好。

使用水蒸离蒸馏时，被分离或纯化的物质应具备下列条件：

a. 一般不溶或难溶于水；

b. 在沸腾下与水长时间共存而不起化学反应；

c. 在 100℃左右时应具有一定的蒸气压（一般不小于 10mmHg）。

② 水蒸气蒸馏的装置　水蒸气蒸馏装置由水蒸气发生器和简单蒸馏装置组成，图 2-28 给出了实验室常用水蒸气蒸馏装置。当用直接法进行水蒸气蒸馏时，用简单蒸馏或分馏装置即可。

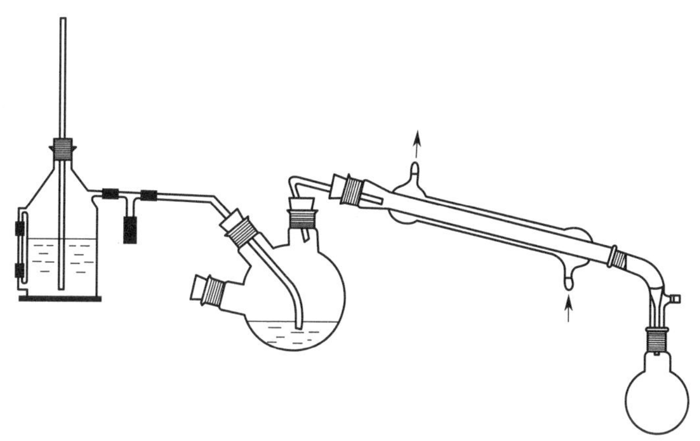

图 2-28　水蒸气蒸馏装置

水蒸气发生器的上边安装一根长的玻璃管，将此管插入发生器底部，距底部距离约 1～2cm，可用来调节体系内部的压力并可防止系统发生堵塞时出现危险。蒸汽出口管与冷阱连接，冷阱是一支玻璃三通管，它的一端与发生器连接，另一端与蒸馏装置连接，下口接一段软的橡皮管，用螺旋夹夹住，以便调节蒸汽量。在与蒸馏系统连接时管路越短越好，否则水蒸气冷凝后会降低蒸馏瓶内温度，影响蒸馏效果。

③ 水蒸气蒸馏的操作要点

a. 蒸馏瓶可选用圆底烧瓶，也可用三口烧瓶。被蒸馏液体的体积不应超过蒸馏瓶容积的 1/3。将混合液加入蒸馏瓶后，打开冷阱上的螺旋夹。开始加热水蒸气发生器，使水沸腾。当有水从冷阱下面喷出时，将螺旋夹拧紧，使蒸汽进入蒸馏系统。调节进汽量，保证蒸汽在冷凝管中全部冷凝下来。

b. 在蒸馏过程中，若在插入水蒸气发生器中的玻璃管内，蒸汽突然上升至几乎喷出时，说明蒸馏系统内压增高，可能系统内发生堵塞。应立刻打开螺旋夹，移走热源，停止蒸馏，待故障排除后方可继续蒸馏。当蒸馏瓶内的压力大于水蒸气发生器内的压力时，将发生液体倒吸现象，此时，应打开螺旋夹或对蒸馏瓶进行保温，加快蒸馏速度。

c. 当馏出液不再浑浊时，用表面皿取少量流出液，在日光或灯光下观察是否有油珠状物质，如果没有，可停止蒸馏。

d. 停止蒸馏时先打开冷阱上的螺旋夹，移走热源，待稍冷却后，将水蒸气发生器与蒸馏系统断开。收集馏出物或残液（有时残液是产物），最后拆除仪器。

三、仪器、药品及试剂

1. 仪器

50mL 圆底烧瓶；Y 形管；空气冷凝管；干燥管；250mL 圆底烧瓶；500mL 长颈圆底烧瓶；250mL 烧杯；水蒸气导管；直形冷凝管；球形冷凝管；接液管；锥形瓶。

2. 药品及试剂

苯甲醛；无水乙酸钾；乙酐；饱和碳酸钠溶液；浓盐酸；pH 试纸；活性炭。

四、实验内容及操作步骤

79

1. 减压蒸馏操作训练

通过处理苯甲醛，使学生掌握减压蒸馏精制液体有机物技术。

2. 肉桂酸的制备

在干燥的 50mL 圆底烧瓶中，加入 3g 研细的新熔融过的无水乙酸钾粉末、3mL 新蒸馏过的苯甲醛和 5.5mL 乙酐，振荡使三者混合。烧瓶口装一个 Y 形管，正口装一支 300℃的温度计，其水银球插入反应混合物液面下，但不要碰到瓶底；侧口装上空气冷凝管。在电热套上加热回流，使反应液温度升至 150℃左右，保持 0.5h，然后升温至 160～170℃，保持 1h。

将反应混合物趁热（100℃左右）倒入盛有 25mL 水的 250mL 圆底烧瓶内。原烧瓶用 20mL 纯水分两次洗涤，洗液合并入 250mL 圆底烧瓶内。一边充分摇动烧瓶，一边慢慢加入饱和碳酸钠溶液直至反应混合物用 pH 试纸检验呈弱碱性，然后进行水蒸气蒸馏至馏出物无油珠为止，此步是为了蒸出未作用的苯甲醛（倒入指定的回收瓶中）。

残留液中加入少许活性炭，加热煮沸 10min，趁热抽滤，滤液用浓盐酸小心酸化，使呈明显酸性，放入冷水浴中冷却。待肉桂酸完全析出后，抽滤，产物用少量水洗涤，挤压去水分，在 100℃以下干燥。产品可在热水中重结晶。

纯肉桂酸有顺反异构体，通常以反式形式存在，为白色晶体，熔点 135.6℃。

3. 产品结构鉴定

用红外光谱法鉴定产品结构。

五、实验要点及注意事项

1. 本实验的反应属于无水操作，所用仪器必须干燥。

2. 用碳酸钾作催化剂时，回流时要控制好温度，升温速度不宜过快，控制反应液呈微沸状态，否则会有大量 CO_2 气泡冒出，从而将反应液逸到冷凝管，甚至从冷凝管中冲出；同时温度过高，使反应物炭化。

3. 乙酐蒸气有强烈的刺激作用，量取乙酐时，最好在通风橱中或空气流通处，且勿洒在桌面地面，取完后立即盖上瓶盖。

4. 加碳酸钠溶液时，开始要慢慢滴入，否则由于大量 CO_2 产生，将物料带出，造成产品损失，但要确保反应混合物呈碱性，控制 pH 值为 8 较合适，否则影响产量。

5. 滤液酸化时要确保滤液呈酸性。

6. 不能用 NaOH 溶液代替 Na_2CO_3 溶液，因未反应完的苯甲醛在此情况下可能起 Cannizro 反应，生成的苯甲酸难与产品肉桂酸分离。

7. 水蒸气蒸馏操作要点：

(1) 首先打开冷阱上的螺旋夹，当有水蒸气从冷阱冲出时，关紧螺旋夹。

(2) 为使蒸汽不致在烧瓶中冷凝而积累过多，在通入水蒸气前可在烧瓶下放一电热套，慢慢加热。

(3) 蒸馏过程中随时注意安全管水位，若安全管内水柱从顶端喷出，说明蒸馏系统内压力太高，应立即打开螺旋夹，移走热源，并检查管道有无堵塞。

(4) 若蒸馏瓶内压力大于水蒸气发生器内压力，液体发生倒吸，应打开螺旋夹。

六、思考与讨论

1. 用什么方法可检验水蒸气蒸馏是否完全？

2. 用水蒸气蒸馏除去什么？能否不用水蒸气蒸馏？

实验十五

薄层色谱和柱色谱

一、实验目的

1. 学习色谱法的原理和分类。
2. 了解色谱法在有机化学中的应用。
3. 掌握薄层色谱的实验操作方法；掌握柱色谱的实验操作方法。

二、实验原理

80

1. 实验理论原理

色谱法亦称色层法、层析法等。色谱法是分离、纯化和鉴定有机化合物的重要方法之一。色谱法的基本原理是利用混合物各组分在某一物质中的吸附或溶解性能（分配）的不同，或其亲和性的差异，使混合物的溶液流经该种物质进行反复地吸附或分配作用，从而使各组分分离。

色谱法在有机化学中的应用主要包括以下几方面：

① 分离混合物。一些结构类似、理化性质也相似的化合物组成的混合物，一般应用化学方法分离很困难，但应用色谱法分离，有时可得到满意的结果。

② 精制提纯化合物。有机化合物中含有少量结构类似的杂质，不易除去，可利用色谱法分离以除去杂质，得到纯品。

③ 鉴定化合物。在条件完全一致的情况下，纯碎的化合物在薄层色谱或纸色谱中都呈现一定的移动距离，称比移值（R_f 值），所以利用色谱法可以鉴定化合物的纯度或确定两种性质相似的化合物是否为同一物质。但影响比移值的因素很多，如薄层的厚度，吸附剂颗粒的大小，酸碱性，活性等级，外界温度和展开剂纯度、组成、挥发性等。所以，要获得重现的比移值就比较困难。为此，在测定某一试样时，最好用已知样品进行对照。

$$R_f=\frac{\text{溶质最高浓度中心至原点中心的距离}}{\text{溶剂前沿至原点中心的距离}}$$

④ 观察一些化学反应是否完成。可以利用薄层色谱或纸色谱观察原料色点的逐步消失，以证明反应完成与否。

吸附色谱主要是以氧化铝、硅胶等为吸附剂，将一些物质自溶液中吸附到它的表面上，而后用溶剂洗脱或展开，利用不同化合物受到吸附剂的不同吸附作用和它们在溶剂中不同的溶解度，也就是利用不同化合物在吸附剂上和溶液之间分布情况的不同而得到分离。吸附色谱分离可采用柱色谱和薄层色谱两种方式。

薄层色谱又叫薄板层析，是色谱法中的一种，是快速分离和定性分析少量物质的一种很重要的实验技术，属固-液吸附色谱，它兼备了柱色谱和纸色谱的优点。一方面适用于少量样品（几微克，甚至0.01μg）的分离；另一方面在制作薄层板时，把吸附层加厚加大，又可用来精制样品。此法特别适用于挥发性较小或较高温度易发生变化而不能用气相色谱分析的物质。此外，薄层色谱法还可用来跟踪有机反应及进行柱色谱之前的一种“预试”。

柱色谱又称柱层析，装置如图2-29所示。柱色谱是一种物理分离方法，分为吸附柱色谱和分配柱色谱，一般多用前者。柱色谱根据混合物中各组分对吸附剂（即固定相）的吸附能力，以及对洗脱剂（即流动相）的溶解度不同将各组分分离。

通常在玻璃柱中填入表面积很大、经过活化的多孔物质或颗粒状固体吸附剂（如氧化铝或硅胶）。当混合物的溶液流经吸附柱时，即被吸附在柱的上端，然后从柱顶加入溶剂（洗脱剂）洗脱。由于各组分吸附能力不同，即发生不同程度的解吸附，从而以不同速度下移，形成若干色带。若继续再用溶剂洗脱，吸附能力最弱的组分随溶剂首先流出。整个色谱过程进行反复的吸附→解吸附→再吸附→再解吸附。分别收集各组分，再逐个进行鉴定。

2. 实验装置原理

柱色谱一般分为以下几个操作步骤：

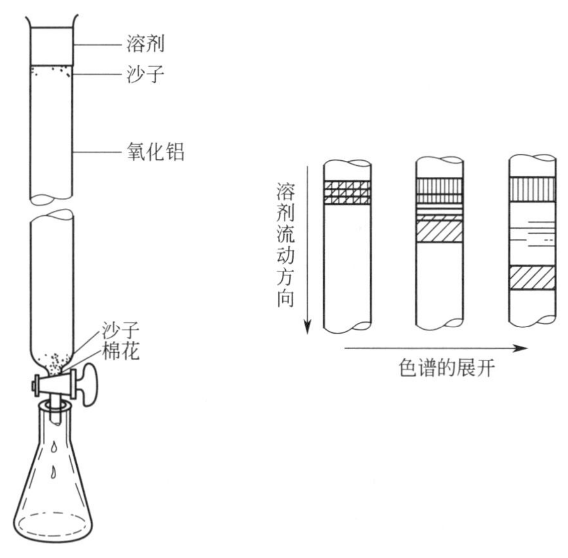

图2-29　柱色谱装置及展开过程

(1) 装柱

色谱柱的大小规格由待分离样品的量和吸附难易程度来决定。一般柱管的直径为0.5～10cm，长度为直径的10～40倍。填充吸附剂的量约为样品质量的20～50倍，柱体高度应占柱管高度的3/4。柱子过于细长或过于粗短都不好。装柱前，柱子应干净、干燥，并垂直固定在铁架台上。将少量洗脱剂注入柱内，取一小团玻璃毛或脱脂棉用溶剂润湿后塞入管中，用一长玻璃棒轻轻送到底部，适当捣压赶出棉团中的气泡，但不能压得太紧，以免阻碍溶剂畅流（如管子带有筛板，则可省略该步操作）。再在上面加入一层约 0.5cm 厚的洁净细沙，轻扣击柱管，使沙面平整。常用的装柱方法有干装法和湿装法两种。

① 干装法　在柱内装入 2/3 溶剂，在管口上放一漏斗，打开活塞，让溶剂慢慢地滴入锥形瓶中，接着把干吸附剂经漏斗以细流状倾泻到管柱内，同时用套在玻璃棒（或铅笔等）上的橡皮塞轻轻敲击管柱，使吸附剂均匀地向下沉降到底部。填充完毕后，用滴管吸取少量溶剂把黏附在管壁上的吸附剂颗粒冲入柱内，继续敲击管子直到柱体不再下沉为止。柱面上再加盖一薄层洁净细沙，把柱面上液层高度降至 0.1～1cm，再把收集的溶剂反复循环通过柱体几次，便可得到沉降得较紧密的柱体。

② 湿装法　基本方法与干装法类似，所不同的是，装柱前吸附剂需要预先用溶剂调成淤浆状，在倒入淤浆时，应尽可能连续均匀地一次完成。如果柱子较大，应事先将吸附剂泡在一定量的溶剂中，并充分搅拌后过夜（排除气泡），然后再装。

无论是干装法，还是湿装法，装好的色谱柱应是充填均匀，松紧适宜一致，没有气泡和裂缝，否则会造成洗脱剂流动不规则而形成“沟流”，引起色谱带变形，影响分离效果。

（2）加样

将干燥待分离固体样品称重后，溶解于极性尽可能小的溶剂中使之成为浓溶液。将柱内液面降到与柱面相齐时，关闭柱子。用滴管将样液小心沿色谱柱管壁均匀地加到柱顶上。加完后，用少量溶剂把容器和滴管冲洗净并将洗液全部加到柱内，再用溶剂把黏附在管壁上的样品溶液淋洗下去。慢慢打开活塞，调整液面和柱面相平为止，关好活塞。如果样品是液体，可直接加样。

（3）洗脱与检测

将选好的洗脱剂沿柱管内壁缓慢地加入柱内，直到充满为止（任何时候都不要冲起柱面覆盖物）。打开活塞，让洗脱剂慢慢流经柱体，洗脱开始。在洗脱过程中，注意随时添加洗脱剂，以保持液面的高度恒定，特别应注意不可使柱面暴露于空气中。在进行大柱洗脱时，可在柱顶上架一个装有洗脱剂的带盖塞的分液漏斗，让漏斗颈口浸入柱内液面下，这样便可自动加液。如果采用梯度溶剂分段洗脱，则应从极性最小的洗脱剂开始，依次增加极性，并记录每种溶剂的体积和柱子内滞留的溶剂体积，直到最后一个成分流出为止。洗脱的速度也是影响柱色谱分离效果的一个重要因素。大柱一般调节在每小时流出的体积（mL）等于柱内吸附剂质量（g），中小柱一般以每秒 1～5 滴的速度为宜。对洗脱液接收时，有色物质，按色带进行收集，但色带之间两组分会有重叠。对无色物质的接收，一般采用分等份连续收集，每份流出液的体积（mL）等于吸附剂的质量（g）。若洗脱剂的极性较强，或者各成分结构很相似时，每份收集量就要少一些，具体数额的确定，要通过薄层色谱检测，视分离情况而定。现在，多数用分步接收器自动控制接收。

洗脱完毕，采用薄层色谱法对各收集液进行鉴定，把含相同组分的收集液合并，除去溶剂，便得到各组分的较纯样品。

三、仪器、药品及试剂

1. 仪器

薄层色谱用载玻片（2.5cm×7.5cm）；色谱柱（1.0cm×20cm）；锥形瓶；烧杯；量筒；漏斗；广口瓶；滴管；玻璃棒；铁架；铁环；剪刀。

2. 药品及试剂

硅胶；甲基橙（1g·L^{-1}乙醇溶液）；亚甲基蓝（1g·L^{-1}乙醇溶液）；95%乙醇；蒸馏水；细沙；脱脂棉；洗脱液A（H_2O∶95%乙醇=1∶1）；洗脱液B（0.2mol·L^{-1}盐酸∶95%乙醇=1∶1）。

四、实验内容及操作步骤

81

1. 薄层色谱

（1）薄层板的制备（湿板的制备）

薄层板制备的好坏直接影响色谱的结果。薄层应尽量均匀且厚度要固定。否则，在展开时前沿不齐，色谱结果也不易重复。在烧杯中放入2g硅胶，加入5～6mL蒸馏水，调成糊状。将配制好的浆料倾注到清洁干燥的载玻片上，拿在手中轻轻左右摇晃，使其表面均匀平滑，在室温下晾干后进行活化。也可买市售的硅胶板切割成适宜大小备用。本实验用此法制备薄层板5片：吸附剂为硅胶G，用0.5%的羧甲基纤维素钠水溶液调成浆料。

（2）点样

先用铅笔在距薄层板一端1cm处轻轻画一横线作为起始线，然后用毛细管吸取样品，在起始线上小心点样，斑点直径一般不超过2mm。若因样品溶液太稀，可重复点样，但应待前次点样的溶剂挥发后方可重新点样，以防样点过大，造成拖尾、扩散等现象，而影响分离效果。若在同一板上点几个样，样点间距离应为1cm。点样要轻，不可刺破薄层板面。

（3）展开

薄层色谱的展开，需要在密闭容器中进行。为使溶剂蒸气迅速达到平衡，可在展开槽内衬一滤纸。在展开槽中加入配好的展开溶剂，使其高度不超过1cm。将点好的薄层板小心放入展开槽中，点样一端朝下，浸入展开剂中。盖好盖，观察展开剂前沿上升到一定高度时取出，尽快在板上标上展开剂前沿位置。晾干，观察斑点位置，计算R_f值。

（4）显色

凡可用于纸色谱的显色剂都可用于薄层色谱。薄层色谱还可使用腐蚀性的显色剂如浓硫酸、浓盐酸和浓磷酸等。对于含有荧光剂（硫化锌镉、硅酸锌、荧光黄）的薄层板在紫外线下观察，展开后的有机化合物在亮的荧光背景上呈有色斑点。也可用卤素斑点试验法来使薄层色谱斑点显色。本实验样品本身具有颜色，不必在荧光灯下观察。

2. 柱色谱

① 取一根色谱柱，取少许脱脂棉（或玻璃棉），放于色谱柱底部，轻轻塞紧，再在脱脂棉上盖上一张比色谱柱内径略小的滤纸片，关闭活塞，将其垂直固定在铁架上。

② 柱中加蒸馏水到柱的1/3高度，用湿法装入吸附剂，称取4g硅胶加入15mL蒸馏水，边搅动边从柱顶部快速加入，待硅胶沉降后打开柱下活塞，控制流速为每秒1滴。硅胶的顶端覆盖一小片滤纸（或用酸洗净的细沙约2mm厚），柱顶液面要保持在滤纸片（或沙面）以上。

③ 开始洗脱，当液面下降至离吸附剂面约1mm高时，立即用滴管慢慢加入5mL A液

进行淋洗，当 A 液流至约 1mm 时，关紧活塞。加入 0.5mL 甲基橙和亚甲基蓝的乙醇混合液，然后开启活塞，待样品液渗入柱内，直到接近床面时，加入 A 液洗脱。随着 A 液向下移动，柱内出现两条色带。待甲基橙色带完全从色谱柱洗出时，换另一接收器（继续淋洗）。当 A 液液面降至约 1mm 高时，立刻换 B 液洗脱亚甲基蓝。

五、实验要点及注意事项

1. 色谱柱填装紧与否对分离效果有影响，若松紧不均，特别是有断层时，影响流速和色带的均匀。但如果装时过分敲击，色谱柱填装过紧，又使流速太慢。

2. 柱色谱分离过程中应一直保持洗脱剂的流速不变，并注意保持液面始终高于吸附剂的顶面。

3. 薄层板的制备应注意两点：载玻片应干净且不被手污染及吸附剂在玻片上应均匀平整。

4. 色素提取液避免强光照射，以防色素褪色。

5. 点样与展开应按要求进行：点样不能戳破薄层板面。展开时，不要让展开剂前沿上升至底线。否则，无法确定展开剂上升高度，即无法求得 R_f 值和准确判断粗产物中各组分在薄层板上的相对位置。

六、思考与讨论

1. 装柱、加样的操作中应注意哪些问题？
2. 如何防止“沟流”现象？色带分不开应如何处理？
3. 在色谱分离过程中，为什么不要让柱内的液体流干和不让柱内有气泡？
4. 为什么极性大的组分要用极性较大的溶剂洗脱？
5. 柱子中若有气泡或装填不均匀，将给分离带来什么样的影响，如何避免？
6. 柱色谱分离有机化合物的基本原理是什么？
7. 柱色谱的操作主要有哪些？在各个操作中应注意哪些事项？
8. 采用什么方法处理收集液？

实验十六

乙酰乙酸乙酯的制备及性质试验

一、实验目的

1. 学习 Claisen 酯缩合反应的原理和应用。
2. 了解乙酰乙酸乙酯的结构、性能和鉴定方法。
3. 掌握酯缩合反应中金属钠的操作方法；进一步掌握液体干燥和减压蒸馏操作。

二、实验原理

82

1. 实验理论原理

乙酰乙酸乙酯是无色至淡黄色的澄清液体。微溶于水，易溶于乙醚、乙醇。有刺激性和麻醉性。可燃，遇明火、高热或接触氧化剂有发生燃烧的危险。有醚样和苹果似的香气。广泛应用于食用香精中，主要用以调配苹果、杏、桃等食用香精。制药工业用于制造氨基比林等。染料工业用作合成染料的原料和用于电影基片染色。有机工业用作溶剂和合成有机化合物的原料。

含 α-活泼氢的酯在碱性催化剂存在下，能与另一分子酯发生 Claisen 酯缩合反应，生成 β-羰基酸酯。

反应方程式：

$$\mathrm{RO{-}\overset{\overset{\displaystyle O}{\|}}{C}{-}\overset{\overset{\displaystyle H}{|}}{C}H_2} + \mathrm{RO{-}\overset{\overset{\displaystyle O}{\|}}{C}{-}CH_3} \xrightarrow{\mathrm{RO^{\ominus}}} \mathrm{RO{-}\overset{\overset{\displaystyle O}{\|}}{C}{-}CH_2{-}\overset{\overset{\displaystyle O}{\|}}{C}{-}CH_3} + \mathrm{HOR}$$

乙酰乙酸乙酯就是通过这一反应制备的。当用金属钠作缩合试剂时，真正的催化剂是钠与乙酸乙酯中残留的少量乙醇作用产生的乙醇钠。一旦反应开始，乙醇就可以不断生成并和金属钠继续作用产生乙醇钠。

由于乙酰乙酸乙酯分子中亚甲基上的氢比乙醇的酸性强得多（$\mathrm{p}K_\mathrm{a}=10.65$），所以脱醇反应后生成的是乙酰乙酸乙酯的钠盐形式。最后必须用酸（如乙酸）酸化，才能使乙酰乙酸乙酯游离出来。

乙酰乙酸乙酯与其烯醇式是互变异构（或动态异构）现象的一个典型例子，它们是酮式和烯醇式平衡的混合物，在室温时含 92%的酮式和 8%的烯醇式。单个异构体具有不同的性质并能分离为纯态，但在微量酸碱催化下，迅速转化为二者的平衡混合物。

2. 实验装置原理

金属钠应保存在煤油中，放在阴凉处；使用时，用镊子夹住，吸干煤油后用小刀切割，切勿与皮肤接触；用滤纸吸干煤油，吸干后滤纸不可丢弃，应及时放在乙醇中处理；未用完的钠屑不能乱丢，使用剩余大块的放回瓶中，小块和钠屑可放在乙醇中使其缓慢分解掉。

三、仪器、药品及试剂

1. 仪器

50mL 圆底烧瓶；球形冷凝管；直形冷凝管；干燥管；蒸馏头；分液漏斗；接液管；温度计；量筒等。

2. 药品及试剂

金属钠；乙酸乙酯；二甲苯；乙酸；饱和 NaCl 溶液；无水硫酸钠；氯化钙。

四、实验内容及操作步骤

1. 熔钠

83

在干燥的 50mL 圆底烧瓶中加入 0.9g 金属钠和 5mL 二甲苯，装上冷凝管，加热使钠熔融。拆去冷凝管，用磨口玻塞塞紧圆底烧瓶，用力振摇得细粒状钠珠。回收二甲苯。

2. 加酯回流

迅速放入 10mL 乙酸乙酯，反应开始。若慢可温热。回流约 2h 直至所有金属钠全部作用完为止，得橘红色溶液，有时析出黄白色沉淀（均为烯醇盐）。

3. 酸化

加 50%乙酸，至反应液呈弱酸性（固体溶完）。

4. 分液

反应液转入分液漏斗，加等体积饱和氯化钠溶液，振摇，静置。

5. 干燥

分出乙酰乙酸乙酯层，用无水硫酸钠干燥。

6. 蒸馏和减压蒸馏

先在沸水浴上蒸去未作用的乙酸乙酯，然后将剩余液用减压蒸馏装置进行减压蒸馏（表 2-4）。减压蒸馏时须缓慢加热，待残留的低沸点物质蒸出后，再升高温度，收集乙酰乙酸乙酯。产量约 1.5g。

表 2-4　乙酰乙酸乙酯沸点与压力的关系

压力/mmHg①	760	80	60	40	30	20	18	14	12	10	5	1.0	0.1
沸点/℃	181	100	97	92	88	82	78	74	71	67.3	54	28.5	5

①1mmHg=1 Torr=133.322Pa。

乙酰乙酸乙酯的沸点为180.4℃，折射率 $n_D^{20}=1.4199$。

7. 乙酰乙酸乙酯的性质试验

① 取1滴乙酰乙酸乙酯，加入1滴 $FeCl_3$ 溶液，观察溶液的颜色（淡黄→红）。

② 取1滴乙酰乙酸乙酯，加入1滴2,4-二硝基苯肼试剂，微热后观察现象（澄黄色沉淀析出）。

五、实验要点及注意事项

1. 金属钠遇水即燃烧爆炸，故使用时应严格防止钠接触水或皮肤。钠的称量和切片要快，以免氧化或被空气中的水汽侵蚀。多余的钠片应及时放入装有烃溶剂（通常为煤油等）的瓶中。

2. 摇钠为本实验关键步骤，因为钠珠的大小决定着反应的快慢。钠珠越细越好，应呈小米状细粒。否则，应重新熔融再摇。摇钠时应用干抹布包住瓶颈，快速而有力地来回振摇，往往最初的数下有力振摇即达到要求。切勿对着人摇，也勿靠近实验桌摇，以防意外。

3. 干燥亦是本实验关键。除所用仪器要事先洗净干燥外，乙酸乙酯要绝对干燥，同时还应含有1%～2%的乙醇。其提纯方法如下：将普通乙酸乙酯用饱和氯化钙溶液洗涤数次，再用焙烧过的无水碳酸钾干燥，在水浴上蒸馏，收集76～78℃馏分。

4. 用乙酸中和时，开始有固体析出，继续加酸并不断振摇，固体会逐渐溶解，最后得澄清的液体。避免加入过多的乙酸，使乙酰乙酸乙酯在水中的溶解度增大而降低产量。

5. 乙酰乙酸乙酯常压蒸馏时很易分解，故宜采用减压蒸馏，且压力越低越好。

六、思考与讨论

1. 为什么使用二甲苯做溶剂，而不用苯、甲苯？

2. 为什么要做钠珠？

3. 为什么用乙酸酸化，而不用稀盐酸或稀硫酸酸化？为什么要调到弱酸性，而不是中性？

4. 加入饱和食盐水的目的是什么？

5. 中和过程开始析出的少量固体是什么？

6. 乙酰乙酸乙酯沸点并不高，为什么要用减压蒸馏的方式？

第三篇　物理化学实验

实验一

无水乙醇黏度的测定及流动活化能的计算

一、实验目的

1. 了解恒温槽的构造、各部件的功能及控温原理，学会调节恒温槽。

2. 了解液体黏度的意义、测定原理及采用内标法测定不同温度下无水乙醇黏度的方法。

3. 由无水乙醇在不同温度下的黏度，进行数据处理，线性回归计算无水乙醇的流动活化能。

二、实验原理

1. 控温测温技术

84

控温是化学反应过程中十分重要的实验技术，也是研究物质物理性质的重要控制因素，物质的许多物理化学性质如液体的饱和蒸气压、电解质溶液的电导率和化学反应的速率常数等，都与温度密切相关。在物理化学实验中多数反应或性质测定都是在控制控温条件下进行的。掌握控温技术，学会组装恒温槽和使用恒温槽实现温度的控制，对于物理化学实验有非常重要的意义。

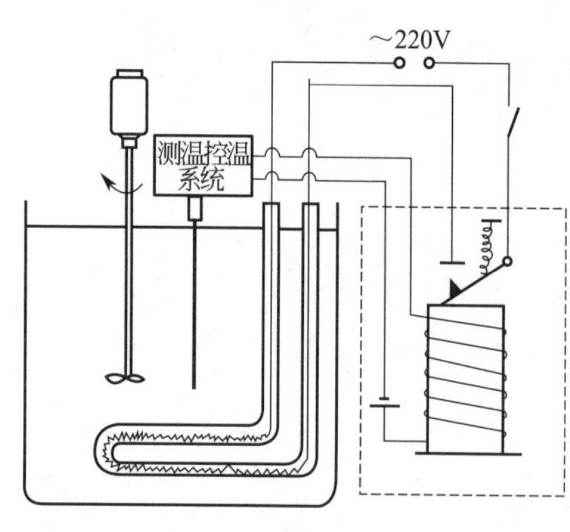

图 3-1　恒温槽水浴装置原理示意图

实验室常用的恒温槽是一种简易的控温装置。组成的部件：浴槽，恒温介质（常用水浴或油浴），测温控温系统（包括控制器、继电器、测温仪及加热器），搅拌器。如图 3-1 所示。

控温的基本原理：当浴槽的温度低于设定温度时，温度控制器通过继电器的作用启动加热器加热；浴槽温度达到设定的温度时，继电器自动停止加热。采用步步逼近法，逐步设定温度达到所需温度并保证浴槽温度在微小区间内波动，达到所需控制的恒温槽的控温精度，即达到所需的灵敏度。

恒温槽的灵敏度：常用的水浴或油浴恒温槽采用间歇加热方式，故其温度不可能保持绝对恒定，而是在一定范围内波动（图 3-2）。定义：$\Delta T = \pm \frac{T_1 - T_2}{2}$为恒温槽的灵敏度，式中，$T_1$ 和 T_2 分别为恒温槽最高温度的平均值和最低温度的平均值。

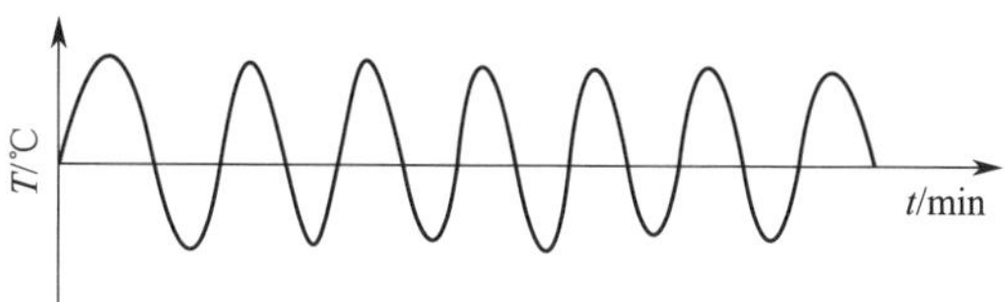

图 3-2　恒温槽灵敏度测定示意图

2. 液体黏度的测定

任何液体都有黏滞性，其量值可用黏滞系数（简称黏度）η 表示。η 与组成该液体的分子的大小、形状、分子间作用力等有关。测定黏度的常用方法有 3 种：

① 用毛细管黏度计测定液体经毛细管的流出时间；

② 用落球式黏度计测定圆球在液体中的下落速率；

③ 用旋转黏度计测定液体对同心轴圆柱体相向转动的影响。

本实验用毛细管黏度计。毛细管黏度计有多种形式，如乌氏黏度计、奥氏黏度计等。本实验采用乌氏黏度计，如图 3-3 所示。

在一定温度下，液体在毛细管内流动，可根据泊素叶公式计算黏度：

$$\eta=\frac{\pi r^4 pt}{8Vl}$$

式中，V 是 t 时间内流过毛细管的液体体积；r 是毛细管半径；p 是毛细管两端的压力差；l 是毛细管长度。

黏度的国际制单位为 Pa·s，它与厘米克秒制单位 P（泊）的关系为 1P＝0.1Pa·s。

测黏度时，一般不用直接测量上式中的各物理量，而是用同一黏度计在相同条件下分别测定待测液体和参比液体（通常采用纯水）流经毛细管的时间，用泊素叶公式作比较，算出待测液体的黏度。对于两种液体：

$$\eta_1=\frac{\pi r^4 p_1 t_1}{8Vl}$$

$$\eta_2=\frac{\pi r^4 p_2 t_2}{8Vl}$$

两式相除得：

$$\frac{\eta_1}{\eta_2}=\frac{p_1 t_1}{p_2 t_2}$$

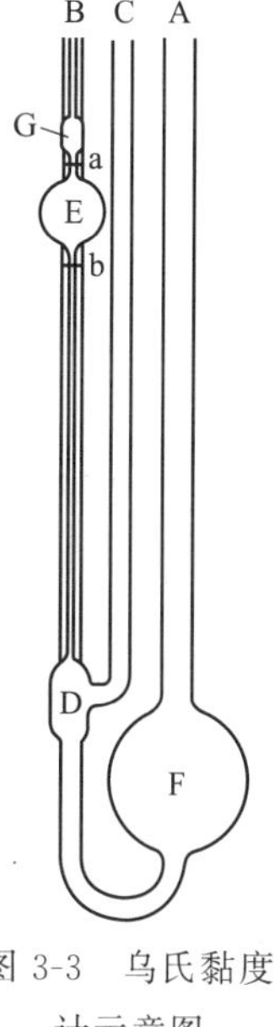

图 3-3　乌氏黏度计示意图

式中，η 为黏度；t 为流动时间；p 为毛细管两端的压力差。

黏度公式中 $p=\rho gh$，式中，ρ 为液体密度，g 为重力加速度，h 为液面与毛细管末端的距离。在 t 时间内液面是逐渐下降的，因此 h 应为在 t 时间内液面与毛细管末端的“平均”距离（此处“平均”，确切地说是微积分所述之“中值”）。对于不同的液体 h 大体相同。则如上黏度比公式为：

$$\frac{\eta_1}{\eta_2}=\frac{\rho_1 t_1}{\rho_2 t_2}$$

一定温度下参比液体的 η 和 ρ 是已知的（例如，纯水 35℃时 $\eta_1=0.074\text{Pa}\cdot\text{s}$，$\rho_1=994.1\text{kg}\cdot\text{m}^{-3}$），测得 t_1 和 t_2 并查得待测液体的密度 ρ_2，就可算出：

$$\eta_2=\eta_1\frac{\rho_2 t_2}{\rho_1 t_1}$$

温度变化使分子间作用力发生改变，黏度也有变化，黏度与温度的关系为：

$$\eta=A\exp\left(\frac{E_{\text{vis}}}{RT}\right)$$

$$\ln\eta=\ln A+\frac{E_{\text{vis}}}{RT}$$

式中，E_{vis} 称为液体的流动活化能；A 为指数前因子；R 为气体常数；T 为温度。

以 $\ln\eta$ 对 $\frac{1}{T}$ 作图，直线的斜率 $S=\frac{E_{\text{vis}}}{R}$，得：

$$E_{\text{vis}}=RS$$

三、仪器和试剂

1. 仪器

精密测温控温系统 1 套；乌氏黏度计 1 支；洗耳球 1 个；秒表 1 块。

2. 试剂

无水乙醇（分析纯）。

四、实验内容及操作步骤

1. 实验内容

（1）测定恒温槽的灵敏度。

（2）从室温起，测定 5 组温度（包含 25℃和 30℃）无水乙醇流经毛细管的时间，给出 25℃和 30℃黏度值及给出 20～39℃之间整数温度的密度值，其中 25℃数据作为计算其他温度的黏度的标准参比数据，实验测出 30℃的黏度实验值，与 30℃所给的理论值，计算 30℃测定的黏度值的相对误差（注：每个温度测量的时间值至少测定两次数据，取平均值）。

（3）通过 $\ln\eta$ 对 $\frac{1}{T}$ 作图或采用最小二乘法，计算出流动活化能，根据无水乙醇的流动活化能的文献值 $13.40\text{kJ}\cdot\text{mol}^{-1}$，计算相对误差。

85

注：本实验的参比液体采用 25℃分析纯无水乙醇液体。

2. 操作步骤

① 测定恒温槽的灵敏度。每间隔 15s 记录一个温度值，连续测 10～

15min，按照前述灵敏度公式计算出 ΔT，即为该恒温槽的灵敏度。

② 采用步步逼近法，调节恒温槽温度直至温度控制在室温附近的一个整数温度，且温度精度控制在±0.1℃，此处所控的"±0.1"，是该恒温槽的温度灵敏度。

③ 测定不同温度无水乙醇流经乌氏黏度计毛细管的时间，计算不同温度无水乙醇的黏度。

取乌氏黏度计 1 支（图 3-3），在 B、C 管上端套上乳胶管，从 A 管注入无水乙醇至 D 球下方，使乙醇接近支管 C 的下口（但不堵死下口）。浸入恒温槽中竖直固定，恒温 3～5min 后进行测定。用夹子夹紧 C 管上的乳胶管，用洗耳球从 B 管之乳胶管吸气，将乙醇从 D 球、毛细管、E 球抽至 G 球。夹紧 B 管之乳胶管，解去 C 管夹子，此时 D 球内部分乙醇流回 F 球，D 球经 C 管与大气相通，毛细管末端即通大气。解去 B 管夹子，B 管内乙醇下落，当液面流经刻度 a 时启动秒表计时，当液面降到刻度 b 时计时终止，这段时间就是 ab 间体积 V 的乙醇流经毛细管的时间 t_2。重复操作 2～3 次，每次相差不超过 5s，取平均值。

④ 升高温度 2～3℃，同步骤③，测定该温度下乙醇流经毛细管的时间，包括 25℃ 和 30℃ 共测定 5 个温度的值，要求最后一个温度不超过 35℃。

3. 注意事项

(1) 实验时黏度计必须铅直放置，读数时视线要与 ab 线平行。

(2) 用洗耳球吸取液体时，注意液体中不得混入气泡或杂质颗粒，否则会影响流经毛细管时间，若发现学会自行处理。

(3) 操作时如果要接触 B 管或 C 管应特别小心。因 B 管或 C 管有较长之力臂，用力虽小但形成的力矩较大，易在管间接口处折断。

五、数据处理

1. 数据记录及处理（表 3-1）。

表 3-1　数据记录及处理

T/℃	20	25(参比)	28	30	35
t_1/s					
t_2/s					
t_3/s					
平均流经时间 t/s					
η/Pa·s					
30℃时所测黏度的相对误差：					

2. 计算无水乙醇的流动活化能。

作 $\ln\eta$-$\frac{1}{T}$ 图，求直线的斜率，计算无水乙醇的流动活化能，与文献值比较，求相对误差。

六、思考题

1. 恒温槽控温原理是什么？

2. 乌氏黏度计在使用时为什么要保持铅直？

3. 采用乌氏黏度计内标法测量无水乙醇黏度时，是否可用两支黏度计分别测得待测液体和参比液体的流经时间？

4. 实验中存在哪些系统误差？如何规避？若不能规避掉，如何校正？

5. 若恒温槽温度控制的实际温度偏高或偏低，对实验结果的影响进行分析。

6. 如果恒温槽温度出现偏差，如何进行校正？

附　不同温度下无水乙醇的密度

T/℃	ρ/g·cm^{-3}	η/mPa·s	T/℃	ρ/g·cm^{-3}	η/mPa·s
20	0.789		30	0.781	0.991
21	0.789		31	0.780	
22	0.788		32	0.779	
23	0.787		33	0.778	
24	0.786		34	0.777	
25	0.785	1.103	35	0.776	
26	0.784		36	0.775	
27	0.784		37	0.775	
28	0.783		38	0.774	
29	0.782		39	0.773	

实验二

静态法测定无水乙醇的饱和蒸气压及摩尔汽化焓的计算

一、实验目的

1. 理解气-液两相平衡的概念、纯液体的沸点及饱和蒸气压的意义。

2. 学会用静态法测定无水乙醇的饱和蒸气压，理解实验操作设计思路和方法，掌握真空实验技术，理解等压计的原理并熟练运用。

3. 学习饱和蒸气压与温度的关系：克劳修斯-克拉贝龙方程，计算实验温度范围内的平均摩尔汽化焓。

二、实验原理

86

在一定温度下，纯液体在密闭系统中与其蒸气达到平衡，这时溶液上方蒸气的蒸气压称为该温度下的饱和蒸气压，此温度就是该压力下的沸点。所谓达到平衡可以理解为蒸气凝结成液体的速率等于液体汽化成蒸气的速率，即动态平衡。此时气相中蒸气呈饱和状态，该蒸气压称为饱和蒸气压。

本实验采用静态法测定不同温度下无水乙醇（以下简称乙醇）的饱和蒸气压。方法依据是：当纯液体的饱和蒸气压和外压相等时，对应的温度是沸点。换句话说，当纯液体的温度达到沸点时，对应的饱和蒸气压与外压相等。因此，本实验设计的实验方法，从常压下沸点起步实验，之后先减外压随之温度自然降低，当系统的饱和蒸气压与所降外压相等时，该温度即为该外压下液体的沸点，也就得到了该温度（沸点）下的饱和蒸气压。该实验是否可以反向设计，从室温做起？请同学们思考，并进行实验方案设计。

本实验的主要仪器是等压计，如图 3-4 所示。该仪器由 A、B、C 三管组成，三管均装有乙醇，A、B 管上方构成蒸气的密闭空间，B、C 管底部相通构成 U 形压力计。将 A、B 管上方的空气排净，当 B 管、C 管液面上纯无水乙醇的蒸气压力 p 等于 C 管上的压力 p_s（真空系统中的压力），此时乙醇的温度 T 即为该外压下的沸点。由此得到一组相应的 p-T 数据。

饱和蒸气压与温度有确定的关系，克拉贝龙微分方程式如下：

$$\frac{dp}{dT}=\frac{\Delta_{vap}H_m}{T(V_{m,g}-V_{m,l})}$$

式中，$\Delta_{vap}H_m$ 为摩尔汽化焓；$V_{m,g}$ 与 $V_{m,l}$ 分别为气体和液体的摩尔体积。

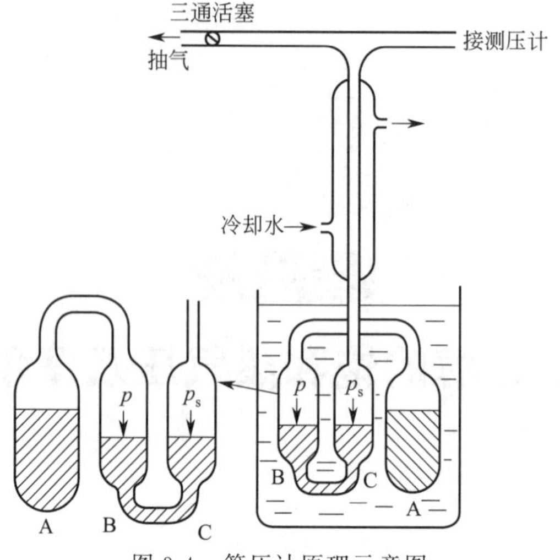

图 3-4　等压计原理示意图

若忽略液体的摩尔体积 $V_{m,l}$，气体近似为理想气体，则上式可化简得克劳修斯-克拉贝龙方程：

$$\frac{d\ln p}{dT}=\frac{\Delta_{vap}H_m}{RT^2}$$

积分后得：

$$\ln p=-\frac{\Delta_{vap}H_m}{RT}+C$$

本实验测得不同温度（沸点）下的饱和蒸气压（外压），以 $\ln p$-$\frac{1}{T}$作图，由直线斜率得无水乙醇摩尔汽化焓。

三、仪器和试剂

1. 仪器

真空泵；真空系统；测温仪；室压计；精密压力计；等压计；烧杯（800mL）；空气泵及气体鼓风管；加热炉。

2. 试剂

无水乙醇（二级品）。

四、实验内容及操作步骤

1. 实验内容

（1）测不同温度下的无水乙醇的饱和蒸气压，测定 5～6 组数据。

（2）根据克-克方程，以 $\ln p$-$\frac{1}{T}$作图，计算无水乙醇的摩尔汽化焓。

87

2. 操作步骤

（1）熟悉真空系统各个部件的功能

真空系统见图 3-5。

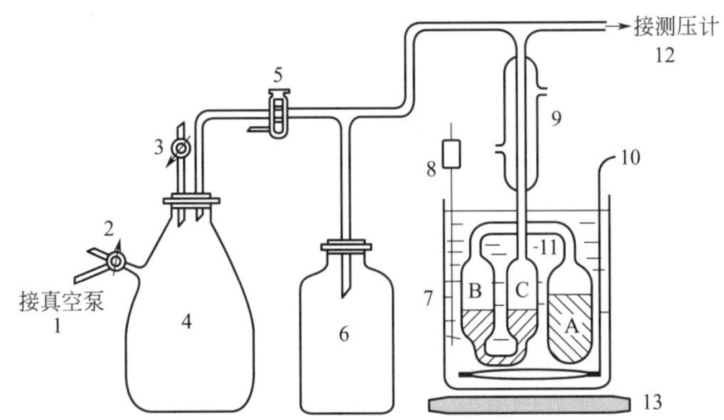

图 3-5 真空系统示意图

1—真空泵；2,5—三通活塞；3—两通活塞；4—抽气瓶；6—缓冲瓶；
7—水浴容器；8—温度传感器；9—冷却系统；10—搅拌圈（或通空气搅拌）；
11—等压计；12—压力传感器及测压系统；13—加热炉

(2) 启动真空系统

检查真空泵中水位线，将流程中三通活塞 2 接通大气，开启真空泵 1，待真空泵稳定后，关闭活塞 3，活塞 2 接通系统，进行抽气瓶减压。

(3) 系统试漏

转动三通活塞 5，接通大气，精密压力计采零同时记下室内大气压强。转动三通活塞 5 使抽气瓶与系统相通，系统压力降低，抽气至 p_s<50kPa 时关闭活塞 5，观察 3～5min，待系统 p_s 不变时，表明系统不漏气，进行下步实验。否则分段检查漏气原因，直至不漏气为止。

(4) 测定室压下乙醇的沸点

转动活塞 5 使系统与大气相通，此时精密压力计应回到零压。在水浴容器 7 内灌注蒸馏水至淹没等压计，开启冷却系统 9，加热水浴。加热过程中，A 管内液体有气泡从 C 管逸出，加热至水浴温度 80℃左右（非控温加热系统需提前停止加热，拔掉加热电源），保持该温度 3～5min，此时 A、B 管液面上方的空气及溶于乙醇中的空气被赶尽。通入空气搅拌水浴，使温度逐渐下降，观察 B、C 管的液面变化，当两液面相平时，记下温度值及室压，该温度即是室压下无水乙醇的沸点。此时温度继续下降，为保证空气不倒灌，当两液面平后要立刻旋转活塞 5 将系统与真空系统相通，在室压基础上减 8～10kPa。注意：开启活塞 5 时动作要迅速，但活塞孔开得要小，既要及时减压保证空气不倒灌，又要保证抽气量不要太大使等压计里的液体向上冲出（此操作是重要环节!），在操作活塞 5 时注视测压计的数值变化，同时又要用眼睛余光注意等压计的 BC 液面，切不要盯着活塞 5 而忽略测压计 p_s 值的变化。如果减压不及时导致空气从 C 管返入 AB 管上方的蒸气中，减压失败，需重排空气。抽气量由活塞 5 控制，第一次抽气使测压计显示约降低 8～10kPa，此时 C 管液面上升，随着水浴温度降低，待 B、C 管液面再次相平时，读水浴温度和此时的压力计数据，此时系统的压力就是该温度下无水乙醇的饱和蒸气压。同法继续减 8～10kPa，同方法测定不同温度下乙醇的饱和蒸气压。共测 5～6 组数据，至水浴温度降至 60℃左右。在测定过程中要明确

"先减外压，待降温至平衡时读温度和压力"这个原则。

（5）关真空系统

待实验完毕后，首先将三通活塞5通大气，将系统负压放空；再将三通活塞2、两通活塞3接通大气，待抽气瓶4中负压放空后再关闭真空系统电源，否则真空泵中的循环水会倒灌至抽气瓶中影响后续实验进行。

3. 注意事项

（1）系统的密闭性；

（2）空气排干净；

（3）温度及对应的饱和蒸气压读数要及时。

五、数据处理

1. 不同温度下饱和蒸气压的实验数据记录（表3-2）。

表3-2 不同温度下饱和蒸气压的实验数据记录

数据组	1	2	3	4	5	6
T/K						
p/kPa						

2. 以 $\ln p$-$\frac{1}{T}$ 作图，由直线斜率计算出无水乙醇在实验温度范围内的平均摩尔汽化焓。与理论值 $42.1\text{kJ}\cdot\text{mol}^{-1}$ 比较，计算相对误差。

六、思考题

1. 如何判断空气已排净？
2. 如果A管空气没有排净或有空气倒灌没有注意，产生的误差结果？
3. 如果B、C液面没有达到平衡就读数值，产生误差的结果？
4. 如果采用从室温起始的实验设计方案，起始压力如何确定？
5. 实验中存在哪些系统误差？如何规避？若不能规避掉，如何校正？
6. 如果测温系统温度出现偏差，对饱和蒸气压测量数值所产生的影响有哪些？对摩尔汽化焓计算结果的影响有哪些？

实验三

萘的燃烧热测定及等压反应热的计算

一、实验目的

1. 了解量热法的基本原理，掌握用量热法测定燃烧热的实验方法。
2. 学习用氧弹式热量计测定萘的等容燃烧热及计算等压燃烧热的原理。
3. 学习采用计算机控制实验的全过程。
4. 了解氧气钢瓶的安全操作规程。

二、实验原理

88

燃烧热：等容（或等压）及一定温度下，1mol 物质完全燃烧时放出的热量，分别称为等容燃烧热 Q_V 或等压燃烧热 Q_p。等容热和等压热之间的关系：

$$Q_p - Q_V = \Delta(n_g RT)$$

测定燃烧热一般使用量热法，其基本原理是样品燃烧所放出的热量 Q，全部由量热体系（图 3-6 中绝热筒内仪器及一定体积的水）所吸收。

$$Q = C_{系统} \Delta T$$

式中，ΔT 是体系吸热后温度的升高值；$C_{系统}$ 为体系的热容，由已知一定量参比物质的燃烧热来标定。

本实验参比物质采用苯甲酸，下标记为“1”，已知苯甲酸完全燃烧后放出热量 Q_1，测定 ΔT_1 可计算系统热容：$C_{系统} = \dfrac{Q_1}{\Delta T_1}$。在相同实验条件下测定一定量的待测物质（本实验为萘，标计为“2”）完全燃烧后体系温度的升高 ΔT_2，可计算出所放出的热量为 $Q_2 = C_{系统} \Delta T_2$。因燃烧反应是在氧弹中进行，所以测得的热是等容热。将待测物质的量折算归一成 1mol，即为摩尔等容热。根据下式换算为摩尔等压热，即是所求的等压燃烧热：

$$\Delta_r H_m = Q_{p,2} = Q_{V,2} + \Delta(pV) = Q_{V,2} + \Delta n_g RT$$

将反应中的气体视为理想气体并忽略固体和液体的体积，Δn_g 为 1mol 待测物质完全燃烧后气态组分物质的量的增量。对于萘的燃烧反应 $\Delta n_g = -2$，其中，微量电流引燃的非体积功可忽略，本实验温度变化 2℃左右，温度变化可忽略。

由上述原理可知，要准确测定样品的燃烧热，必须做到：

（1）准确称量样品的质量，在制样及装样过程中防止损失；

（2）氧弹反应器密闭，氧气足量，保证样品完全燃烧；

（3）保证燃烧丝与引燃电极良好接触；

（4）减少量热体系与环境的热交换；

（5）准确测定量热体系的温度变化。

三、仪器和试剂

1. 仪器

氧弹式热量计 1 套；装样支架；压片机多台（公用），分别压制参比样品和待测样品；微机智能测温系统 1 套（含控制箱一套）；氧气钢瓶与充氧机 1 套（公用）；电子台秤；分析天平（公用）。

2. 试剂及耗材

苯甲酸（分析纯）；萘（分析纯）；若干燃烧铁丝（10cm）。

四、实验内容及操作步骤

1. 实验内容

（1）测定参比物质燃烧时使系统升高的温度 ΔT_1，根据已知参比物质的燃烧热计算出系统的热容。

（2）测定待测物质萘燃烧时，使系统升高的温度 ΔT_2，根据上述计算出的系统热容，计算出萘的等容燃烧热，根据等压热和等容热的关系计算出萘的等压热。

2. 操作步骤

89

（1）熟悉氧弹式热量计的构造

氧弹式热量计系统如图 3-6 所示。内筒以内的部分为量热体系，主要是一定质量的水和燃烧用的氧弹。内筒外面有一空气绝热层，内筒由绝热垫片 2 架起，上方有绝热胶板 3 覆盖，减少传热与水分蒸发。同时，外筒 1 内可灌入与体系温度相近的水。为使量热体系温度很快达到均匀，装有搅拌器 4，由电动机 5 带动。为防止通过搅拌棒传热，金属搅拌棒上端用绝热良好的塑料与电动机传动装置连接。体系的温度变化采用温度传感器 6 测量，本实验用微机智能系统，测温精度±0.01℃能满足一般实验的要求。样品的燃烧点火由微机程序控制，由控制箱来完成。图 3-7 是氧弹的构造。氧弹是用不锈钢制成的，主要部分有：氧弹外壁 1，氧弹盖 2 和螺帽 3 紧密相连；在氧弹盖 2 上装有用来充入氧气的进气孔 4、排气孔 5 和电极 6，电极直通弹体内部，同时作为燃烧皿 7 的支架；为了将火焰反射向下而使弹体温度均匀，在另一电极 8（同时也是进气管）的上方还装有火焰盖板 9，搅拌控制及温度测温由计算机及控制箱完成。

按图 3-6 组装热量计，将搅拌电动机电源插头插到控制箱的相应插口上，用手转动搅拌器调整到不与内筒相碰。接通微机智能测温系统，测定量热体系的温度变化，由计算机系统自动记录温度-时间曲线。

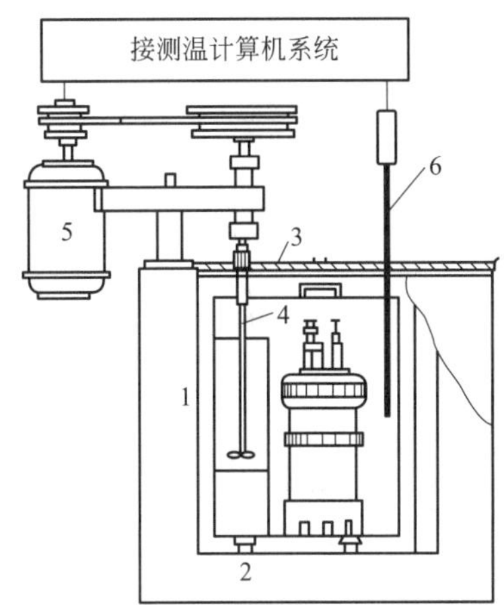

图 3-6　氧弹式热量计

1—外筒；2—绝热垫片；3—绝热胶板；4—搅拌器；5—电动机；6—温度传感器

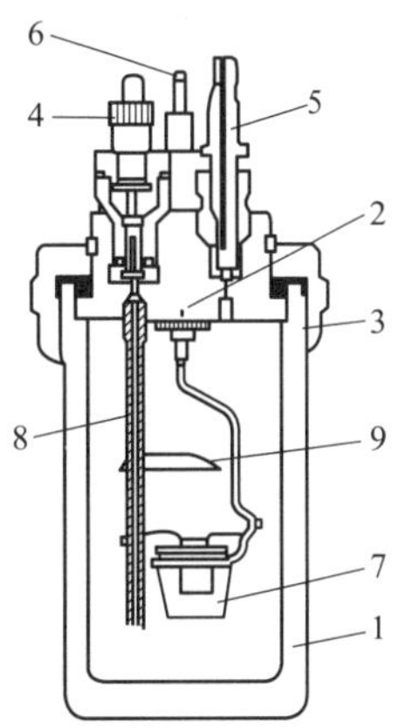

图 3-7　氧弹的构造

1—氧弹外壁；2—氧弹盖；3—螺帽；4—氧气进气孔；5—排气孔；6,8—电极；7—燃烧皿；9—火焰盖板

（2）样品压片

粗称约 1g 的参比样品苯甲酸，用压片机压制成片，自己控制压力，刷去片上和边缘的浮粉，用分析天平称准至 0.0001g。

（3）装样

旋开氧弹的弹盖放在支架上，将准确称重的苯甲酸片放入坩埚内，再将一根长为 10cm 的燃烧丝的两端固定在两个电极的螺杆上，将中段平放接触在苯甲酸片上，注意金属丝勿接触坩埚。平拿将氧弹盖与弹筒旋紧，充约 1200～1500kPa（12～15atm）的氧气，试漏（将整个氧弹浸没水中看有无气泡逸出）。若测试不漏，再将氧弹放入内筒指定的位置，用容量瓶量取比室温低约 1℃的 3000mL 自来水，倒入桶内，盖好胶板 3，将微机智能测温系统的温度传感器插入筒盖的指定孔内。

（4）实验条件设置及进行实验

打开多功能控制箱和电脑，按照电脑控制系统进行参数设置。开始实验后按照程序完成整个实验，计算机自动点火，测温系统自动记录温度-时间曲线。

实验结束后，从热量计中取出氧弹，用放气针缓缓压下放气阀，放尽气体，拧开并取下氧弹盖，取出未燃完的燃烧丝并计量长度，计算出燃烧了的金属丝的热值。若系统温度没有达到燃烧起燃温度，计算机自动判断实验失败停机，此时，打开氧弹系统，检测失败原因。

（5）待测样品萘的燃烧曲线的测定

粗称约 0.75g 萘，按照测量参比样品的操作步骤完成萘的燃烧曲线的测定。

3. 燃烧曲线的雷诺法温度校正

由于热量计中量热体系与环境的热交换无法完全避免，因此，环境对温度测量值的影响可通过燃烧曲线进行校正。由于这种校正方法最先由雷诺（Renolds）提出，故又称雷诺校正法。具有热交换型和绝热良好型曲线示意图见图 3-8 和图 3-9。

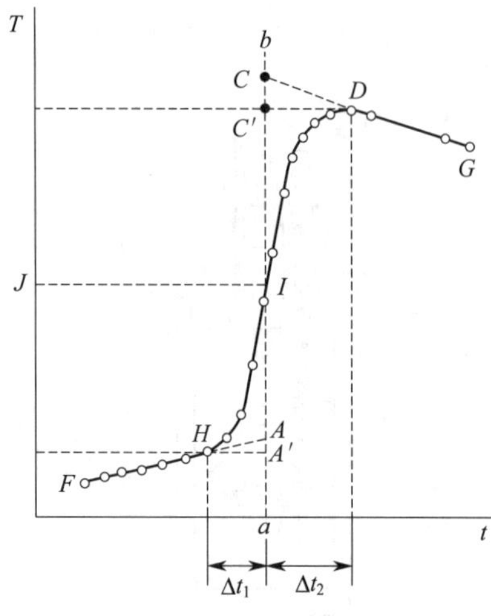

图 3-8 具有热交换情况下的雷诺温度校正图

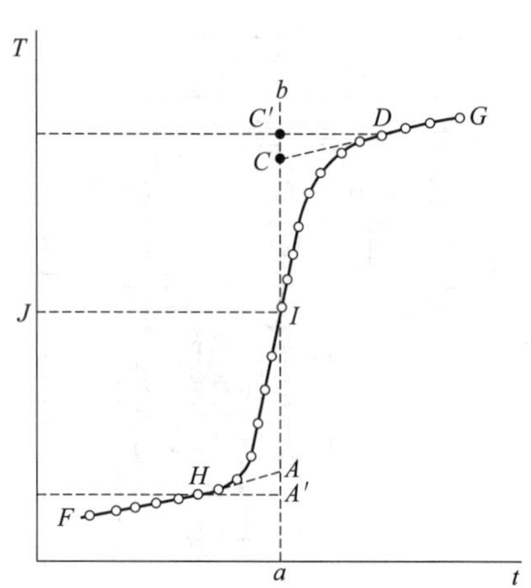

图 3-9 绝热良好情况下的雷诺温度校正图

实验设计的苯甲酸和萘的质量分别为 1g 左右和 0.75g 左右，样品燃烧后放出的热量使 3000mL 水升温约 2℃，实验前预先调节水温约低于室温 1℃，实验得到的燃烧曲线如图 3-8。图 3-8 中从 F 点开始，至 H 点之间是准备期，H 点系统自动点火反应开始，热量传入水中，由温度传感器测量记录温度-时间曲线，D 点为观测到的最高温度，持续 5min 系统自动停止实验。从约室温的 J 点做水平线交曲线于 I，过 I 点做垂线 ab，再将 FH 线和 GD 线延长并交 ab 线于 A、C 两点，期间的温度差值即为经过校正的 ΔT。图 3-8 中 AA'为开始燃烧到温度上升至室温这一段时间 Δt_1 内由环境辐射和搅拌引进的能量造成的升温，故应予扣除；CC'为由室温升高至最高点 D 这一段时间 Δt_2 内体系向环境的热漏所造成的温度降低，计算时必须考虑在内，故可认为 AC 两点的温度差值较客观地表示了样品燃烧引起的升温数值。

当热量计中量热体系的绝热性能良好，热漏很小，而搅拌器功率较大，不断引进的热量使得曲线不出现极高温度点，如图 3-9 所示，校正方法相似。

五、数据处理

1. 从燃烧曲线的雷诺温度校正图求出苯甲酸和萘的 ΔT_1 和 ΔT_2 并列出数据表（表 3-3）。

表 3-3 数据记录

序号	样品	质量 m/g	ΔT/℃	燃烧丝长度	
				剩余 L/cm	消耗(10cm−L)/cm
1	苯甲酸				
2	萘				

2. 计算萘燃烧放出的等容热：

$$\frac{Q_{V,1}+Q_{丝1}}{Q_{V,2}+Q_{丝2}}=\frac{\Delta T_1}{\Delta T_2}$$

得：

$$Q_{V,2}=\frac{\Delta T_2}{\Delta T_1}(Q_{V,1}+Q_{丝,1})-Q_{丝2}$$

$$=\frac{\Delta T_2}{\Delta T_1}[-26.48m_1/\mathrm{g}-6.69\times10^{-3}(10-L_1/\mathrm{cm})]\mathrm{kJ}-6.69\times10^{-3}(10-L_2/\mathrm{cm})\mathrm{kJ}$$

式中，−26.48kJ 数据为每克苯甲酸的等容燃烧热；-6.69×10^{-3}kJ 为每 1cm 燃烧丝放出的热量。式中已标明每根燃烧丝长 10cm。

3. 计算萘的摩尔等压燃烧热。

萘的燃烧反应为：

$$C_{10}H_8(s)+12O_2(g) = 10CO_2(g)+4H_2O(l)$$

可知 $\Delta n_g=-2$

摩尔等容热为 $Q_{m,V}=Q_{V,2}\dfrac{M_{萘}}{m_2}$，式中，$m_2$ 为萘的质量；$M_{萘}$ 为萘的摩尔质量 128.06g·mol^{-1}。

萘的摩尔等压燃烧热为：

$$\Delta_r H_m=Q_{m,p}=Q_{m,V}-2RT$$

4. 已知萘的燃烧热的文献值为−5154kJ·mol^{-1}，计算相对误差。

六、思考题

1. 为什么热量计中内筒的水温应调节到略低于外筒的水温？
2. 在标定热容和测定萘燃烧热时，热量计内筒的水量是否可以改变？为什么？
3. 对测量产生误差的主要原因是什么？
4. 若反应不完全，可能的产物是什么？
5. 对氧弹中含的 N_2 燃烧产生的误差如何从萘的燃烧热中扣除？
6. 对液体样品或沸点低的有机物，如何对其进行样品处理？
7. 实验中存在哪些系统误差？如何规避？若不能规避掉，如何校正？

实验四

氨基甲酸铵分解反应平衡常数的测定及反应焓变的计算

一、实验目的

1. 学习用静态法测定一定温度下氨基甲酸铵的分解压力，求算该反应的平衡常数。
2. 了解温度对反应平衡常数的影响，由不同温度下平衡常数的数据，计算反应焓变。
3. 掌握真空实验技术、等压计原理及恒温槽的调节。

二、实验原理

90

氨基甲酸铵的分解反应为：

$$NH_2COONH_4(s) \rightleftharpoons 2NH_3(g) + CO_2(g)$$

含有凝聚相态参加的理想气体化学反应，平衡常数可以只用气相物质的分压表示。平衡常数 K_p 为：

$$K_p = p_{NH_3}^2 p_{CO_2}$$

标准平衡常数为：

$$K^{\ominus} = \left(\frac{p_{NH_3}}{p^{\ominus}}\right)^2 \left(\frac{p_{CO_2}}{p^{\ominus}}\right)$$

式中，p_{NH_3}、p_{CO_2} 分别为平衡时 NH_3 和 CO_2 的分压。

故体系的总压 $p_{总}$ 为：

$$p_{总} = p_{NH_3} + p_{CO_2}$$

称为反应的分解压力。从反应的计量关系知：

$$p_{NH_3} = 2p_{CO_2}$$

则有：

$$p_{NH_3} = \frac{2}{3}p_{总} \quad 和 \quad p_{CO_2} = \frac{1}{3}p_{总}$$

$$K^{\ominus} = \frac{4}{27}\left(\frac{p_{总}}{p^{\ominus}}\right)^3$$

当体系达平衡后，测得平衡总压即可计算实验温度下的标准平衡常数 $K^{\ominus}$。

温度对标准平衡常数的影响可用下式表示：

$$\frac{d\ln K^{\ominus}}{dT} = \frac{\Delta_r H_m^{\ominus}}{RT^2}$$

式中，$\Delta_r H_m^{\ominus}$ 为标准摩尔反应焓变，对理想气体等于化学反应等压摩尔反应焓 $\Delta_r H_m$。在温度变化范围不大时，$\Delta_r H_m$ 可视为常数，由积分得：

$$\ln K^{\ominus}=-\frac{\Delta_r H_m}{RT}+C$$

由 $\ln K^{\ominus}$-$\frac{1}{T}$作图，得一直线，其斜率 $S=-\frac{\Delta_r H_m}{R}$，由此得出 $\Delta_r H_m=-SR$。氨基甲酸铵分解反应是吸热反应，25℃时 $\Delta_r H_m=159.32\text{kJ}\cdot\text{mol}^{-1}$。温度对平衡常数影响较大，实验时要严格控制恒温槽的温度，恒温槽灵敏度控制在±0.1℃之内。

三、仪器和试剂

1. 仪器

真空泵；真空系统；测温仪；室压计；精密压力计；恒温水浴槽。

2. 试剂

氨基甲酸铵（分析纯）。

四、实验内容及操作步骤

1. 实验内容

（1）测定不同温度下系统平衡时的总压，计算对应温度下的标准平衡常数。

（2）由不同温度下的标准平衡常数，作 $\ln K^{\ominus}$-$\frac{1}{T}$图，由直线的斜率计算该反应的摩尔反应焓变。

2. 操作步骤

① 熟悉真空系统的装置及各部件的功能，等压计 A 管中装入氨基甲酸铵（约占 A 管 1/2～2/3），将等压计接入真空系统，见图 3-10。

91

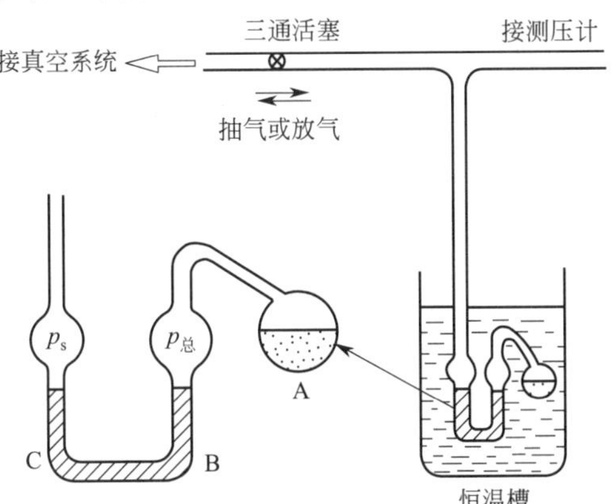

图 3-10　氨基甲酸铵分解反应平衡常数测定的实验装置示意图

② 真空系统的开启及系统的试漏。实验方法与“静态法测定无水乙醇的饱和蒸气压”

实验相似。已知：20℃时，$p_{总}\approx 8.5\text{kPa}$；30℃时，$p_{总}\approx 17.5\text{kPa}$。因为本实验所需真空度较高，若实验从20℃开始，试漏时，控制真空系统的最低压力 $p_s < 8.5\text{kPa}$。

③ 测不同温度下系统平衡时的总压。确认系统不漏气后，在 $p_s < 8.5\text{kPa}$ 下继续抽气3～5min，并调节恒温槽温度为（20±0.1)℃。恒温3～5min后A、B管上方空间与氨基甲酸铵固体所吸附的空气已基本被排尽。将三通活塞的一个通道缓缓放入空气（真空系统接通空气的接口套有橡皮管，并用夹子夹住，松紧程度要调节适当)，使空气有控制地进入真空系统。系统压力 p_s 逐渐增加，等压计C管液面下降，B管液面上升，至两液面暂时相平。此项操作要重复多次才能使B、C管液面最终持平，反应达到平衡。判断反应平衡需B、C液面持平保持1～2min以上，记录 p_s 值，20℃时应为（8.5±0.5）kPa范围内。如果超出误差范围，偏大表明空气未排尽，偏小表明未达平衡。切实做好这一步，后续其他温度下的测量值才能准确。若室温较高，起步温度从30℃开始，测到的总压值应为（17.5±0.5）kPa范围内。

④ 调节恒温槽继续升温，每隔3～5℃作为一个测试温度点。在每个测试温度点，调节B、C液面达平衡，读出温度 T 对应的系统总压，总计测出5个以上温度点数据。

3. 注意事项

（1）在升温过程中，也可以采用边升温边缓缓放入空气的方式，这时可以使等压计B、C两液面随时接近齐平。

（2）操作时注意不能让分解气体从C管逸出，更不能放进空气过多过快使空气进入B管（否则要重新抽气）。待调到所需温度后，B、C液面持平1～2min以上，反应再次达到平衡，记录 p_s 值得到 $p_{总}$。

五、数据处理

1. 实验数据记录及处理（表3-4）。

表3-4　实验数据记录及处理

序号	1	2	3	4	5
T/K					
$\frac{1}{T}$/K^{-1}					
$p_{总}$/kPa					
$K^{\ominus}$					
$\ln K^{\ominus}$					

2. 作 $\ln K^{\ominus}$-$\frac{1}{T}$图，由直线斜率计算实验温度变化范围内的摩尔反应焓变 $\Delta_r H_m$，$\Delta_r H_m$ 的文献值为 $159.32\text{kJ}\cdot\text{mol}^{-1}$，计算相对误差。

六、思考题

1. 如何检测体系是否漏气？
2. 为什么要抽净小球泡中的空气？若体系中有少量空气，对实验结果有何影响？
3. 如何判断氨基甲酸铵分解已达平衡？没有平衡就测数据，将有何影响？
4. 实验中存在哪些系统误差？如何规避？若不能规避掉，如何校正？

实验五

无水乙醇-环己烷二组分系统气-液平衡 T-x 相图的绘制

一、实验目的

1. 了解二组分系统气-液平衡相图的种类。

2. 根据实验数据绘制等压下二组分体系的气-液平衡相图，理解相图中点、线、面的意义，理解组分数、相数和自由度的概念。

3. 掌握用折射仪测定液体组成的原理和方法。

二、实验原理

二组分系统液相完全互溶的气-液平衡，典型的 p-x 相图有五种类型，分别为理想液态混合物气-液平衡相图、对拉乌尔定律产生一般正偏差、对拉乌尔定律产生一般负偏差、对拉乌尔定律产生最大正偏差、对拉乌尔定律产生最大负偏差，如图 3-11 所示。

92

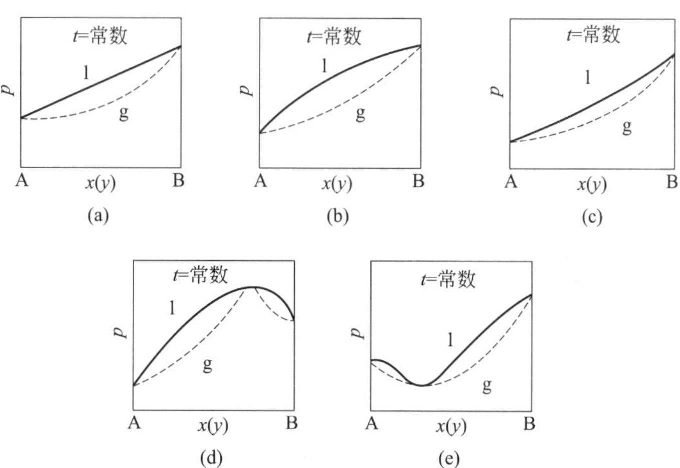

图 3-11　典型的二组分 p-x 相图

(a) 理想液态混合物气-液平衡相图；(b) 对拉乌尔定律产生一般正偏差；(c) 对拉乌尔定律产生一般负偏差；(d) 对拉乌尔定律产生最大正偏差；(e) 对拉乌尔定律产生最大负偏差

本实验将绘制的乙醇和环己烷相图，属于液相完全互溶体系，如图 3-11 相图种类中的（d）类型。溶液性质与理想溶液相差甚远，对拉乌尔定律产生较大的正偏差，在 T-x 相图中具有最低恒沸点，如图 3-12 所示。图 3-12 中纵坐标为温度，横坐标为环己烷的摩尔分数。常压（101.325kPa）下纯乙醇（横坐标为 0）和环己烷（横坐标 1.0）的沸点分别为 78.6℃和 81.5℃。气相线上方为气态，液相线下方为液态，气相线和液相线之间为气-液两相平衡，二线之交点为最低恒沸点混合物，标准大气压下共沸物的沸点和组成是 64.8℃和 57%（环己烷摩尔分数）附近。

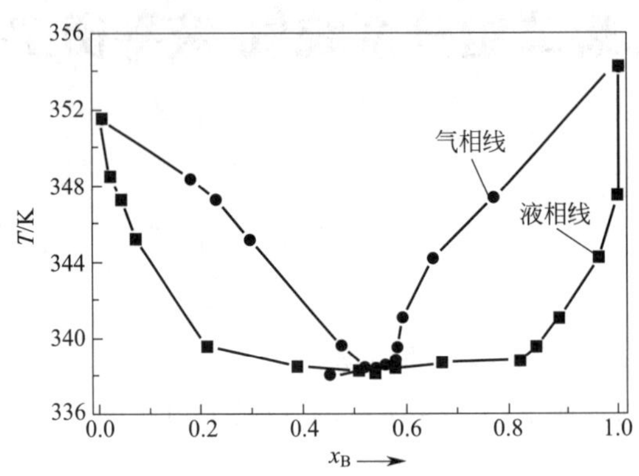

图 3-12　乙醇-环己烷体系的温度-组成相图

二组分气-液相图实验绘制方法如下：用沸点仪（图 3-13）测定乙醇-环己烷各种组成的沸点，用折射仪测定沸点时气相冷凝液和液相的折射率，根据标准工作曲线（工作曲线根据本实验给出的无水乙醇和环己烷的折射率-组成数据精准绘制）（图 3-14），采用内插法求出气相组成和液相组成。

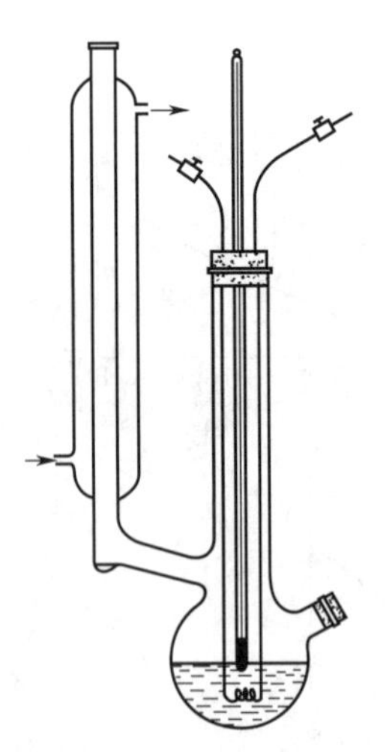

图 3-13　沸点仪示意图

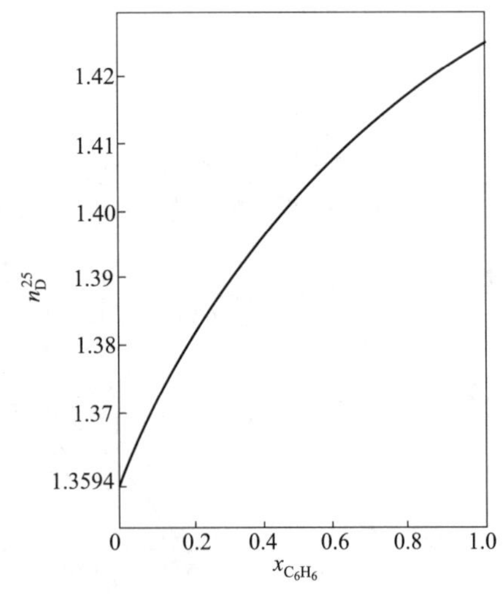

图 3-14　乙醇-环己烷体系折射率-组成标准曲线

二组分气-液平衡相图的绘制，纵坐标（沸点值）对应两个同刻度的横坐标（气相和液相组成），连接各点画出气相线和液相线，以纯乙醇、纯环己烷和共沸物为端点连成封闭曲线（图 3-12）。

折射仪原理（图 3-15）：折射仪是根据液体临界折射原理制成的，在测量棱镜和辅助棱镜之间的夹层中注满待测液体。光线（钠黄光 D 线）从辅助棱镜通过待测液体射入测量棱镜，从测量棱镜中的临界折射角算出所测液体的折射率：

$$n=n_0\sin\beta_0$$

式中，n 是待测液体的折射率；n_0 是测量棱镜的折射率（已知 $n_0=1.85$）；β_0 为临界折射角。

折射仪的标尺已从测得的 β_0 换算成 $n_0\sin\beta_0$ 值，故直接读得的是折射率值。

三、仪器和试剂

1. 仪器

沸点仪；测温控温仪；阿贝折射仪；试管；胶头滴管；试管架；移液管；锥形瓶。

2. 试剂及耗材

无水乙醇（分析纯）；环己烷（分析纯）；镜头纸。

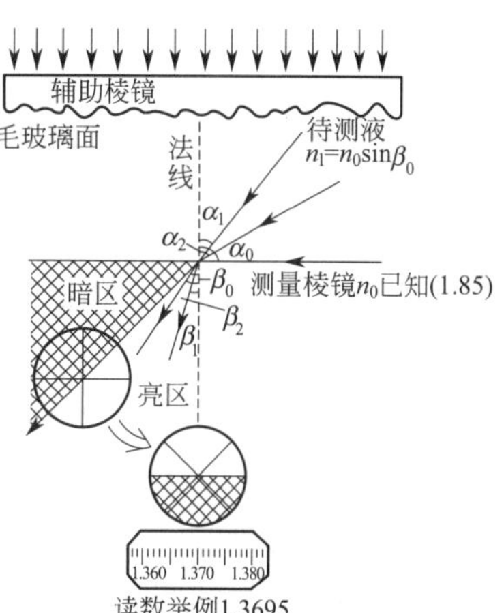

图 3-15 折射仪原理

四、实验内容及操作步骤

1. 实验内容

（1）测定纯无水乙醇的沸点。

（2）按照操作步骤逐渐加入环己烷，测定不同组分系统达沸点时，液相组成和气相组成的折射率。

（3）测定纯环己烷的沸点。

（4）按照操作步骤加入无水乙醇，测定不同组分系统达沸点时，液相组成和气相组成的折射率。

（5）校正折射仪，计算出仪器误差常数。

（6）将测得的液相组成和气相组成的折射率进行温度校正，再进行仪器误差常数校正。

（7）用校正后的折射率，查工作曲线，在坐标纸上绘制出相图。

2. 操作步骤

93

① 测定纯液体（以乙醇为例）的沸点：自沸点仪支管加入 20mL 无水乙醇，塞紧瓶塞，将加热棒浸没在液体中，连接加热和测温仪器，开启冷凝水，接通电源，调节加热电压大约 12V，液体受热升温，升温过程中由于有回流，温度会有上下波动，当波动趋于稳定时，即是沸点，读准至 0.1℃。

② 进行上述实验的同时，可以进行折射仪仪器的标尺零点误差标定。采用纯试剂在室温下测定无水乙醇的折射率，将其校正到 25℃，再通过 25℃的无水乙醇折射率的理论值 $n_D^{25}=1.3594$（文献值）进行校正。如：25℃的实测值为 1.3600，则 $1.3600-1.3594=0.0006$，表明标尺零点有正误差，应予校正，校正值 $\Delta=-0.0006$，实验中每次测定应加上 Δ，此例为减去 0.0006。同样可以用环己烷（$n_D^{25}=1.4326$）进行零点校正。

③ 测定乙醇-环己烷溶液不同组成时的沸点及沸点（气-液平衡）时气、液相的组成。待上述

①中无水乙醇冷却至近于室温或不烫手时，加 1.5mL 环己烷至无水乙醇中，加热升温过程中，判断温度动态波动状况，当波动趋于稳定时即为沸点，并测沸点条件下气、液组成。再依次加入环己烷 2.0mL、2.0mL、8.0mL、10.0mL、10.0mL、10.0mL，分别测其沸点和气、液相组成。

④ 同法测定环己烷一侧的不同组成的沸点及其相应的气、液组成。在沸点仪先加入 25mL 环己烷，测定沸点，然后依次加入无水乙醇 0.5mL、0.5mL、0.5mL、1.0mL、1.0mL、2.0mL、5.0mL，分别测定沸点和气、液组成。

⑤ 将附录中给出的 25℃时，不同组成乙醇-环己烷溶液对应的折射率数据，用坐标纸绘制成工作曲线。

⑥ 将③、④实验中测定的折射率值，进行温度校正和仪器校正后，对照工作曲线查折射率对应的溶液的组成。在坐标纸上绘制乙醇-环己烷二组分气-液平衡相图。

3. 注意事项

（1）沸点仪上口塞子和取样口塞子注意密闭。

（2）判断沸点及时，在温度波动状态下升温，当升温速率减慢时，即基本达沸点温度，记录下此温度。此时一手握住台架，一手扶沸点仪，倾斜沸点仪，将支管中冷凝液倒回液体中（此步骤简称“回流”），当新回流液体积累一定量时，即可取液进行分析。

（3）判断沸点时间不宜过久，否则溶液损失较多，对实验结果有影响。

（4）加热探头和测温探头距离不能太近，否则会造成所测温度过高，测到的不是溶液温度而是加热棒温度。

五、数据处理

1. 根据沸点数据以及从折射率-组成曲线内插得到气、液组成（表 3-5 和表 3-6）。

表 3-5 乙醇-环己烷溶液不同组成的沸点、折射率及气、液组成

加入量 V	T/℃	$n^t_{D液}$（测量温度/℃）	$n^t_{D气}$（测量温度/℃）	液相组成 $x_{环己烷}$	气相组成 $x_{环己烷}$
加 20mL 乙醇					
加 1.5mL 环己烷					
加 2.0mL 环己烷					
加 2.0mL 环己烷					
加 8.0mL 环己烷					
加 10.0mL 环己烷					
加 10.0mL 环己烷					
加 10.0mL 环己烷					

表 3-6 环己烷-乙醇溶液不同组成的沸点、折射率及气、液组成

加入量 V	T/℃	$n^t_{D液}$（测量温度/℃）	$n^t_{D气}$（测量温度/℃）	液相组成 $x_{环己烷}$	气相组成 $x_{环己烷}$
加 25mL 环己烷					
加 0.5mL 乙醇					
加 0.5mL 乙醇					
加 0.5mL 乙醇					
加 1.0mL 乙醇					
加 1.0mL 乙醇					
加 2.0mL 乙醇					
加 5.0mL 乙醇					

2. 画出乙醇-环己烷气-液平衡相图。如果实验时间不够，每组可做操作步骤③、④中的之一，绘制相图时，与对面小组互相交换数据，画出完整的相图。

六、思考题

1. 实验时，若所吸取的蒸气冷凝试样挥发掉了，是否需要重新配制溶液？
2. 沸点仪中盛气相冷凝液的小球体积过大或过小对测量有何影响？
3. 该体系用普通蒸馏法能同时得到两种纯组分吗？为什么？
4. 每次加入的另一组分试剂的量是否需要十分准确？
5. 加热探头和测温探头最合理的位置是怎样的？
6. 实验中存在哪些系统误差？如何规避？若不能规避掉，如何校正？

附　25℃时乙醇-环己烷体系折射率-组成标准工作曲线数据

$x_{乙醇}$	$x_{环己烷}$	n_D^{25}	$x_{乙醇}$	$x_{环己烷}$	n_D^{25}
1.00	0.00	1.3594	0.7417	0.2583	1.3808
0.9427	0.0573	1.3645	0.6484	0.3516	1.3889
0.8834	0.1166	1.3699	0.4682	0.5318	1.3991
0.8700	0.1300	1.3713	0.3804	0.6196	1.4049
0.8336	0.1664	1.3738	0.3248	0.6752	1.4080
0.7892	0.2108	1.3775	0.00	1.00	1.4236

实验六

差热分析法绘制二组分系统固-液平衡相图

一、实验目的

1. 掌握热分析法（DTA）绘制二组分系统固-液平衡相图的原理及方法。
2. 了解纯物质与混合物步冷曲线的区别并掌握相变点温度的确定方法。
3. 了解简单低共熔体系（固相完全不互溶）及完全互溶体系的二组分固-液相图的特点。
4. 学会用热分析数据绘制固-液平衡相图。

二、实验原理

94

凝聚系统受压力影响很小，因此压力的变量可以忽略。根据相律，定压下二组分系统固-液平衡相图 $F=C-P+1$，相数 P 至少为 1，F 最大为 2，有两个独立变量。因此，本实验研究温度-组成平衡相图。

用差热分析法（DTA）测定二组分系统固-液平衡相图即步冷曲线法。该方法将体系加热至熔融状态，然后测定自然降温过程中，温度随时间的变化曲线。测定系统由高温熔融状态均匀自然冷却过程中，温度随时间变化的数据，绘制成的曲线，称为步冷曲线。根据冷却曲线可分析相态变化。在无相变化区间，在自然冷却过程中，系统温度将随时间均匀下降。在有相变化时，系统在自然冷却过程中，由于体系发生了相变，由相变所放的热与自然冷却时体系放出的热量相合，步冷曲线就会出现温度下降缓慢的转折点或三相平衡的水平线段。转折点所对应的温度是由一相到两相的转折的起始点，水平线为固-固-液三相平衡点。所对应的温度即为该组成体系所发生的相变温度。简单二组分凝聚系统，其中某一组分对应的差热分析曲线、步冷曲线及相图见图 3-16 所示（采用外推起始温度点取值法）。

从图 3-16 可以看出，由熔融液态 w 开始降温至 x 点，系统没有发生相变化，为液相区，在步冷曲线上该阶段表现为温度随时间自然下降的曲线形式；在 DTA 曲线上，由于样品没有发生物理、化学变化新相生成的过程，与参比物的温差保持基本恒定，故表现为一条水平基线。从 x 点开始，有固相 B 生成，同时伴随有放热现象发生，在步冷曲线上表现出降温速度减慢，该降温过程表现为与 wx 段曲线斜率不同的另一段曲线 xy，理论上可以用 wxy 曲线的不连续点，即拐点 x 的温度代表该组成样品的相转变温度，该点的判断方法，一般为拐点两个方向线段切线焦点所对应横坐标的温度。而在 DTA 曲线上，伴随固体 B 的

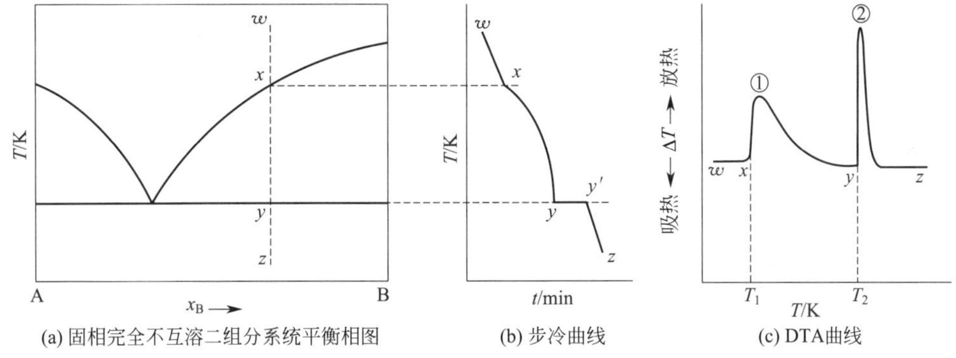

图 3-16 某二组分系统固-液平衡体系的相图、某组分样品的步冷曲线及对应的降温过程的 DTA 曲线

析出，样品放热过程导致其降温速度明显减慢，与参比物之间的温差变大，呈现为突然向上的放热峰，随着温度降低，固体析出量相应减少，放热数量随之降低，样品温度逐步向参比温度回归，整个二相共存段在 DTA 曲线上表现为一个宽大的不对称峰。随着温度的降低，固体 B 不断析出，液相中 A 组分浓度逐渐变大，当温度降至低共熔点温度时，A 组分达到饱和析出固体，此时，系统中呈现固-固-液三相共存状态，由相律可知，此时自由度为零，在三相平衡时间区间，步冷曲线的温度不变，在步冷曲线表现为一段水平线 yy'，比较容易判断；而在 DTA 曲线上，低共熔体析出过程均表现为一个比较尖锐的放热峰，非常容易判断 y 点的温度。

图 3-17 为固相完全不互溶系统具有简单低共熔体系步冷曲线与对应的相图。

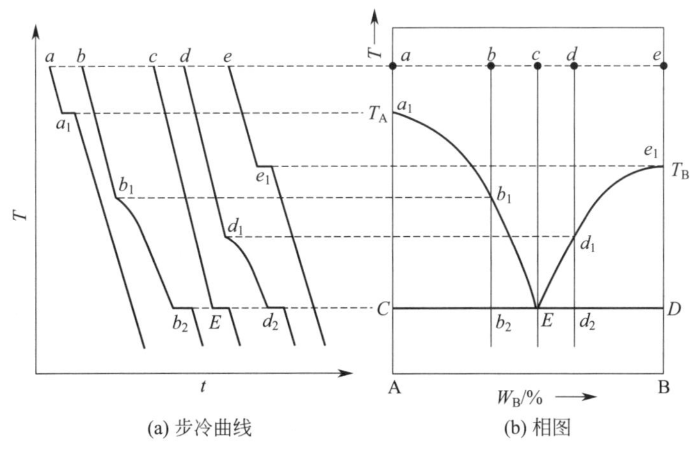

图 3-17 具有简单低共熔点的二组分系统的固-液平衡相图与步冷曲线对应的关系

简单低共熔体系二组分凝聚系统，其步冷曲线有三种线形，其中每个拐点或平台均对应 DTA 曲线上的不同峰形，通过峰温可以确定对应的温度。图 3-17 中，a、e 曲线分别对应纯 A、纯 B 两相平衡（自由度为零）的温度；曲线 c 的平台对应体系中三相平衡点（自由度为零），在 DTA 曲线上对应一个尖峰；曲线 b、d 分别具有一个拐点和一个平台，对应 DTA 曲线，分别出现一个宽峰和一个尖峰。因此，采用差热分析法可以绘制该相图。

采用差热分析法绘制固-液平衡相图，其优点首先是样品用量少，传统的步冷曲线法样

品用量一般为 10^2g 数量级，而差热分析法一般为毫克级；其次，差热分析法测量的物理量是样品与参比样之间的温差曲线随着温度（或时间）变化的曲线，因此更加灵敏，温度转折点也更加容易确定。

三、仪器和试剂

1. 仪器

差热分析仪；数据分析计算机；氧化铝坩埚；镊子。

2. 试剂

分析纯 KNO_3；$NaNO_3$；参比样 α-Al_2O_3。

四、实验内容及操作步骤

1. 实验内容

（1）熟悉差热分析仪的原理及使用方法。

（2）采用差热分析仪分别测定不同 KNO_3-$NaNO_3$ 含量的样品升温后的步冷曲线。

（3）根据实验记录的不同峰形所对应的峰温，绘制该体系的相图。

（4）对所绘制的二组分系统固-液平衡相图进行相律分析。

95

2. 操作步骤

① 打开电脑和差热分析仪电源，开启操作软件，查看仪器通信状态是否正常，打开水龙头开关，控制冷却水流速稳定。

② 选取不同组成的 KNO_3-$NaNO_3$ 系列混合物样品（质量约为 10mg），其中 1～5 号样品中 KNO_3 含量分别为 100%、80%、50%、20%、0%。分别测其 DTA 及步冷曲线。

③ 称取一定量的样品放置在样品坩埚里，小心抬起炉体，在热偶板上左侧放上参比坩埚，右侧放上待测样品坩埚，放下炉体。

④ 在操作软件中点击采集按键，或点击工具栏“开始”，或者主菜单“文件-新采集”，弹出“设置新升温参数”，在基本设置中填写实验信息，依据实验条件设置分段升降温程序。

升温程序 1：初始温度 25℃，终止温度 350℃，升温速率 10℃ · min^{-1}。

降温程序 2：初始温度 350℃，终止温度 50℃，自然降温速率。

⑤ 点击“检查”参数设置，点击“确认”开始采集数据。

⑥ 实验温度采集结束后，输入文件名称，保存数据，存在 E 盘中，待后续数据处理，继续通冷却水，待炉体温度降到室温，关停冷却水。

⑦ 数据处理，根据 DTA 曲线，分析不同峰形对应的温度，进行整理数据，并根据 KNO_3-$NaNO_3$ 两组分的含量组成和不同峰形温度点，将同类点连接起来，即得 KNO_3-$NaNO_3$ 二组分固-液平衡相图。

五、数据处理及绘制相图

1. 根据 DTA 实验谱图，填写相变温度数据，并根据所测数据（表 3-7），绘出相应

KNO_3-$NaNO_3$ 二组分固-液平衡相图。

表 3-7 数据记录

含量(KNO_3)/%	100	80	50	20	0
峰①温度 T/K					
峰②温度 T/K					

2. 标出相图中各区的稳定相态及自由度数。

六、思考题

1. 绘制二组分固-液平衡相图常用哪些方法?

2. 查阅文献，设计一采用简单热电偶测温的方法，绘制该相图的实验方案。

3. 根据所绘制相图，讨论本实验有何不足之处。DTA 法对于哪些组成的物质相变过程仍不够精确?

4. 本实验中存在哪些系统误差、仪器误差及人为误差? 对系统误差及仪器误差如何修正? 人为误差如何避免?

实验七

电导法测定弱电解质的电离平衡常数和难溶电解质的溶度积

一、实验目的

1. 了解电解质溶液导电的基本概念。
2. 掌握测定电解质溶液电导的方法，学会和掌握电导仪的使用方法。
3. 学会用电导法测定醋酸的电离平衡常数和硫酸钡的溶度积。

二、实验原理

96

电导 G 是测量电解质溶液导电能力的重要物理量，是电阻的倒数。其数值与电导电极的面积 A 成正比，与电极距离 L 成反比，比例常数 κ 定义为电导率。

$$G=\kappa\frac{A}{L}=\frac{\kappa}{K}$$

式中，G 为电导，S；$K=\frac{L}{A}$，为电导电极常数（也称电导池常数），m^{-1}；κ 为电导率，$S \cdot m^{-1}$。

对于电解质溶液而言，其电导率则为相距单位长度、单位面积的两个平行板电容器充满电解质溶液时的电导。研究电解质溶液的电导性能，还可以用摩尔电导率，其定义为：

$$\Lambda_m=\kappa\frac{10^{-3}}{c}$$

摩尔电导率 Λ_m 是指把含有 1mol 电解质溶液置于相距 1m 的两个电极之间的电导。量度 1mol 电解质的导电能力，可以在给定温度和确定物质的量条件下，比较不同电解质溶液的导电能力。显然，摩尔电导率 Λ_m 与物质的量浓度 c 有关，当溶液趋向于无限稀时称为无限稀释的摩尔电导率，以 Λ_m^∞ 表示。在一定温度下，Λ_m^∞ 只与组成该电解质（此时完全电离）的离子的特征有关。强电解质的 Λ_m^∞ 可以通过外推法得到。根据离子独立运动定律，可以求各离子的极限摩尔电导率，从而也可以得到弱电解质的 Λ_m^∞。

为测定电导电极常数，一般的方法是配制已知电导率的标准溶液，测其电导值，通过如下公式计算得到：

$$K=\frac{\kappa}{G}$$

例如：已知25℃时，0.01mol·dm^{-3}的KCl溶液的电导率为0.1413S·m^{-3}；0.001mol·dm^{-3}的KCl溶液的电导率为0.01469S·m^{-1}。用上述溶液测其电导，即可计算K。

1. 电导法测定醋酸溶液的电离平衡常数

弱电解质的电离度$\alpha=\dfrac{\Lambda_m}{\Lambda_m^{\infty}}$（推导从略）。由此，测出一定浓度的醋酸溶液的摩尔电导率Λ_m，再根据离子独立运动定律，即可计算出该浓度的醋酸的电离度，进而可以计算出醋酸的电离平衡常数K_c。推导如下：

$$CH_3COOH(aq) \rightleftharpoons H^+(aq)+CH_3COO^-(aq)$$

初始时：	c	0	0
平衡时：	$c(1-\alpha)$	$c\alpha$	$c\alpha$

平衡常数：
$$K_c=\frac{c\alpha^2}{1-\alpha}=\frac{c\Lambda_m^2}{\Lambda_m^{\infty}(\Lambda_m^{\infty}-\Lambda_m)}$$

标准平衡常数：
$$K_c^{\ominus}=\frac{\frac{c}{c^{\ominus}}\alpha^2}{1-\alpha}=\frac{\frac{c}{c^{\ominus}}\Lambda_m^2}{\Lambda_m^{\infty}(\Lambda_m^{\infty}-\Lambda_m)}$$

式中，25℃时CH_3COOH的$\Lambda_m^{\infty}=3.907\times10^{-2}$S·m^2·mol^{-1}，$c^{\ominus}=1$mol·dm^{-3}。

2. 电导法测硫酸钡饱和溶液的溶度积

难溶盐在水中的溶解度很小，其浓度不能用普通的滴定方法测定，可以用电导法求得。难溶盐的离子的浓度较低，用浓度代替活度，因此，得到溶解度即可算出溶度积。例如：求$BaSO_4$的溶度积，可测定$BaSO_4$饱和溶液的电导率κ_{sol}，由于溶液电导很小，要考虑溶剂水对电导的贡献，κ_{BaSO_4}应是κ_{sol}减去溶剂水的电导率κ_{H_2O}。

$$\kappa_{BaSO_4}=\kappa_{sol}-\kappa_{H_2O}$$

由摩尔电导率与电导率的关系式：$\Lambda_{m,BaSO_4}=\kappa_{BaSO_4}\dfrac{10^{-3}}{c}$

得：
$$c=\kappa_{BaSO_4}\frac{10^{-3}}{\Lambda_{m,BaSO_4}}$$

式中，c是$BaSO_4$的饱和溶液的浓度，mol·dm^{-3}；$\Lambda_{m,BaSO_4}$是$BaSO_4$饱和溶液的摩尔电导率，由于溶液极稀，可用$\Lambda_{m,BaSO_4}^{\infty}$代替，$\Lambda_{m,BaSO_4}^{\infty}=2.87\times10^{-2}$S·m^2·mol^{-1}（25℃）。

$BaSO_4$的溶度积$K_{sp}=c^2$。

三、仪器和试剂

1. 仪器

恒温槽；电导仪（或电导率仪）；电导电极；100mL锥形瓶；25mL移液管；50mL移液管。

2. 试剂

0.001mol·dm^{-3}的KCl溶液；HAc溶液；饱和硫酸钡溶液；去离子水。

四、实验内容及操作步骤

1. 实验内容

（1）测定电导电极常数。

（2）测定醋酸溶液的电离平衡常数。

（3）测定硫酸钡饱和溶液的溶度积。

2. 操作步骤

97

（1）调节恒温槽温度

采用步步逼近法，调节恒温槽恒温至（25±0.1）℃。

（2）测定电导电极常数 K

取适量 0.001mol·dm^{-3} 的 KCl 标准溶液于 100mL 干燥的锥形瓶中，放入恒温槽恒温。将电导电极用蒸馏水小心冲洗后用滤纸吸干，放入锥形瓶中，使电导电极（铂片）完全浸没在溶液中。恒温 5min 后，用电导仪测其电导值，重复三次取平均值，然后将电导电极小心取出，用蒸馏水冲洗并用滤纸吸干备用。计算出电导电极常数 K。

电导仪的操作方法：打开电源，将温度的旋钮调至 25℃，常数调至 1.000，挡位设置根据读数灵敏度设置。

（3）测定醋酸溶液的电导，计算电导率

① 用移液管准确吸取 25mL 已知浓度的 HAc 溶液移入 100mL 干燥的锥形瓶中，放入恒温槽恒温。将电导电极放入锥形瓶，恒温 3～5min，测其电导，重复测三次取平均值。

② 准确移取 25mL 蒸馏水于①的锥形瓶内，恒温 3～5min，测其电导，重复测三次取平均值。

③ 再准确移取 50mL 蒸馏水于②的锥形瓶内，恒温 3～5min，测其电导，重复测三次取平均值。

（4）测定硫酸钡饱和溶液的电导

① 将适量的 $BaSO_4$ 饱和溶液置于 100mL 锥形瓶中，将电导电极浸没于溶液中，恒温 3～5min，测其电导 G_{sol}，重复测三次取平均值，计算溶液电导率 κ_{sol}。

② 将适量蒸馏水置于锥形瓶内，恒温 3～5min，测其电导 G_{H_2O}，重复测三次取平均值，计算水的电导率 κ_{H_2O}。

五、数据处理

1. 计算电导电极常数（温度 25℃）（表 3-8）。

表 3-8　数据记录

κ/S·m^{-1}	G/S		G/S(平均值)	K/m^{-1}
	1			
	2			
	3			

2. 计算 HAc 的电离平衡常数（温度 25℃）（表 3-9）。

已知25℃时K_c的文献值为1.76×10^{-5}，$\Lambda_{m,HAc}^{\infty}=3.907\times10^{-2}S \cdot m^2 \cdot mol^{-1}$，计算相对误差。

表 3-9　数据记录

$c_{HAc}/mol \cdot dm^{-3}$	G/S			$\kappa/S \cdot m^{-1}$	$\Lambda_m/S \cdot m^2 \cdot mol^{-1}$	α	K_c	相对误差

3. 计算硫酸钡的溶度积（温度25℃）（表3-10）。

已知25℃时，K_{sp}文献值为1.1×10^{-10}，$\Lambda_{m,BaSO_4}^{\infty}=2.87\times10^{-2}S \cdot m^2 \cdot mol^{-1}$。要求测得的$K_{sp}$与文献值同数量级。

表 3-10　数据记录

G_{sol}/S			G_{H_2O}/S			$\kappa_{BaSO_4}/S \cdot m^{-1}$	$c_{BaSO_4}/mol \cdot dm^{-3}$	$K_{sp}(BaSO_4)$

六、思考题

1. 电解质溶液的电导、电导率、摩尔电导率各与哪些因素有关？为了研究溶液的导电性质为什么必须定义电导率和摩尔电导率？

2. 测定溶液电导为什么不能用直流电？

3. 弄清电导仪的工作原理，为什么测量前必须进行校正？

4. 实验中存在哪些系统误差？如何规避？若不能规避掉，如何校正？

实验八

原电池的制作及原电池电动势的测定

一、实验目的

1. 了解电极、电极电势、电池、电池电势、可逆电池电动势的定义。

2. 学会制作简单原电池的方法，学会制作盐桥。

3. 学会电位差计、直流复射式检流计的使用；掌握对消法（补偿法）原理，学会测定可逆电池电动势的操作方法。

二、实验原理

1. 电极、电极电势

98

电池是实现化学能与电能互相转化的装置，其中原电池的反应是自发进行的，即是 $\Delta_r G_m < 0$（T，p，$W' = 0$）的过程。电池的主要组成是电极，电极是由氧化还原对构成，如铜电极 Cu/Cu^{2+}，锌电极 Zn/Zn^{2+} 等。电极电势不能直接测量，故电极电势的绝对数值无法确定，因此，选用标准氢电极作阳极，其他待测电极作为阴极，配对组成原电池，测该原电池电动势，从而得到其他待测电极的电极电势。

2. 可逆电池

可逆电池具备以下条件：

① 电极可逆，要求两个电极在充电时的电极反应必须是放电时的逆反应。

② 电池中所有的其他过程必须可逆，即在无限接近平衡的状态下工作。

③ 可逆电池在工作时，不论是充电或放电，电流必须十分微小，即 $I \to 0$（双液电池必须用盐桥消去液体接界电势）。

具体地说，电极界面通过正向微电流所产生的效应在逆向微电流通过时能完全消除，电极反应随时处于平衡状态。此时的电极电势称为平衡电势。同样，可逆电池内发生的所有过程都应是可逆的，随时处于平衡状态。

本实验所研究的丹尼尔电池，常被引用为可逆电池的实际例子，它由铜、锌两个可逆电池组成，电池反应 $Zn + CuSO_4 \longrightarrow ZnSO_4 + Cu$ 可逆进行，但电池内部存在液体接界 $CuSO_4/ZnSO_4$，界面的电荷迁移不可逆：正向反应时主要是 Zn^{2+} 迁移到 $CuSO_4$ 溶液，逆

向反应时主要是 Cu^{2+} 迁移到 $ZnSO_4$ 溶液，但是，当采用盐桥将液体接界电势消除后可以看成是可逆电池。

3. 原电池、原电池电动势

原电池是由阴极和阳极组成，实现化学能转成电能的装置。原电池电动势是通过电池的电流趋于零的情况下两极之间的电势差。它等于构成电池的各相界面上所产生的电势差的代数和。

$$E=E_{+}-E_{-}$$

4. 对消法测原电池电动势的原理

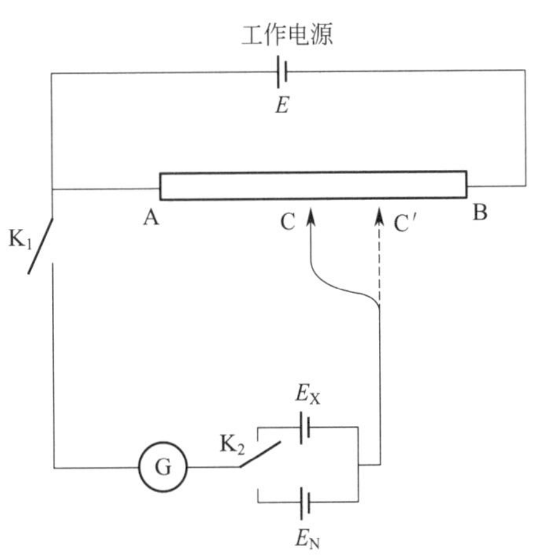

图 3-18 对消法测原电池电动势原理示意图

对消法也称为补偿法，用于测定原电池的电动势。可逆电池的一个必要条件是通过电池的电流无限小，消除内电阻产生的电动势。因此，测定原电池电动势时不应有电流通过。所设计的电位差计原理，采用电路对接调节补偿电阻的方式能满足这个要求。电位差计的原理如图 3-18 所示。图 3-18 的上部是工作回路，E 为工作电源，AB 是调节工作电流 I 的变阻器，工作电流通过调节 C 和 C′产生电位降作补偿（对消）作用。图 3-18 中闭合 K_1，再将电键 K_2 与 E_N 连接时，接通标准电池回路。其中 E_N 是标准电池，其电势十分稳定，在常温范围内，其电池电动势数值的小数点后三位几乎是定值。E_N 的温度校正公式为：$E_N/V=1.01859-4.06\times10^{-5}$（$t$/℃$-20$），式中，$t$ 为环境温度。G 为灵敏检流计，用来检验电流；调节 C′为标准电池的补偿电阻，当调节至检流计 G 指示近似为零时，该回路与工作电池回路电流抵消。补偿电阻 $R_{AC'}\propto E_N$。将选择开关闭合在"E_X"时，调节 C 使 G 指零，$R_{AC}\propto E_X$。检流计的精度设置得越小，电动势测量值越精确。测量关系式：

$$E_X=E_N\frac{AC}{AC'}$$

可知电位差计是一种比例仪器，将已知电势 E_N 乘以一个比例系数 K 来补偿未知电动势（$E_X=KE_N$），所以用电位差计测量电动势的方法称为补偿法或对消法。

5. 原电池能斯特方程式

电极或电解质溶液的浓度，可以改变原电池电动势的大小，其原理可以用能斯特方程式进行计算。

对任意反应：

$$a\mathrm{A}+b\mathrm{B}=l\mathrm{L}+m\mathrm{M}$$

对应的能斯特方程式为：

$$E=E^{\ominus}-\frac{RT}{zF}\ln\frac{a_L^l a_M^m}{a_A^a a_B^b}$$

6. 原电池热力学

$$\Delta_r G_m=-zFE$$

$$\Delta_r S_m = zF\left(\frac{\partial E}{\partial T}\right)_p$$

$$Q_{r,m} = zFT\left(\frac{\partial E}{\partial T}\right)_p$$

$$\Delta_r H_m = -zFE + zFT\left(\frac{\partial E}{\partial T}\right)_p$$

三、仪器和试剂

1. 仪器

水浴恒温槽；UJ-25 型电位差计；直流复射式检流计；标准电池；锌锰干电池 2 支；甘汞电极（饱和）；玻璃铂电极；铜棒电极；锌棒电极；导线夹子若干；100mL 烧杯两个；砂纸。

2. 试剂

$0.1mol \cdot L^{-1}$ 硫酸铜溶液；$0.1mol \cdot L^{-1}$ 硫酸锌溶液；溶有醌氢醌的邻苯二甲酸氢钾溶液；盐桥；硝酸溶液；饱和氯化钾溶液。

四、实验内容及操作步骤

1. 实验内容

（1）电池的制作。

电池一：(－)Hg| Hg_2Cl_2 | KCl(饱和水溶液) ‖ $CuSO_4$（$0.1mol \cdot L^{-1}$）| Cu（s）(＋)

铜电极为正极，甘汞电极为负极，两电极插在 $0.1mol \cdot L^{-1}$ $CuSO_4$ 溶液中组成电池。

电池二：(－)Zn| $ZnSO_4$($0.1mol \cdot L^{-1}$) ‖ KCl(饱和水溶液) | Hg_2Cl_2 | Hg(＋)

甘汞电极为正极，锌电极为负极，两电极插在 $0.1mol \cdot L^{-1}$ $ZnSO_4$ 溶液中组成电池。

电池三：(－)Zn(s) | $ZnSO_4$($0.1mol \cdot L^{-1}$) ‖ $CuSO_4$($0.1mol \cdot L^{-1}$) | Cu(s)(＋)

锌电极插在 $0.1mol \cdot L^{-1}$ $ZnSO_4$ 溶液中组成负极，铜电极插在 $0.1mol \cdot L^{-1}$ $CuSO_4$ 溶液中组成正极，中间用盐桥连接，以消除液体接界电势。

电池四：(－)Hg| Hg_2Cl_2 | KCl(饱和水溶液) ‖ H^+(待测) | Q-HQ | Pt(＋)

将溶有醌氢醌的邻苯二甲酸氢钾（待测 pH）溶液中插入玻璃铂电极，组成正极，再将饱和甘汞电极作为负极插入该溶液中，组合成电池。

如上四组电池都存在液体接界电势，采用盐桥消除。电池三采用自制的饱和氯化钾盐桥，其余三组电池中饱和甘汞电极本身含饱和 KCl 溶液盐桥。如上电池虽然均有盐桥，但是从严格意义上，用盐桥不能完全消除液接电势，一般仍剩余 1～2mV，所以这四组电池严格说来还未达到可逆电池的条件，所测得的电池电动势只能精准至 mV 级。

（2）测 4 组原电池的电池电动势，并分别进行相关计算。

采用电位差计，在 25℃条件下，测定如上自制的 4 组电池的电池电动势，根据能斯特方程进行计算。

电池一：由实测的电池电动势 E_1，采用能斯特方程式计算出 $E^{\ominus}_{Cu^{2+}/Cu}$，并与理论值相比计算相对误差。

$$2Hg+2Cl^- +Cu^{2+} = Hg_2Cl_2+Cu$$

能斯特方程式：$$E_1=E^{\ominus}_{Cu^{2+}/Cu}-E_{甘汞}+\frac{2.303RT}{2F}\lg\alpha_{Cu^{2+}}$$

得：$$E^{\ominus}_{Cu^{2+}/Cu}=E_1+E_{甘汞}-\frac{2.303RT}{2F}\lg\alpha_{Cu^{2+}}$$

电池二：由实测的电池电动势 E_2，采用能斯特方程式计算出 $E^{\ominus}_{Zn^{2+}/Zn}$，并与理论值相比计算相对误差。

$$Hg_2Cl_2+Zn = 2Hg+Zn^{2+}+2Cl^-$$

能斯特方程式：$$E_2=E_{甘汞}-E^{\ominus}_{Zn^{2+}/Zn}-\frac{2.303RT}{2F}\lg\alpha_{Zn^{2+}}$$

得：$$E^{\ominus}_{Zn^{2+}/Zn}=E_{甘汞}-E_2-\frac{2.303RT}{2F}\lg\alpha_{Zn^{2+}}$$

电池三：由实测的电池电动势 E_3，根据能斯特方程式计算出该电池的标准电动势，并与理论值进行比较，计算相对误差。

$$Zn+Cu^{2+} = Cu+Zn^{2+}$$

能斯特方程式：$$E_3=E^{\ominus}_{Cu^{2+}/Cu}-E^{\ominus}_{Zn^{2+}/Zn}-\frac{2.303RT}{2F}\lg\frac{\alpha_{Zn^{2+}}}{\alpha_{Cu^{2+}}}$$

$$E^{\ominus}_{Cu^{2+}/Cu}-E^{\ominus}_{Zn^{2+}/Zn}=E_3+\frac{2.303RT}{2F}\lg\frac{\alpha_{Zn^{2+}}}{\alpha_{Cu^{2+}}}$$

电池四：由实测的电池电动势 E_4，采用能斯特方程式计算出醌氢醌溶液中的 pH。

$$C_6H_4O_2+2Hg+2H^+ +2Cl^- = Hg_2Cl_2+C_6H_4(OH)_2$$

能斯特方程式：$$E_4=E_{Q/HQ}-E_{甘汞}=E^{\ominus}_{Q/HQ}+\frac{2.303RT}{F}\lg\alpha_{H^+}-E_{甘汞}$$

其中：$$E^{\ominus}_{Q/HQ}/V=0.6994-0.00074(t/℃-25)$$

$$E_{甘汞}/V=0.2415-0.00076(t/℃-25)$$

因　$pH=-\lg\alpha_{H^+}$，得 $pH=\dfrac{E^{\ominus}_{Q/HQ}-E_{甘汞}-E_4}{\dfrac{2.303RT}{F}}$

计算相对误差。

说明：上述各式中$\alpha_{Zn^{2+}}=\gamma_{\pm}\frac{c}{c^{\ominus}}=0.15\times0.1=0.015$

$$\alpha_{Cu^{2+}}=\gamma_{\pm}\frac{c}{c^{\ominus}}=0.16\times0.1=0.016$$

所求各物理量的文献值（25℃）为：$E^{\ominus}_{Cu^{2+}/Cu}=0.337V$

$$E^{\ominus}_{Zn^{2+}/Zn}=-0.763V$$

$0.05mol\cdot L^{-1}$ 邻苯二甲酸氢钾 pH=4.005

（3）测定不同温度下的电池四的电池电动势，计算电池电动势的温度系数。

在 25℃测定电池四的电池电动势的基础上，每升温 3～4℃作为温度间隔，共测定 4～5 个温度对应的电池电动势，作 E-T 直线，由直线斜率得到电池电动势的温度系数$\left(\frac{\partial E}{\partial T}\right)_p$。

（4）由实验测定的结果进行原电池热力学的计算。

由实验测定电池四的 E 和 $\left(\frac{\partial E}{\partial T}\right)_p$，计算电池四的 $\Delta_r G_m$、$\Delta_r S_m$、$\Delta_r H_m$ 及电池的 $Q_{r,m}$。

2. 操作步骤

99

（1）电极的制作

① 醌氢醌（Q-HQ）电极　取一支铂电极，用 $6mol \cdot L^{-1}$ 的硝酸浸泡 5min，用水冲洗，去离子水洗涤，用滤纸吸干。在小烧杯中放入约 15mL 待测 pH 的溶液（$0.05mol \cdot L^{-1}$ 邻苯二甲酸氢钾水溶液或酒石酸氢钾饱和水溶液），用小匙取少量醌氢醌固体放入溶液中，搅拌溶解制成饱和溶液，呈深褐色，并有不溶解的剩余醌氢醌固体。插入铂电极。醌氢醌是醌与氢醌的等分子化合物，溶解后成为氧化（醌）还原（氢醌）电极，是一种氢离子电极。

② 锌电极和铜电极　将锌（或铜）棒用砂纸擦亮，先后用自来水和去离子水冲洗，用滤纸吸干，并分别插入硫酸锌溶液和硫酸铜溶液中。

③ 甘汞电极（饱和）的使用保护　在实验前和使用后，甘汞电极（饱和）应浸在饱和 KCl 溶液中。

④ 氢离子铂电极的使用保护　在实验前和使用后，氢离子铂电极应浸在 HNO_3 溶液中。

（2）制作 4 组电池，采用对消法依次测其电池电动势

图 3-19 是 UJ-25 型电位差计板面图，与图 3-18 对消法原理图的对应关系是："标准电池温度补偿按钮"对应图 3-18 中 E_N；"工作电流调节旋钮（粗、中、细、微）"对应图 3-18 中 AB；"测量旋钮"对应图 3-18 中 E_X；"按钮（粗、细、短路）"在配合电位差计的测量旋钮时选用；"转向开关（N、X_1、X_2）"对应图 3-18 中 K_2。

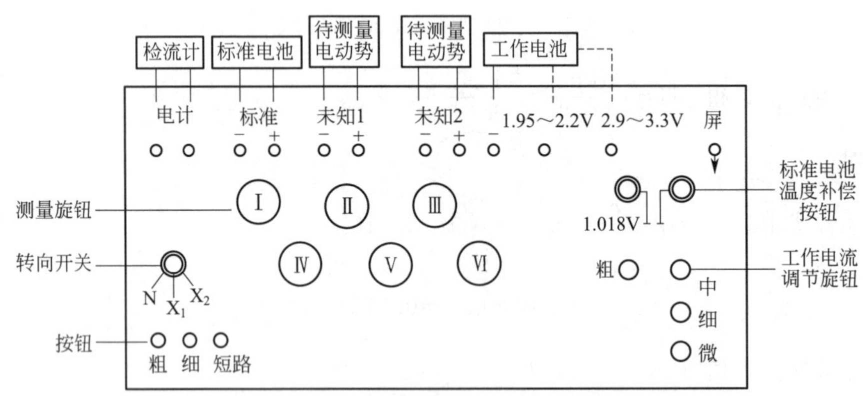

图 3-19　UJ-25 型电位差计板面示意图

UJ-25 型电位差计测电动势的步骤如下：

① 按板面接好线路，要注意电池的正负极。接线时线头要拧成一股，顺着螺丝旋紧方向接牢，线头不能露出"尾巴"。接线时应先接好电位差计的线路，检查无误后再接电池；测完拆线路时，应先拆各电池接线，再拆电位差计板面。检流计分流器放在 0.1 挡。

② 将板面上“测量旋钮”各挡及“工作电流调节旋钮（粗、中、细、微）”调至零位（顺时针旋转到头）。计算室温下标准电池电动势值，用右上角的“标准电池温度补偿按钮”标出此值。

③ 设置工作电流至 0.1mA。

④ 调标准电池电阻补偿。将转向开关指 N，逐级由大到小调节粗、中、细、微补偿电阻，直至检流计指示为零。接通检流计时应先按粗键，按一下即放开，观察电流方向，至光标或指针偏离零点很小时再按细键，方法同上，欲使光标或指针迅速回零可按短路键。

⑤ 测定电池电动势。转向开关指 X_1 或 X_2，按粗键，由大到小调节测量旋钮使检流计指示为零，再按细键，进行测量旋钮微调，直至检流计指示再次为零，此时将测量旋钮数据集合读数即是电池电动势。

（3）测电池四的电池电动势及计算电池电动势的温度系数

在测量电池四 25℃条件下电池电动势的基础上，升高 3～5℃，共测定 4～5 个温度的电池电动势。

将 E-T 作直线，通过直线斜率计算电池电动势的温度系数$\left(\frac{\partial E}{\partial T}\right)_p$。

（4）计算原电池热力学函数

计算 $\Delta_r G_m$、$\Delta_r S_m$、$\Delta_r H_m$ 及电池的 $Q_{r,m}$。

3. 注意事项

（1）每组电池电动势的测量，要测 2～3 次的平均值，且每次都要重新做一下标准电池补偿。

（2）每组电池在测量前要在恒温槽里预热。

五、数据处理

1. 原始数据记录（表 3-11）。

表 3-11　原始数据记录

电池		电池一	电池二	电池三	电池四			
T/℃		25			25	28	31	35
E/V	①							
	②							
	③							
	$\bar{E}$/V							

2. 按照实验内容中数据处理结果（表 3-12）。

表 3-12　数据处理

	实验数据计算结果		文献值	相对误差
电池一	$E^{\ominus}_{Cu^{2+}/Cu}$		0.337V	
电池二	$E^{\ominus}_{Zn^{2+}/Zn}$		−0.763V	
电池三	$E^{\ominus}$		1.100V	
电池四	pH		4.005	

3. 电池四热力学计算结果。

六、思考题

1. 补偿法测定电池电动势的装置中，电位差计、工作电源、标准电池和检流计各起什么作用？如何使用和维护标准电池及检流计？

2. 测量过程中，若检流计指针总往一个方向偏转，可能是哪些原因引起的？

3. 测定电动势时为何要用盐桥？对盐桥的使用有何要求？

4. 在实验中还有哪些不可逆性影响电池电动势结果？

5. 如果标准电池的电压略不足，对实验是否有影响？说明理由。

6. 如果工作电池的电压不足，实验现象是什么？

7. 实验中存在哪些系统误差？如何规避？若不能规避掉，如何校正？

实验九

溶液的吸附作用、液体表面张力的测定及分子截面积的计算

一、实验目的

1. 掌握最大泡压法测定不同浓度表面活性物质（正丁醇）溶液的表面张力的原理，理解该实验装置的设计原理并学会操作。

2. 应用吉布斯（Gibbs）和朗格缪尔（Langmuir）吸附等温方程式进行精确作图和图解微分，计算不同浓度正丁醇溶液的表面吸附量和正丁醇分子截面积，以加深对溶液吸附理论的理解。

3. 掌握作图法的要点，提高作图水平。

二、实验原理

100

纯液体中加入某些溶质以后，表面张力会升高或降低，由此引起溶液表面层浓度与溶液内部浓度不同的现象，称为溶液的表面吸附。

在一定温度下，溶液的浓度、表面张力与吸附量之间的定量关系式如下：

$$\Gamma=-\frac{c}{RT}\left(\frac{\partial\gamma}{\partial c}\right)_T$$

式中，γ 为表面张力，$N\cdot m^{-1}$ 或 $J\cdot m^{-2}$；T 为热力学温度，K；c 为溶液本体的平衡浓度，$mol\cdot dm^{-3}$；R 为气体常数，$J\cdot mol^{-1}\cdot K^{-1}$；$\Gamma$ 为对应温度及浓度时单位表面上的吸附量，即单位面积表面层所含溶质的物质的量与同量溶剂在体相中所含溶质的物质的量的差值，故又称 Γ 为表面过剩量，取值可以为正、为负或者为零，$mol\cdot m^{-2}$。

上式称为吉布斯（Gibbs）吸附等温式。物质溶入液体后能降低液体的表面张力，发生的是正吸附，称该物质为表面活性物质，反之，称为表面惰性物质。溶于水中能显著地降低水的表面张力的物质，通常称为表面活性剂。工业上和生活中所用的去污剂、起泡剂、乳化剂及润滑剂等都是表面活性物质。表面活性物质的分子是由亲水的极性部分和憎水的非极性部分构成的。正丁醇分子为 ROH 型一元醇，其羟基为亲水基，烃基为憎水基，当它溶于水后，在溶液表面层形成羟基朝下、烃基朝上的正丁醇单分子层。当溶液浓度增加时，表面吸附量也增加；当浓度足够大时，吸附量达极大值 Γ_∞，溶液表面吸附达饱和状态。Γ_∞ 可近似看成表面层定向排满单分子层时，单位表面积正丁醇的物质的量。

正丁醇溶液的 γ-c 曲线如图 3-20 所示。从曲线可求得不同浓度下的 $d\gamma/dc$ 值，将各值

代入 Gibbs 公式可计算不同浓度时的表面吸附量 Γ，作 Γ-c 曲线，进一步数据处理可求得饱和吸附量 Γ_∞，并由下式计算出正丁醇的分子截面积：

$$S=\frac{1}{\Gamma_\infty N_0}$$

式中，N_0 为阿伏伽德罗常数（6.02×10^{23} 个分子·mol^{-1}）。

由 Γ-c 曲线外推求 Γ_∞ 比较困难，可由气-固单分子层吸附的 Langmuir 吸附等温式推广用于溶液的表面吸附，并以表面吸附量 Γ（表面过剩量）代替单位表面上所含正丁醇的物质的量，则有：

$$\theta=\frac{\Gamma}{\Gamma_\infty}=\frac{Kc}{1+Kc}$$

式中，θ 为吸附分数；c 为溶液本体的平衡浓度；K 为经验常数，与溶质的表面活性大小有关。

将该方程整理成线性方程：

$$\frac{c}{\Gamma}=\frac{c}{\Gamma_\infty}+\frac{1}{K\Gamma_\infty}$$

由 $\frac{c}{\Gamma}$-c 作图可得一直线，由直线斜率求 Γ_∞，进而可求分子的截面积 S。

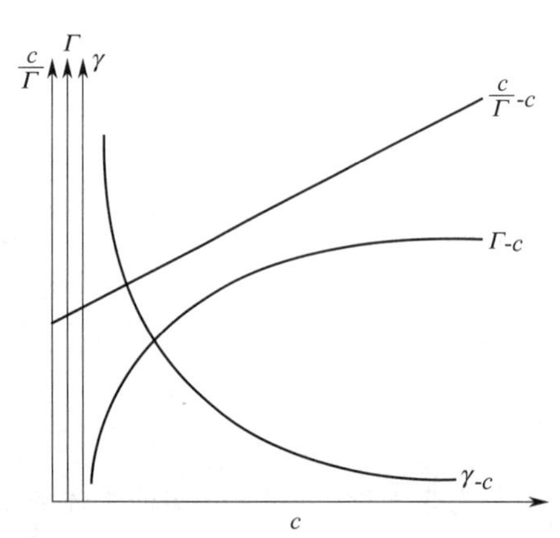

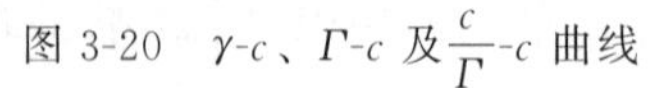
图 3-20　γ-c、Γ-c 及 $\frac{c}{\Gamma}$-c 曲线

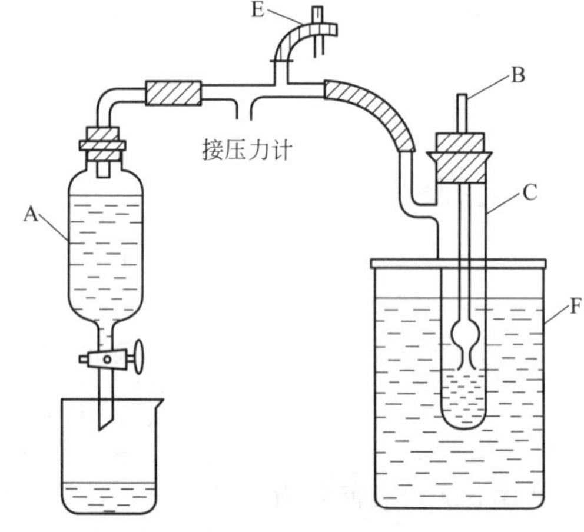

图 3-21　最大泡压法测液体表面张力实验装置图

本实验采用最大泡压法测定液体表面张力，实验装置如图 3-21 所示。

图 3-21 中 A 为充满水的抽气瓶；B 为直径 0.2～0.3mm 的毛细管；C 为样品管，系统中接压力计用以测压差；E 为放空管；F 为恒温槽。

将毛细管竖直放入样品管，使毛细管口与液面相切，液体即沿毛细管上升将口液封。打开抽气瓶的活塞，让水缓缓滴下，使样品管中液面上的压力渐小于毛细管内液体上的压力(即室压)，毛细管内外液面形成压差，此时毛细管内气体将液体压出，在管口形成气泡并逐渐胀大，当压力差在毛细管口所产生的作用力稍大于毛细管口液体的表面张力时，气泡破裂，压差的最大值可由压力计上读出。

若毛细管的半径为 r，气泡从毛细管出来时受到向下的压力为：

$$\Delta p_{max} = p_{大气} - p_{系统}$$

气泡在毛细管口所受到的由表面张力引起的作用力为 $2\pi r\gamma$，气泡刚脱离管口时，上述两压力相等：

$$\pi r^2 \Delta p_{max} = 2\pi r\gamma$$

将表面张力分别为 γ_1 和 γ_2 的两种液体用同一支毛细管和压力计用上述方法测出各自的 $\Delta p_{max}(1)$和 $\Delta p_{max}(2)$，则有如下关系：

$$\frac{\Delta p_{max}(1)}{\Delta p_{max}(2)} = \frac{\gamma_1}{\gamma_2}$$

即：

$$\gamma_2 = \frac{\Delta p_{max}(2)}{\Delta p_{max}(1)}\gamma_1$$

采用已知表面张力 γ_1 的液体为标样，本实验用纯水作标准物质，20.0℃时纯水的表面张力 $\gamma_1 = 7.275\times10^{-2}\mathrm{N\cdot m^{-1}}$（或 $\mathrm{J\cdot m^{-2}}$），测其最大压差 $\Delta p_{max}(1)$，再用同一毛细管测不同浓度正丁醇溶液的最大压差 $\Delta p_{max}(2)$，采用上式可计算出不同浓度正丁醇溶液的 γ_2。

三、仪器和试剂

1. 仪器

恒温槽；表面张力测定装置（包括减压瓶）；精密压力计；容量瓶 100mL 1 个、50mL 9 个；移液管；洗耳球；蝴蝶夹。

2. 试剂

正丁醇（分析纯）；去离子水。

四、实验内容及操作步骤

1. 实验内容

(1) 配制不同浓度的正丁醇溶液。

(2) 采用最大泡压法测定不同浓度正丁醇溶液的表面张力。

(3) 采用 Gibbs 吸附等温式、Langmuir 吸附等温式及公式 $S=\frac{1}{\Gamma_{\infty}N_0}$ 计算正丁醇的分子截面积。

2. 操作步骤

① 按表 3-13 配制不同浓度的正丁醇溶液。

101

表 3-13　不同浓度正丁醇溶液的配制

样品编号	1	2	3	4	5	6	7	8	9
容量瓶体积/$\mathrm{cm^3}$	100	50	50	50	50	50	50	50	50
$V_{正丁醇}/\mathrm{cm^3}$	0.10	0.10	0.25	0.50	0.75	1.00	1.25	1.50	1.75

② 按照图 3-21 安装实验仪器，恒温槽温度调至 20.0℃，样品管内置待测液体，毛细管竖直放置，毛细管口与液面相切。恒温 5min 以上，测定液体的表面张力。

③ 测定纯水的最大压差。将样品管内加入一定量蒸馏水（水量以放入毛细管后管口刚

好与液面相切为准），旋动抽气瓶活塞让水缓缓滴下，使气泡从毛细管均匀逸出，记录出泡速度，后面的实验保持出泡速度一致，否则毛细管常数 K 会有误差（思考为什么?），系统放空，保证内外压力一致，同时精密压力计采零，记录精密压力计最大压差数据，记录 3 次最大值，取平均值，为一次采零数据。重复采零 3 次，将 3 次采零最大压差平均值再取平均值，即为该浓度下的 Δp_{max}（1）。

④ 同③法，测定各正丁醇溶液的 Δp_{max}(2)值，测量顺序由稀到浓，每次测量前用样品润洗样品管和毛细管。

五、数据处理

1. 通过表 3-14 数据，计算各浓度正丁醇溶液的表面张力，并作 γ-c 曲线。

表 3-14　数据记录

样品编号	1	2	3	4	5	6	7	8	9
c/mol·dm^{-3}									
Δp_{max}(1)/kPa									
Δp_{max}(2)/kPa									
γ/N·m^{-1}									

2. 用双玻璃棒法或等面积法，求六个以上切点（均匀分布）的 $\left(\frac{\partial \gamma}{\partial c}\right)_T$ 值。

3. 由吉布斯吸附等温式，计算不同浓度 c 的 Γ 值，并求 c/Γ 值。

4. 作 c/Γ-c 图，得一直线，由直线斜率求 Γ_∞ 值。

5. 由公式 $S=\frac{1}{\Gamma_\infty N_0}$ 计算出正丁醇的分子截面积。

6. 文献值：直链醇类的分子截面积约为 $2.2\times10^{-19}\,m^2$，计算相对误差。

六、思考题

1. 毛细管尖端为何要刚好接触液面？

2. 为什么毛细管的尖端要平整？选择毛细管直径大小时应注意什么？

3. 如果气泡出得过快，对结果有何影响？

4. 本实验采用的毛细管尖端要刚好接触液面，若采用在液面下确定的一定深度进行实验是否可以？若不可以则说明理由，若可以则说明如何使每一组实验控制变量平行一致。

5. 实验测定 25℃时液体的表面张力，若恒温槽温度控制存在正或负的偏差，分析对实验结果产生的误差。

6. 实验中存在哪些系统误差？如何规避？若不能规避掉，如何校正？

实验十

蔗糖水解反应速率常数的测定

一、实验目的

1. 理解准一级反应动力学特点，学习化学反应速率常数的物理意义。

2. 掌握用测定物理量代替测反应物浓度，从而来测定化学反应速率常数的原理；学习准一级反应动力学方程的推导过程和近似处理方法。

3. 学会用旋光法测定蔗糖水解反应的速率常数，掌握该测定方法的原理，进一步了解古根亥姆动力学数据处理方法。

4. 了解旋光仪的原理，掌握仪器的使用方法。

102

二、实验原理

在酸性介质中蔗糖水解反应为：

$$\underset{\text{蔗糖(右旋)}}{C_{12}H_{22}O_{11}} + H_2O \xrightarrow{H^+} \underset{\text{葡萄糖(右旋)}}{C_6H_{12}O_6} + \underset{\text{果糖(左旋)}}{C_6H_{12}O_6}$$

反应速率方程
$$r=-\frac{dc_{C_{12}H_{22}O_{11}}}{dt}=kc^{n}_{H_2O}c_{C_{12}H_{22}O_{11}}$$

文献报道 $n=6$。k 为反应速率常数，与温度及催化剂的种类和量有关。本实验测定室温条件下的反应速率常数。蔗糖和水的计量系数相等，蔗糖的摩尔质量为 $324.18g\cdot mol^{-1}$，水的摩尔质量是 $18.02g\cdot mol^{-1}$。在蔗糖浓度不大的情况下（质量分数 30%以下），蔗糖水解所消耗的水量是很小的，可认为 c_{H_2O} 基本保持不变，上式可简化为：

$$r=-\frac{dc_{C_{12}H_{22}O_{11}}}{dt}=k'c_{C_{12}H_{22}O_{11}}$$

积分得（下文 c 专指蔗糖浓度，下标为时间）：

$$\ln\frac{c_t}{c_0}=-k't \text{ 或 } \ln c_t=-k't+\ln c_0$$

以 $\ln c_t$ 对 t 作图得直线，斜率可得反应速率常数 k'。从上式可知 k' 值与反应起始时刻无关，故实验测定时即可计时为零时刻，即起始时刻可自定。

采用测物理量代替测量浓度要符合：①物理量与浓度之间具有线性关系；②物理量具有

加和性。由于蔗糖及其水解产物有旋光性，同时它们满足旋光度有加和性及与反应物浓度具有线性关系，因此，本实验采用旋光仪测定体系旋光度随时间的变化来测定速率常数。

影响物质旋光能力的因素很多，为了比较各物质的旋光能力可引入比旋光度的概念：

$$[\alpha]_{\mathrm{D}}^{t}=\frac{\alpha}{lc}\times 100$$

式中，t 为温度；D 表示光源波长为钠光谱的 D 线（589.3nm）；α 为测得的旋光度；l 为光程长度，dm；c 为浓度［100mL 溶液所含溶质的质量（g）］。

由此可得：

$$\alpha=\frac{[\alpha]_{\mathrm{D}}^{t}lc}{100}$$

可知当其它条件不变时旋光度与溶液浓度成正比，即：

$$\alpha=K_{\text{旋}}\,c$$

蔗糖、葡萄糖和果糖的比旋光度分别为 66.6°、52.5°、−91.9°，正角表示右旋，负角表示左旋。随着蔗糖的水解，体系的旋光度逐渐由右旋减小到零继而变成左旋。为方便起见，下面推导中浓度以物质的量浓度表示（不影响结果）。

初始旋光度和反应终了时的旋光度分别为：

$$\alpha_0=K_{\text{反}}\,c_0$$

$$\alpha_\infty=K_{\text{生}}\,c_0$$

式中，$K_{\text{反}}$ 与 $K_{\text{生}}$ 表示反应物和生成物的旋光比例常数；c_0 为反应物初始浓度，数值上等于生成物的最后浓度。

设时刻 t 时蔗糖浓度为 c_t，则生成物浓度为 c_0-c_t，此时溶液旋光度为 α_t，根据旋光度的加和性，得到：

$$\alpha_t=K_{\text{反}}\,c_t+K_{\text{生}}(c_0-c_t)$$

由此可得：

$$c_0=\frac{\alpha_0-\alpha_\infty}{K_{\text{反}}-K_{\text{生}}}$$

$$c_t=\frac{\alpha_t-\alpha_\infty}{K_{\text{反}}-K_{\text{生}}}$$

代入积分式 $\ln\frac{c_t}{c_0}=-k't$，得：$\ln(\alpha_t-\alpha_\infty)=-k't+\ln(\alpha_0-\alpha_\infty)$

由 $\ln(\alpha_t-\alpha_\infty)$-$t$ 作图得直线，直线斜率的负值即反应速率常数。此法需要测 α_∞，因 α_∞ 很难测准，为避免测 α_∞，可用古根亥姆法近似处理得到如下公式：

$$\ln(\alpha_t-\alpha_{t+\Delta t})=-k't+C$$

式中，Δt 选择一个合适的恒定时间间隔，最好是反应趋于平衡时间的一半。例如：本实验条件下，反应趋于平衡的时间在 60 多分钟，Δt 可取 32min。古根亥姆法的推导见后述六。采用 $\ln(\alpha_t-\alpha_{t+\Delta t})$-$t$ 作图得直线，直线斜率的负值即反应速率常数。

三、仪器和试剂

1. 仪器

旋光仪；秒表；25mL 移液管；100mL 烧杯；500mL 烧杯；洗耳球。

2. 试剂

蔗糖溶液；盐酸溶液。

四、实验内容及操作步骤

1. 实验内容

（1）对旋光仪各部件的功能进行了解，正确装样品。

（2）熟练操作，正确取得反应进行的合理时间段，测不同时刻反应系统的总旋光度。

（3）处理数据，用 $\ln(\alpha_t-\alpha_{t+\Delta t})$-$t$ 作直线，计算准一级速率常数 k'。

2. 操作步骤

（1）熟悉旋光仪（图 3-22）的正确操作方法

① 调节目镜焦距（图 3-22） 开机，预热大约 5min 后钠光灯亮起，光线射进起偏器得到偏振光，经旋光管（图 3-22）和检偏器到达目镜。几分钟后亮度稳定。调节焦距使视线清晰。

103

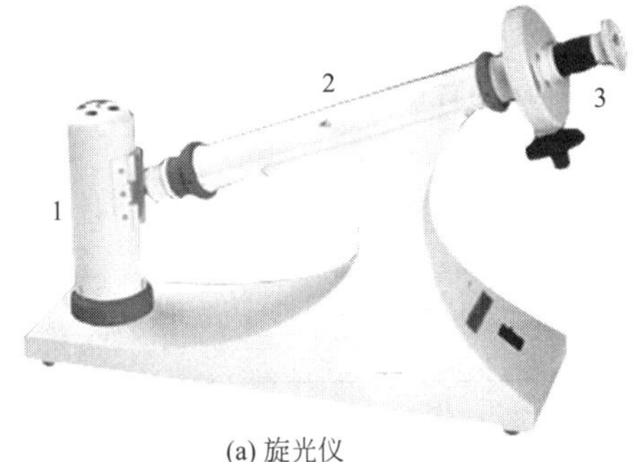

(a) 旋光仪

1—钠光灯；2—旋光管；3—目镜

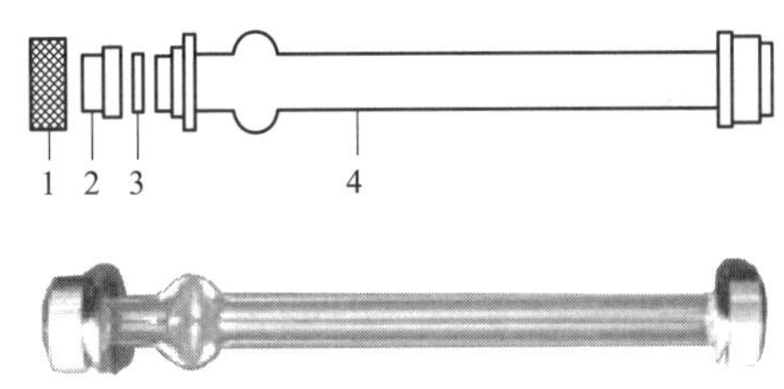

(b) 旋光管

1—螺帽；2—垫圈；3—专用玻璃片；4—样品管

图 3-22 旋光仪及旋光管示意图

② 零点校正 洗净旋光管，灌满纯水。在旋光管口加上专用玻璃片和橡皮垫圈，拧紧螺帽。如果旋光管内存有气泡，应将气泡驱至旋光管的凸起部分，否则视场模糊不清。调节检偏器旋钮(与刻度盘同轴连接)，旋钮调节过程中，从目镜中可以看到图 3-23 中（1）（3）图示的三分视场，在两者之间可以看到三分视场消失，此时刻度盘读数应为零，否则要记下零点值，以后测得的旋光度都要减去此零点值。

因为本实验处理数据时采用 $\ln(\alpha_t-\alpha_{t+\Delta t})$-$t$ 作图，两组旋光度之差值，把零点校正值减去了，所以本实验不需做零点校正。

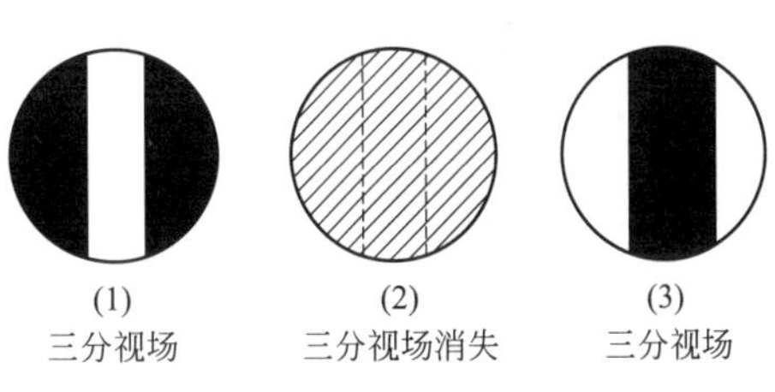

图 3-23 三分视场示意图

（2）不同时刻旋光度的测定

① 样品装管：用移液管吸取 20mL 20%的蔗糖溶液移入 100mL 烧杯中，另吸取 20mL 3mol·L^{-1} HCl 移入另一 100mL 烧杯中。将 HCl 溶液倒入蔗糖溶液中，搅拌混合后倒回盛 HCl 溶液的烧杯，如此反复几次，两溶液混合均匀。倒

出旋光管中的纯水，用反应混合液润洗旋光管，然后将反应混合液倒入旋光管中。此动作要快，因为两溶液混合后就立刻发生了反应。

② 旋光度测定：同（1）中②的操作方法调节至三分视场消失，立刻读数，此时同时启动秒表计时，即为 $t=0\text{min}$ 对应的旋光度 α_0。本实验中体系的旋光度随时间变化，实验方法的设计要在规定的时间间隔测定旋光度，因此，需要在测定数据时刻之前基本调至三分视场消失，这样可以及时读取实验数据。由于该反应大约 60min 完成，故选择 $\Delta t=32\text{min}$。测定数据的时间间隔能整除 32min，因此选择每隔 4min 测一次数据，即 α_4、α_8、α_{12}、…至 60min 测定完毕。

③ 以 $\ln(\alpha_t-\alpha_{t+\Delta t})$-$t$ 作图，由直线的斜率可得准一级反应的速率常数 k'。

如果反应恒温进行，结果更准确。可在旋光管外加一恒温水套，由超级恒温水浴泵出恒温水流经水套循环。如果自来水温度较稳定，也可用自来水恒温。

3. 注意事项

（1）装好样品后尽快调出三分视场消失点，立刻读取 $t=0\text{min}$ 时的数据，保证后面的数据在曲线阶段取值。

（2）读数据的时间点要准确，因此，要在测试时间点之前做好三分视场跟踪的读数准备。

（3）样品装管尽量不要出气泡，若出气泡将其调到旋光管凸起部分。

五、数据处理

1. 取 $\Delta t=32\text{min}$，计算列表（表 3-15）。

表 3-15 数据处理

t/min	0	4	8	12	16	20	24	28	32	36	40	44	48	52	56	60
α/(°)																
$\ln(\alpha_t-\alpha_{t+32})$																

2. 以 $\ln(\alpha_t-\alpha_{t+32})$ 对 t 作图，求直线斜率进而算出 k'。

在本实验条件下，k'值要求 10^{-2}min^{-1} 数量级，拟合直线的线性相关系数 0.98 以上。

六、古根亥姆（Guggenheim）动力学数据处理公式的推导

将式 $\ln(\alpha_t-\alpha_\infty)=-k't+\ln(\alpha_0-\alpha_\infty)$写成指数形式，对于任意时刻 t，有：

$$\alpha_t-\alpha_\infty=(\alpha_0-\alpha_\infty)e^{-k't}$$

对于 $t+\Delta t$ 时刻，有：

$$\alpha_{t+\Delta t}-\alpha_\infty=(\alpha_0-\alpha_\infty)e^{-k'(t+\Delta t)}$$

将上两式相减，可得：

$$\alpha_t-\alpha_{t+\Delta t}=(\alpha_0-\alpha_\infty)\left[e^{-k't}-e^{-k'(t+\Delta t)}\right]=(\alpha_0-\alpha_\infty)e^{-k't}(1-e^{-k'\Delta t})$$

取对数：

$$\ln(\alpha_t-\alpha_{t+\Delta t})=-k't+\ln\left[(\alpha_0-\alpha_\infty)(1-e^{-k'\Delta t})\right]$$

因为 α_0 和 α_∞是定值，Δt 是恒定的时间间隔，所以温度一定时上式的第二项为常数，可简化为：

$$\ln(\alpha_t-\alpha_{t+\Delta t})=-k't+C$$

七、思考题

1. 实验中，通常采用蒸馏水来校正旋光仪的零点。本实验蔗糖转化反应，实验过程所测的旋光度是否需要零点校正？为什么？

2. 混合蔗糖和盐酸溶液时，我们将盐酸加到蔗糖溶液里去，可否把蔗糖溶液加到盐酸中去？为什么？

3. 旋光管的凸起部分有何用途？

4. 由于装旋光管及调 $t=0\text{min}$ 时的三分视场消失读数点较慢，对实验会产生什么样的影响？

5. 本实验采用准一级反应动力学原理测定蔗糖水解反应速率常数，并采用测物理性质代替测物质浓度的方法，使用物理法测定的条件是什么？

6. 实验中存在哪些系统误差？如何规避？若不能规避掉，如何校正？

实验十一

乙酸乙酯皂化反应速率常数的测定

一、实验目的

1. 了解二级反应速率常数测定的原理。
2. 学会建立电导法测定乙酸乙酯皂化反应速率常数的数学模型及数据处理方法。
3. 进一步掌握电导率仪的使用方法。

二、实验原理

酯在碱性介质中的水解反应称作皂化。乙酸乙酯的皂化反应如下式所示：

104

$$
\begin{array}{lllll}
 & NaOH + & CH_3COOC_2H_5 \longrightarrow & CH_3COONa + & C_2H_5OH \\
t=0 & a & b & 0 & 0 \\
t=t & a-x & b-x & x & x
\end{array}
$$

此为二级反应，速率方程为：

$$r=\frac{dx}{dt}=k(a-x)(b-x)$$

式中，a、b 分别为 NaOH、$CH_3COOC_2H_5$ 的起始浓度；$a-x$、$b-x$ 和 x 分别表示反应任意时刻 t 时 NaOH、$CH_3COOC_2H_5$ 和皂化产物 CH_3COONa、C_2H_5OH 的浓度。

为方便起见，在设计实验时使 $a=b$，反应速率方程简化为：

$$r=\frac{dx}{dt}=k(a-x)^2$$

积分得：

$$k=\frac{x}{a(a-x)t}$$

皂化反应的逆反应很少，可认为基本完全进行，稀溶液中 NaOH、CH_3COONa 可完全电离。反应各阶段各物质的浓度见表 3-16。

表 3-16　乙酸乙酯皂化反应各阶段各物质浓度

时间	NaOH	$CH_3COOC_2H_5$	CH_3COONa	C_2H_5OH
0	a	a	0	0
t	$a-x$	$a-x$	x	x
∞	0	0	a	a

测定化学反应速率常数 k 的实验方法，既可以用化学法，也可以采用物理方法直接测定。物理

方法相对更加简捷和准确。本实验采用物理法中的电导法。其可行性根据是：①溶液中 OH^- 的电导率比 CH_3COO^- 大很多，随反应的进行 OH^- 减少，整个体系电导变化明显；②稀溶液中各强电解质的电导率与其浓度成正比且呈线性关系；③溶液总电导率等于各电解质电导率之和。于是：

$$\kappa_0 = K_1 a$$

$$\kappa_\infty = K_2 a$$

$$\kappa_t = K_1(a-x) + K_2 x$$

式中，K_1、K_2 是与温度、溶剂、电解质性质有关的比例常数；κ_0、κ_∞ 分别为反应开始和终了时溶液的电导率（反应开始时只有 NaOH 导电，终了时只有 CH_3COONa 导电）；κ_t 是 t 时刻溶液的总电导率。

由此三式得：

$$x = \left(\frac{\kappa_0 - \kappa_t}{\kappa_0 - \kappa_\infty}\right) a$$

代入积分式得：

$$k = \frac{1}{at}\left(\frac{\kappa_0 - \kappa_t}{\kappa_t - \kappa_\infty}\right)$$

整理得：

$$\kappa_t = \kappa_\infty + \frac{1}{ka} \times \frac{\kappa_0 - \kappa_t}{t}$$

因实验中用同一支电导电极，上式中的电导率 κ 可用实测的电导 G 代替。二者关系为 $\kappa = KG$，K 为电导池常数，同一支电极是相同的，在上式中可以消去，故得：

$$G_t = G_\infty + \frac{1}{ka}\left(\frac{G_0 - G_t}{t}\right)$$

以 G_t 对 $\frac{G_0 - G_t}{t}$ 作图，由直线的斜率 $\frac{1}{ka}$ 可算得 k。

三、仪器和试剂

1. 仪器

恒温槽；电导率仪；电导电极；秒表；容量瓶；150mL 锥形瓶；25mL 移液管；1mL 吸量管 1 支；小块滤纸。

2. 试剂

乙酸乙酯（分析纯）；标准 NaOH 溶液（约 $0.02\text{mol} \cdot L^{-1}$，标定出准确值）。

四、实验内容及操作步骤

1. 实验内容

（1）根据标定的标准 NaOH 溶液的浓度，配制同浓度的乙酸乙酯溶液。

（2）测定不同 t 时刻的反应体系的电导 G。

（3）准确量取标准 NaOH 溶液，采用去离子水稀释一倍，测其电导值 G_0。

105

2. 操作步骤

① 配制乙酸乙酯溶液，其浓度要与标准 NaOH 溶液相同。室温下乙酸

乙酯相对密度为 0.9，要配制 250mL 溶液需纯乙酸乙酯的体积$\frac{V}{\mathrm{mL}}=\frac{88.06c/\mathrm{mol\cdot L^{-1}}}{4\times0.9}$，$c$ 为 NaOH 标准溶液的浓度，乙酸乙酯的摩尔质量为 88.06。用吸量管吸取体积 VmL 乙酸乙酯移入盛有适量水的 250mL 容量瓶中稀释至刻度。

② 配制测量初始电导率的 NaOH 溶液，并准确测其电导 G_0。用移液管吸取 25mL NaOH 标准溶液，置于干燥的锥形瓶中并用纯水准确稀释 1 倍，放入 25℃恒温槽恒温 3～5min。开启电导率仪电源预热 10min，将电导电极插入溶液浸没铂片。电导率仪“常数”置于 1.0，“温度”置于 25℃，“量程”置于大量程，选择开关置于“校正”，调节“校正”旋钮使数值显示 1000（忽略小数点的位置），然后再将开关置于“测量”，选取合适的挡位，读取数值。测三次，取平均值。此值即为反应开始时（零时刻）的电导 G_0。量程挡位根据有效数字的要求选取。

③ 用移液管吸取 25mL NaOH 标准溶液和 25mL 乙酸乙酯溶液，分别置于干燥的锥形瓶中，此二锥形瓶同时放入 25℃恒温槽内恒温。3～5min 后将一瓶中的溶液倒入另一瓶内混合，再将混合的溶液倒回前一瓶内，如此反复二三次可认为两溶液混合均匀。两溶液混合后仍放回恒温槽恒温。当两溶液刚刚混合倒入一半时开启秒表计时，即为零时刻。下一测量时间点至 6min 测定溶液电导 G_1，以后每隔 2min 测一次，12min 后每隔 4min，40min 后每隔 6min，至 64min 测定结束，共测 15 组数据。

3. 注意事项

（1）测量 NaOH 标准溶液电导时，配制完成后立即测量，避免放置时间过长。

（2）化学反应速率常数是温度的函数，注意实验中温度控制的准确性，包括恒温槽的温度控制和反应物的预热。

五、数据处理

1. 实验原始数据表（表 3-17）：

表 3-17 数据记录

t/min	0	6	8	10	12	16	20	24	28	32	36	40	46	52	58	64
G_t/S																
$\frac{G_0-G_t}{t}$/S·min^{-1}																

2. 作 G_t-$\frac{G_0-G_t}{t}$图，由直线的斜率计算反应速率常数 k。NaOH 标准溶液浓度和乙酸乙酯溶液浓度已知且相等，从斜率求速率常数时，式中 $a=\frac{c}{2}$。

六、思考题

1. 本实验为什么可用测定反应系统的电导率变化来代替浓度的变化？为什么要求反应的溶液为稀溶液？

2. 为什么本实验要求当溶液一开始混合就立刻计时？此时反应液中的 c_0 应为多少？

3. 测初始 G_0 时，最好是配制好 NaOH 溶液后立刻测其电导，若过一段时间后才测量，对反应速率常数 k 可能产生的偏差进行分析。

4. 实验中存在哪些系统误差？如何规避？若不能规避掉，如何校正？

实验十二

絮凝法处理染料废水的工艺优化研究

一、实验目的

1. 了解工业废水常用的各种处理方法。
2. 了解絮凝法处理废水的原理，学会优化处理工艺的实验设计及研究方法。
3. 学习标准曲线的绘制及应用。

二、实验原理

106

印染废水是较难治理的工业废水之一，采用絮凝法处理印染废水是一种高效低成本的处理方法，同时也可以同其他方法联用进行废水治理，对该方法进行研究具有重要的经济效益及社会效益。

絮凝剂与被处理的物质之间，可以通过电荷吸引、微粒吸附黏结、架桥、交联等作用形成大絮状体进行沉降，再进行固液分离达到处理的效果。本实验所选用的絮凝剂具有如上性质，絮凝处理后可形成絮片网状结构，进而沉降，固液分离后实现对印染废水的处理。

本实验的模拟印染废水选用直接湖蓝5B，将其配制成一定浓度的溶液。选用的絮凝剂为PAC（聚合氯化铝，简称聚铝，又名絮凝剂、助凝剂、混凝剂，该产品是一种无机高分子混凝剂，主要通过电中和、表面吸附、架桥吸附形成沉淀物，通过交联剂形成絮片实现网捕）和PAM（聚丙烯酰胺，该产品的聚合分子能与分散于溶液中的悬浮粒子形成架桥吸附、交联吸附，有着极强的絮凝作用）。两种絮凝剂混合使用，对模拟染料废水进行处理，絮凝后形成大絮状体沉降，再进行固液分离达到处理的效果。本实验针对一定量及一定浓度的模拟印染废水，进行最佳投药量、投药比例、絮凝时间及沉降时间的工艺研究。在最佳工艺的研究中学习对比实验的控制变量法的实验设计。

定性检验处理效果：采用可见分光光度计法，测量染料废水处理前后水质的吸光度。采用如下公式进行脱色率的计算，实现对工艺的评价比较：

$$脱色率=\frac{A_0-A}{A_0}\times\%$$

式中，A_0为染料废水处理前的吸光度；A为染料废水处理后的吸光度。

使用可见分光光度计检测之前，首先确定最佳吸收波长，采用配制的模拟染料溶液进行寻峰。然后按照仪器使用说明书进行操作使用。

定量检验处理效果：对脱色率较好的工艺条件，是否能达到国家环境保护的排放标准，对该溶液中的微量残留量进行定量分析，采用标准工作曲线对比法。

首先采用直接湖蓝 5B 染料配制不同浓度的标准溶液，在最佳吸收波长条件下，分别测其吸光度 A。绘制 A-c 标准工作曲线（图 3-24），然后用处理效果最好的工艺的吸光度，查阅标准工作曲线，查得的浓度即是残留量。进一步查文献，看其是否符合国家排放标准。

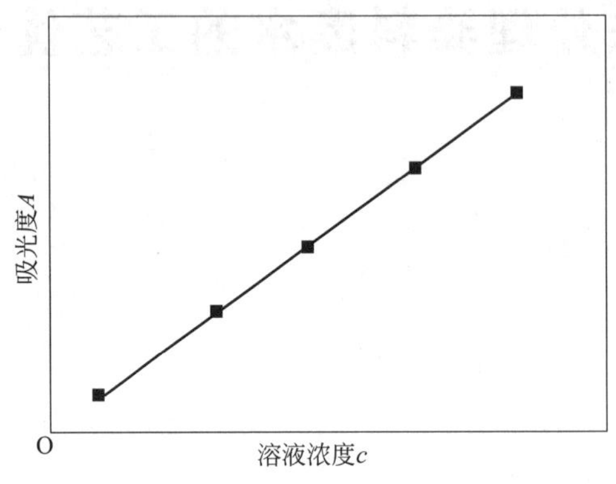

图 3-24　A-c 标准工作曲线示意图

三、仪器和试剂

1. 仪器

100mL 烧杯；50mL 量筒；500mL 烧杯（临时放废液用）；比色皿每组 4 个；电磁搅拌及磁子一套；可见分光光度计（公用，但是每个实验组使用的仪器要固定）；25mL 容量瓶每组 6 个；100mL 容量瓶每组 1 个；移液管 5mL、10mL（公用）；塑料滴管（带刻度）；电脑内装 Origin 软件。

2. 试剂及耗材

絮凝剂 PAC（2.5%）250mL（多组公用，配备专用滴管，使用前摇匀）；PAM（0.05%）250mL 溶液（多组公用，配备专用滴管）；含直接湖蓝 5B 约 $0.1g \cdot L^{-1}$ 的模拟废水（用自来水配制，塑料桶装公用）；直接湖蓝 5B 染料；去离子水；镜头纸；小块滤纸。

四、实验内容及操作步骤

1. 实验内容

(1) 处理染料废水加药量工艺研究。按照实验讲义事先设计的初步方案进行加药量、搅拌时间、沉降时间实验。

(2) 采用可见分光光度计，对处理结果进行定性分析，根据脱色率计算，分析 4 个方案中的最佳工艺，并对其进行分析。

(3) 根据 (2) 的实验，在最佳工艺的基础上进一步调整工艺方案进行研究，取得更好的工艺。

（4）绘制标准工作曲线，进行定量检验，将（2）（3）实验中的最佳方案与标准工作曲线对比，计算处理后的液体中的残留量。

（5）查阅国家环境保护排放标准，分析最佳方案是否符合国家排放标准。

2. 操作步骤

107

① 絮凝法处理染料废水投药量工艺的研究。分别量取事先配制的模拟直接湖蓝5B染料废水40mL，移入事先洗净的4个100mL烧杯中，按照表3-18中实验条件分别进行实验（做对比实验注意控制变量的一致性，除了表3-18中给定的控制变量，还需要考虑的控制变量有哪些?）。

表3-18　絮凝法处理染料废水投药量研究的初始工艺

序号	试样	①	②	③	④
1	染料废水取样体积 V/mL	40	40	40	40
2	PAC(2.5%)溶液的 V/mL	0.5	1	0.5	1
3	搅拌时间 t/min	1	1	1	1
4	PAM(0.05%)溶液的 V/mL	0.5	0.5	1	1
5	搅拌时间 t/min	2	2	2	2
6	沉降时间 t(一致时间即可)/min	3	3	3	3

② 模拟染料废水处理结果定性分析。取上清液，用分光光度计测其吸光度，同时测定处理前原液的吸光度，并计算每种投药工艺的脱色率（表3-19）（可见分光光度计的使用：事先看仪器操作说明；首先寻峰找最佳波长λ，在最佳波长条件下测定吸光度；为消除系统误差，实验全程使用同一台仪器）。

表3-19　絮凝法处理染料废水投药量研究的数据比较

序号	试样	①	②	③	④
2	PAC(2.5%)溶液的 V/mL	0.5	1	0.5	1
4	PAM(0.05%)溶液的 V/mL	0.5	0.5	1	1
7	吸光度 A				
8	脱色率/%				

③ 由脱色率的计算结果，对比絮凝剂的投药量的关系，进一步设计表3-20四组实验进行投药量工艺优化。

表3-20　絮凝法处理染料废水投药量研究的进一步实验设计

序号	试样	⑤	⑥	⑦	⑧
1	染料废水取样体积 V/mL	40	40	40	40
2	PAC(2.5%)溶液的 V/mL				
3	搅拌时间 t/min	1	1	1	1
4	PAM(0.05%)溶液的 V/mL				
5	搅拌时间 t/min	2	2	2	2
6	沉降时间 t/min	3	3	3	3
7	吸光度 A				
8	脱色率/%				

④ A-c 标准工作曲线的绘制。准确称取一定量的直接湖蓝 5B 固体粉末于 100mL 容量瓶中，稀释至刻度，配制成浓度为 0.1000g/L 标准溶液。在 5 只 25mL 容量瓶中，分别倍率稀释至 0.8、0.6、0.4、0.2、0.1，采用可见分光光度计测这 6 组标准溶液的吸光度，吸收波长及对应的仪器同上述实验。采用 Origin 软件绘制标准工作曲线，理论上曲线外推应通过 O 点，相关系数要求大于 0.999。

⑤ 对前面 8 个处理工艺中的研究结果，取最佳工艺测定的结果进行定量分析，从标准工作曲线中查出处理后的水中的残留量，查阅文献对比实验结果是否达到国家可排放的标准。

五、思考题

1. 查阅文献进一步学习电中和吸附、微粒表面吸附、架桥吸附、沉淀物网捕等机理。

2. 对模拟废水的处理结果的残留量进行查标准工作曲线分析，查阅国家环境排放标准，实验结果是否达到排放标准？

3. 定性定量分析了如上实验设计方案，对取得最佳工艺的实验方案，进一步设计研究实验方案，说明设计理由。

4. 查阅文献学习多变量实验条件的正交设计方法，采用正交设计进行研究最佳工艺条件的实验方案设计。

5. 可见分光光度计比色法合适分析的对象是什么？

6. 本实验为什么要求实验全程使用同一台分光光度计进行分析？实验中存在哪些系统误差？如何规避？若不能规避掉，如何校正？

7. 本实验是对比实验控制变量法，除了讲义中要求的控制变量，还有哪些变量要控制？

8. 本实验是研究型加设计型实验，是絮凝剂处理该废水研究进行到一定阶段后的进一步优化的研究实验。如果是从头开始研究，请设计研究方案。

实验十三
过氧化氢分解反应多因素对反应速率的影响研究

一、实验目的

1. 了解过氧化氢在生产实践中的应用。

2. 学习搭建实验装置，学习整体联动装置的测试原理。

3. 了解过氧化氢分解反应原理及分解反应动力学原理。

4. 采用控制变量法研究催化剂、反应物浓度及反应温度对化学反应速率的影响，了解催化剂的意义和作用。

5. 通过对比研究，培养科学探究思维方法、分析问题解决问题的能力。

二、实验原理

108

1. 常温常压下，H_2O_2 在没有催化剂存在时，分解反应进行得很慢，但是，当加入催化剂或升温时，该分解反应速率较快。H_2O_2 分解反应方程式如下：

$$H_2O_2 = H_2O + \frac{1}{2}O_2\uparrow$$

（催化剂如：MnO_2 粉末、KI 溶液、$FeCl_3$ 溶液、$CuSO_4$ 溶液等）

2. H_2O_2 分解反应动力学机理为一级反应，其微分方程及积分方程为：

$$-\frac{dc_{H_2O_2}}{dt} = kc_{H_2O_2}$$

$$\ln\frac{c_{H_2O_2,0}}{c_{H_2O_2}} = kt$$

$\ln c_{H_2O_2}$-t 呈线性关系，其斜率可得速率常数。

3. 本实验采用测定过氧化氢分解产生的氧气的体积代替浓度的测定，采用古根亥姆法（推导原理见蔗糖水解反应速率常数的测定）处理 H_2O_2 分解反应动力学数据，避免了测定 V_∞ 即可求出反应速率常数。推出的一级反应动力学积分方程的线性关系为：

$$\ln(V_t - V_{t+\Delta t}) = -k't + C$$

以 $\ln(V_t - V_{t+\Delta t})$-$t$ 作图，直线的斜率可得该反应的速率常数。

4. 外界条件如反应温度、反应物浓度、催化剂种类、催化剂的形态及量等，对化学反应速率常数具有影响。

① 在其他条件不变时，增大反应物浓度，单位体积内活化分子数相应增大，有效碰撞概率提高，反应速率加快。

② 在其他条件不变时，升高反应温度，反应物分子能量增加，从而增大了活化分子数目，使有效碰撞概率提高，反应速率加快。

③ 在其他条件不变时，通过加入催化剂，可以加快反应速率。

本实验通过分别改变反应物浓度、反应温度、加入催化剂的量等，研究各种条件的变化对反应速率的影响。

三、仪器和试剂

实验装置的搭建和连接如图 3-25 所示。

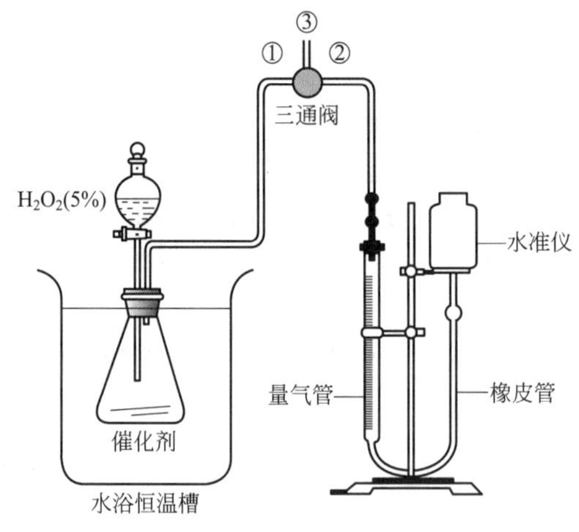

图 3-25　实验装置

1. 仪器

胶头滴管；三口烧瓶、大试管或锥形瓶均可以；10mL 量筒；滴液漏斗 100mL（气体发生装置中的加液装置）；三通阀；量气管；橡皮管；铁架台；水准仪；秒表；T 形管；水浴恒温槽；电脑及内装 Origin 软件。

2. 试剂

分析纯 H_2O_2（30%）；新配制的 5 %H_2O_2 和 7.5 %H_2O_2；KI 溶液（0.1mol・L^{-1}）。

四、实验内容及操作步骤

1. 实验内容

（1）催化剂对 H_2O_2 分解反应速率的影响。

（2）反应物浓度对 H_2O_2 分解反应速率的影响。

（3）温度对 H_2O_2 分解反应速率的影响。

2. 操作步骤

109

① 按照图 3-25 所示连接实验装置，检验装置的气密性。

② 调节恒温槽温度，在 25℃条件下进行实验。

a. 按照表 3-21 分别完成实验序号 1、2、3、4 实验，若有催化剂加入，事先将催化剂加入三口烧瓶内。

b. 在滴液漏斗中加入 H_2O_2 溶液，采用 T 形管上方的夹子调节量气管的零刻度。

c. 打开滴液漏斗活塞，使 H_2O_2 溶液快速流入烧瓶中进行反应，同时快速关闭滴液漏斗活塞，立即打开量气管上方的活塞同时记录零点时间，半分钟记录一次气体的体积数值，待气体到达量气管底部时结束实验。

③ 调节恒温槽温度，在 30℃条件下进行实验序号 5 的实验，操作步骤同上。

3. 注意事项

(1) 保证系统的密闭性。

(2) 保证 5 个实验的起始记录状态一致。

(3) 注意水准仪的水平读数。

4. 实验设计方案

见表 3-21。

表 3-21　催化剂、反应物浓度及温度对 H_2O_2 分解反应速率的影响实验设计方案

实验序号	1	2	3	4	5
V(5%H_2O_2 溶液)/mL	5	5	5	—	5
V(7.5%H_2O_2 溶液)/mL	—	—	—	5	—
V(KI 溶液)/mL	—	1.0	1.5	1.0	1.0
温度 T/℃	25	25	25	25	30
V(收集气体)/mL					
数据处理方法	采用古根亥姆法处理一级反应速率方程，作图计算反应速率常数，作 $V_{H_2O_2}$-t 曲线，比较各种因素对反应速率的影响				

五、数据处理

见表 3-22。

表 3-22　实验数据记录

t/min	0	0.5	1	1.5	2	2.5	3	3.5	4	4.5	5	5.5	6	6.5	7
V/mL															
t/min	7.5	8	8.5	9	9.5	10	10.5	11	11.5	12	12.5	13	13.5	14	14.5
V/mL															
t/min	15	15.5	16	16.5	17	17.5	18	18.5	19	19.5	20	20.5	21	21.5	……
V/mL															

六、实验结论

见表 3-23。

表 3-23 各种因素对分解反应速率影响的实验结论

比较实验编号	实验结论
实验 1 和 2 比较	
实验 2 和 3 比较	
实验 2 和 4 比较	
实验 2 和 5 比较	

七、误差分析

1. 用秒表计时，每次对液面与刻线相平的判断不同，每个人的反应时间也因人而异，由此会造成一定误差。

2. 对比实验中，每次实验要控制哪些量一定相同或控制哪些步骤要平行，否则会使实验结果产生误差。

3. 量气管的零点不同是否会产生误差。

八、思考题

1. 本实验中除了催化剂的量、反应物浓度及温度直接影响反应速率，还有哪些条件会影响 H_2O_2 的分解反应速率?

2. 请结合本实验装置和操作过程，分析如何改进实验装置减少人为误差。

3. 实验中存在哪些系统误差，是否对实验结果产生影响?若有影响，在实验中如何处理?

4. 讨论恒温槽温度的控制准确性和系统的密闭性对实验结果的影响。

实验十四

n 分之一衰期法测定化学反应的表观活化能

一、实验目的

1. 了解反应活化能的意义及其测定方法的一般原理。
2. 理解 n 分之一衰期法的原理和实验条件。
3. 学会使用 n 分之一衰期法测定一级反应的表观活化能。

二、实验原理

温度对化学反应速率的影响，最常用的有阿伦尼乌斯（Arrhenius）方程，其指数式为：

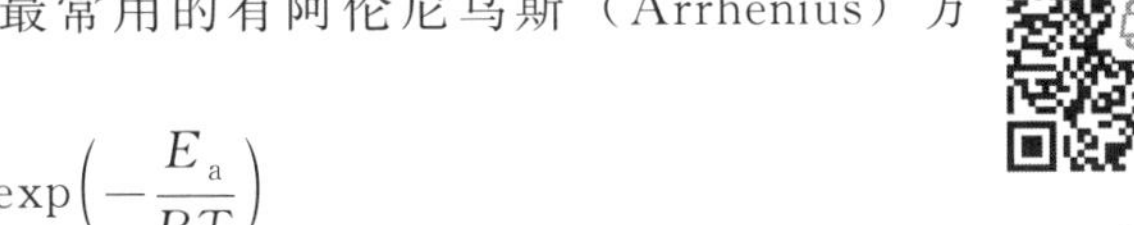

110

$$k=A\exp\left(-\frac{E_a}{RT}\right)$$

求导数，可得 Arrhenius 微分方程：

$$\frac{\mathrm{d}\ln k}{\mathrm{d}T}=\frac{E_a}{RT^2}$$

式中，E_a 为活化能，A 为指前因子。

对于基元反应，活化能的物理意义是：发生反应的反应物分子到活化分子（通常形成活化络合物）能垒的能量。对于非基元反应上式仍然符合，但是式中 E_a 是组成它的各基元反应活化能的组合，称为表观活化能。实验测得的活化能大多是表观活化能。

由 Arrhenius 方程的微分式可知，一定温度下，反应的表观活化能 E_a 越大，升高单位温度时速率常数升高得也多，即此类反应对温度越敏感。

由 Arrhenius 方程的指数式取对数：

$$\ln k=\ln A-\frac{E_a}{RT}$$

可知 $\ln k$-$\frac{1}{T}$是直线关系，可通过直线的斜率$-\frac{E_a}{R}$计算 E_a。

对于简单反应，速率常数 k 与反应物$\frac{1}{n}$衰期的乘积 $kt_{1/n}$，在一定温度下是一个常数。于是可以通过测定不同温度下的 $t_{1/n}$，计算出活化能，称为 n 分之一衰期法，也是测定活化能的简单方法之一。$\frac{1}{n}$衰期是指反应中某反应物反应掉$\frac{1}{n}$物质的量所需的时间，例如 $n=2$，

则 $t_{1/n}$ 称为该反应物的$\frac{1}{2}$衰期或称半衰期。所谓简单反应是指只有一种反应物，或是仅一种反应物的量有变化。对于有两种或两种以上反应物的反应，只要各反应物投料量的比例与反应式中的计量数成比例，那么它们的$\frac{1}{n}$衰期都是相同的，将这些反应也称为简单反应。

本实验反应如下：

$$K_2S_2O_8 + 2KI \longrightarrow 2K_2SO_4 + I_2$$

离子方程式：

$$S_2O_8^{2-} + 2I^- \longrightarrow 2SO_4^{2-} + I_2$$

采用$\frac{1}{n}$衰期法测定反应活化能。实验方案设计如下：

在如上反应体系中加入一定量的 $Na_2S_2O_3$ 和几滴淀粉溶液，反应开始后所生成的 I_2 立即被 $Na_2S_2O_3$ 还原成 I^-，反应如下：

$$I_2 + 2S_2O_3^{2-} \longrightarrow 2I^- + S_4O_6^{2-}$$

待 $Na_2S_2O_3$ 耗尽后，游离的 I_2 与淀粉生成蓝色物质，从而指示 $K_2S_2O_8$ 已反应掉$\frac{1}{n}$。此处 $n=\frac{K_2S_2O_8\text{ 的量}}{Na_2S_2O_3\text{ 的量}}\times 2$，因子 2 是上式反应中 $S_2O_8^{2-}$ 与 $S_2O_3^{2-}$ 的计量关系，由化学反应计量方程式可知，$S_2O_3^{2-}$ 的消耗量恒为 $S_2O_8^{2-}$ 的两倍。当 $K_2S_2O_8$ 与 $Na_2S_2O_3$ 的量确定时，n 是确定值。本实验要求 $n>1$。

上式反应中，在 $t_{1/n}$ 时间内，由于有 $Na_2S_2O_3$ 的还原作用，I^- 的量一直保持不变，消耗的仅是 $K_2S_2O_8$。实验证明该反应为一级反应，速率方程的积分式为：

$$kt_{1/n} = \ln\frac{a}{a-x}$$

式中，a 为 $K_2S_2O_8$ 的初始浓度；$a-x$ 是任意时刻 t 时 $K_2S_2O_8$ 的浓度。

$t=t_{1/n}$ 时 $x=\frac{a}{n}$，代入上式得：

$$kt_{1/n} = \ln\frac{n}{n-1} = C$$

对于同一反应，同一初始浓度，达到同一反应衰期，不同温度时，k 与 $t_{1/n}$ 都不同，但其乘积不变。

上式的两边取对数，然后与阿伦尼乌斯公式联立解得：

$$\ln t_{1/n} = \frac{E_a}{RT} + C$$

$\ln t_{1/n}$ 对$\frac{1}{T}$作图，从斜率可算得活化能 E_a。

三、仪器和试剂

1. 仪器

恒温槽；秒表；150mL 锥形瓶 4 个；10mL 移液管 1 支；20mL 移液管 2 支。

2. 试剂

KI 与 KCl 混合液；0.02mol·L^{-1} $K_2S_2O_8$ 溶液；0.01mol·L^{-1} $Na_2S_2O_3$ 溶液；淀粉溶液。

四、实验内容及操作步骤

1. 实验内容

（1）调节恒温槽；配制 KI 与 KCl 混合液、$K_2S_2O_8$ 溶液、$Na_2S_2O_3$ 溶液。

（2）反应物溶液恒温，进行反应，变色时计时。

（3）继续升温 3～5℃，按照（2）测 4～5 个温度点。

2. 操作步骤

① 调节恒温槽温度至比室温稍高的某一整数温度（如 21℃或 22℃等）。

② 配制溶液：配制 KI 与 KCl（0.1mol・L^{-1} KI＋0.2mol・L^{-1} KCl）混合液、0.02mol・L^{-1} $K_2S_2O_8$ 溶液、0.01mol・L^{-1} $Na_2S_2O_3$ 溶液。

111

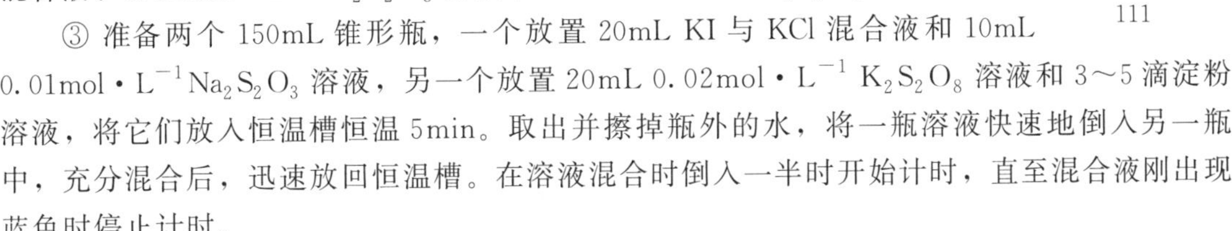

③ 准备两个 150mL 锥形瓶，一个放置 20mL KI 与 KCl 混合液和 10mL 0.01mol・L^{-1} $Na_2S_2O_3$ 溶液，另一个放置 20mL 0.02mol・L^{-1} $K_2S_2O_8$ 溶液和 3～5 滴淀粉溶液，将它们放入恒温槽恒温 5min。取出并擦掉瓶外的水，将一瓶溶液快速地倒入另一瓶中，充分混合后，迅速放回恒温槽。在溶液混合时倒入一半时开始计时，直至混合液刚出现蓝色时停止计时。

④ 将恒温槽温度升高 3～5℃，同③法测定第 2 个温度的 $t_{1/n}$，接着继续升高温度测定其他温度的 $t_{1/n}$。共测 4～5 组数据，温度间隔应大致相同。

五、数据处理

1. 将温度及该温度下 $t_{1/n}$ 列表（表 3-24），作 $\ln t_{1/n}$-$\frac{1}{T}$图，由直线的斜率计算活化能 E_a。

表 3-24　数据记录

实验序号	1	2	3	4	5
T/℃					
$t_{1/n}$/min					
$\ln t_{1/n}$					
$1/T$/K^{-1}					

2. 该反应活化能文献值 E_a＝50.21kJ・mol^{-1}，计算相对误差。

六、思考题

1. n 分之一衰期法测定反应活化能的原理是什么？对其他反应类型或其他级数的反应是否适用？推理加以说明。

2. 实验中不同温度下完成同样实验操作内容，需要控制的变量有哪些？若控制不好会带来哪些误差？

3. 实验数据可以计算不同温度下的速率常数，通常采用 $\ln k$-$\frac{1}{T}$作直线计算 E_a。本实验采用 $\ln t_{1/n}$-$\frac{1}{T}$作图计算 E_a，需要满足的实验条件有哪些？

4. 实验中存在哪些系统误差？如何规避？若不能规避掉，如何校正？

实验十五

甲基紫与氢氧根反应级数及速率常数的测定

一、实验目的

1. 用孤立浓度法测定双分子反应的反应级数和速率常数。
2. 学会用可见分光光度法测定显色物质的瞬时浓度。
3. 研讨该反应的动力学机理。

二、实验原理

112

本实验用比色法原理测双分子反应的反应速率。反应物是离子型的，其中一个是高度显色的甲基紫（methyl violet），俗称龙胆紫、结晶紫（ crystal violet，简称 dye）；另一个是氢氧根离子（OH^-），产物是无色的。因此可以通过测定不同时间间隔色密度的下降，即用可见分光光度计测定系统吸光度的变化来计算双分子反应的速率常数。

反应式为：

$$n(C_{25}H_{20}N_8)^+ + mOH^- \longrightarrow nC_{25}H_{20}N_8(OH)_{m/n}$$

实验证明该反应的级数为 $m=n=1$，即为双分子反应。

该反应速率的微分方程的一般形式为：

$$-\frac{d[dye]}{dt}=k[OH^-]^m[dye]^n \tag{3-1}$$

采用孤立浓度法（反应物中一个浓度远远大于另一个物质的浓度）加以简化，本实验中结晶紫的浓度为 $1\mu mol \cdot L^{-1}$，OH^- 浓度为 $4\sim 8mmol \cdot L^{-1}$，即 OH^- 大大过量，在反应中可认为 OH^- 的浓度基本不变，则反应速率方程可简化为：

$$-\frac{d[dye]}{dt}=k'[dye]^n \tag{3-2}$$

其中：

$$k'=k[OH^-]^m \tag{3-3}$$

假设 $n=1$，对式(3-2) 积分得：

$$\ln\frac{[dye]_0}{[dye]_t}=k't \tag{3-4}$$

式中，$[dye]_0$ 和 $[dye]_t$ 分别表示结晶紫初始时和 t 时刻的浓度。

该体系结晶紫的浓度与吸光度呈直线关系。即可得：

$$\frac{[\mathrm{dye}]_0}{[\mathrm{dye}]_t}=\frac{A_0}{A_t}$$

由此得：

$$\ln A_t=\ln A_0-k't \tag{3-5}$$

若 $\ln A_t$ 对 t 作图得一直线，证实 $n=1$，斜率为 $-k'$，可求得 k' 值。

由式(3-3) 知，$k'=k[\mathrm{OH^-}]^m$，其中 k 和 m 是待求的。由两个不同初始浓度的 $\mathrm{OH^-}$ 可以得到两个对应的 k'，从而建立两个方程：

$$k_1'=k\,[\mathrm{OH^-}]_1^m \tag{3-6}$$

$$k_2'=k\,[\mathrm{OH^-}]_2^m \tag{3-7}$$

可解得 m 和 k。

三、仪器和试剂

1. 仪器

可见分光光度计；超级恒温水浴；秒表；50mL 容量瓶 4 个；100mL 容量瓶 5 个；10mL 移液管 3 支；洗耳球 1 个；锥形瓶 3 个。

2. 试剂

将 0.028～0.030g 结晶紫溶解在 1L 水中备用；0.1mol·$\mathrm{L^{-1}}$ NaOH 溶液。

四、实验内容及操作步骤

1. 实验内容

（1）配制溶液，调节恒温槽温度。

（2）可见分光光度计寻最佳吸收波长。

（3）配制标准浓度的结晶紫溶液，测其吸光度，以 $\ln A_t$-t 作图，证明线性关系，验证反应为一级反应。

（4）在最佳吸收波长条件下，测氢氧根浓度（1）条件下，不同时间反应体系的吸光度。

（5）继续在氢氧根浓度（2）条件下，测不同时间反应体系的吸光度。

（6）计算氢氧根离子的反应级数及速率常数。

2. 操作步骤

113

① 将恒温槽调节到 25℃ 恒温。

② 按照说明书的操作规则，调节可见分光光度计。

③ 结晶紫与吸光度的线性关系的验证：取 2mL、4mL、6mL、8mL、10mL 结晶紫溶液，分别加入至 100mL 容量瓶中，充分摇匀，分别测每个溶液的吸光度，以吸光度对结晶紫的体积（mL）作图。

④ 取 10mL 结晶紫溶液加入到 50mL 容量瓶中，用去离子水稀释到满刻度，在另一只 50mL 容量瓶中加入 4mL 0.1mol·$\mathrm{L^{-1}}$ NaOH 溶液，用去离子水稀释到刻度，同时将 2 个容量瓶放入 25℃ 恒温槽内恒温 10min。

⑤ 将上述已恒温的溶液从容量瓶倒入锥形瓶内混合均匀，同时按动秒表计时，将混合

溶液注入分光光度计的比色皿中，每隔 3～4min 记录一次吸光度。共记录 6～8 个数据。

⑥ 取 10mL 结晶紫溶液和 8mL 0.1mol·L^{-1} NaOH 溶液重复上述④、⑤步骤。

五、数据处理

见表 3-25～表 3-27。

表 3-25 不同浓度结晶紫的吸光度

数据序号	1	2	3	4	5	6
结晶紫浓度/g·L^{-1}	0	4	8	12	16	20
吸光度 A						

表 3-26 第一氢氧根浓度的实验数据

数据序号	1	2	3	4	5	6	7	8	9
时间 t/min	0	4	8	12	16	20	24	28	32
吸光度 A									

表 3-27 第二氢氧根浓度的实验数据

数据序号	1	2	3	4	5	6	7	8	9
时间 t/min	0	4	8	12	16	20	24	28	32
吸光度 A									

六、结果与讨论

1. 由不同浓度结晶紫溶液的吸光度的实验结果作图，证实结晶紫的浓度与吸光度的线性关系。

2. 由不同时刻反应体系的吸光度值进行数据处理，以 $\ln A_t$ 对 t 作图，应得一直线，可知 $n=1$。求直线斜率，并根据式(3-5) 计算得 k'。

3. 根据两个不同初始浓度 OH^- 的实验结果，可以得到 k_1'、k_2'，再由式(3-6)、式(3-7) 求得 m 和 k。

4. 提示：结晶紫的最佳吸收波长约在 590nm 附近。

七、思考题

1. 理论上该反应的 $\ln A_t$ 对 t 作图应为直线，若实验结果不是直线，应如何处理？

2. 查阅文献，研究取得 k 的其他实验方法。

3. 该反应是离子反应，并且两个反应物分别是正负离子，如果外加强电解质溶液，讨论离子强度对该反应速率常数 k 测定的影响。如何设计实验验证？

4. 测定反应级数 m 和速率常数 k 时，采用两组实验数据建立联立方程求解，实验中要控制哪些实验操作和变量一致，以防实验结果产生误差？

实验十六

电泳法测定氢氧化铁溶胶的ζ电势

一、实验目的

1. 掌握化学法制备氢氧化铁溶胶及其纯化方法。
2. 通过实验观察胶体的电泳现象。
3. 掌握电泳法测定氢氧化铁溶胶的ζ电势的原理和方法。

二、实验原理

114

1. 氢氧化铁溶胶的制备原理

向沸水中滴加 $FeCl_3$ 溶液并继续煮沸至红褐色，发生如下反应：

(1) 三氯化铁在沸水中形成 $Fe(OH)_3$ 颗粒，反应方程式如下：

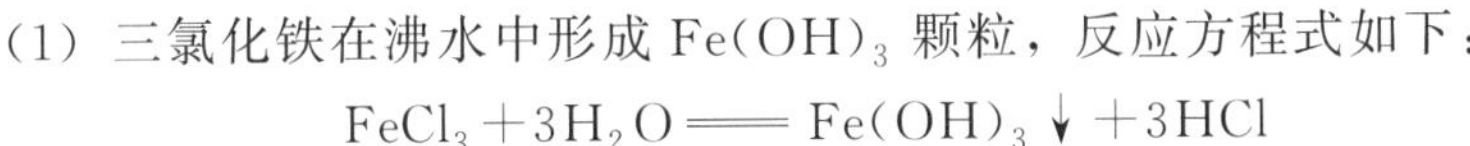

$$FeCl_3+3H_2O \xlongequal{} Fe(OH)_3\downarrow+3HCl$$

(2) $Fe(OH)_3$ 颗粒表面层酸解：

$$Fe(OH)_3\downarrow+HCl \xlongequal{} FeO^{+}+Cl^{-}+2H_2O$$

(3) FeO^{+} 在 $Fe(OH)_3$ 颗粒表面发生特性吸附，使颗粒表面带电形成氢氧化铁溶胶：

$$\{[Fe(OH)_3]_m\cdot nFeO^{+}\cdot(n-x)Cl^{-}\}^{x+}\cdot xCl^{-}$$

式中，$[Fe(OH)_3]_m$ 为胶核；$\{[Fe(OH)_3]_m\cdot nFeO^{+}\cdot(n-x)Cl^{-}\}^{x+}$ 为胶粒；$\{[Fe(OH)_3]_m\cdot nFeO^{+}\cdot(n-x)Cl^{-}\}^{x+}\cdot xCl^{-}$ 为胶团。

xCl^{-} 为扩散层，也可以理解为（2）中 $Fe(OH)_3$ 颗粒表面酸解释放出 Cl^{-} 和水而使颗粒表面带电形成溶胶。为了避免胶体聚沉可适当加入一些盐酸促进 $[Fe(OH)_3]_m$ 颗粒表面酸解。

在胶体分散系统中，由于胶体表面的电离或在分散介质中选择性地吸附某些离子，使胶粒带电。胶体系统是高分散多相系统，属于热力学不稳定系统。胶粒表面带电使相互排斥，是胶体系统稳定存在的主要原因。胶粒表面带电量越高，胶体系统越稳定。表征胶粒表面带电量的物理量称作ζ电势，即紧密吸附层与溶液本体之间的电势差。

2. ζ电势的测量原理

ζ电势可用电泳法测定。在外电场作用下，胶粒向带相反电荷的电极移动，称作电泳。

由于电泳过程中胶粒与溶液在界面层相对运动，因此ζ电势也被称作电动电势。

ζ电势与电泳速度 u 之间的关系可用斯莫鲁科夫斯基（Smoluchowski）公式描述：

$$\zeta=\frac{K\pi\eta u}{\varepsilon E}$$

式中，η 为测量温度下分散介质水的黏度；ε 为测量温度下分散介质水的介电常数［文献值：$\varepsilon=80-0.4\times(T/K-293)$］，20℃、25℃、30℃下水的黏度分别为 0.01005Pa·s、0.00894Pa·s 和 0.00800Pa·s；E 为电场强度，等于两电极间的电位差 U 与距离 l 之比，$V\cdot m^{-1}$；K 为与胶粒形状有关的常数，对于氢氧化铁溶胶等于 4×10^{10}。

在一定的外加电场 E 下，通过测量在一定时间 t 内胶体溶液界面的移动距离 d，即可得到该电场强度下的电泳速度 u：

$$u=\frac{d}{t}$$

将实验数据带入计算出ζ电势。

三、仪器和试剂

1. 仪器

电泳仪；U 形电泳管；电导率仪；加热电炉；铁架台；量筒；烧杯；滴管。

2. 试剂

10%的 $FeCl_3$ 水溶液；$0.01mol\cdot dm^{-3}$ 的 KCl 水溶液；$0.05mol\cdot L^{-1}$ $AgNO_3$；$0.01mol\cdot L^{-1}$ KSCN；自制的火棉胶半透膜袋。

四、实验内容及操作步骤

1. 实验内容

(1) 氢氧化铁溶胶的制备。
(2) 氢氧化铁溶胶的纯化。
(3) 配制 KCl 辅助液。
(4) 电泳管装样品，测定溶胶的移动界面 d，计算电泳速率 u。
(5) 计算ζ电势。

2. 操作步骤

115

(1) 氢氧化铁溶胶的制备

① 用量筒量取 100mL 去离子水，转移至烧杯中加热煮沸。

② 用量筒量取 10mL 浓度为 10% 的 $FeCl_3$ 溶液，并逐滴加入到煮沸的去离子水中，边煮、边滴加、边搅拌。

③ 10mL $FeCl_3$ 溶液全部滴加完成后，在微沸状态继续加热 2～3min。

④ 冷却至室温后备用。

(2) 氢氧化铁溶胶的纯化

① 将水解法制得的 $Fe(OH)_3$ 溶胶置于半透膜袋中，用线扎紧袋口，置于 800mL 烧杯内。

② 在烧杯中加 300mL 去离子水，水温为 60～70℃，进行热渗析。

③ 每半小时换一次水，取 1mL 水，检验渗析水中有无 Cl^- 和 Fe^{3+}（用 0.05mol·L^{-1} $AgNO_3$、0.01mol·L^{-1}KSCN 溶液进行检验），直至无 Cl^- 和 Fe^{3+} 检出。

④ 将纯化好的 $Fe(OH)_3$ 溶胶置于 250mL 干净干燥的试剂瓶中，放置一段时间进行老化后可供电泳实验用。

（3）制备 KCl 辅助液

① 将适量的纯化后 $Fe(OH)_3$ 溶胶装入小烧杯中，测定其室温下的电导率。

② 取另一烧杯，加入 100mL 去离子水，插入电导电极，边搅拌边缓慢滴加 0.01mol·L^{-1} KCl 溶液，并同时测其电导率，直至电导率值与纯化后 $Fe(OH)_3$ 溶胶的电导率值相等为止。

（4）测定氢氧化铁溶胶在外电场作用下移动的界面

① 用去离子水清洗电泳管（如图 3-26 所示），然后用已经制备好的 $Fe(OH)_3$ 溶胶润洗电泳管。

② 从电泳管中间竖管上端的加液漏斗加入约 50mL $Fe(OH)_3$ 胶体溶液，使液面距电极 20cm 左右，然后用滴管沿电泳管壁缓慢加入浓度为 0.01mol·dm^{-3} 的 KCl 辅助液，以保持胶体与辅助液界面清晰（注意电泳管两边必须加入等量的辅助液，且辅助液和胶体溶液的电导率要保持近似相等）。

③ 插入电极，阴极插入胶体和辅助液界面比较清晰的一端，另一端插阳极；测量两电极之间的距离（大约 37cm）。

④ 打开电泳仪，将电压设置在 30～60V。

⑤ 将电泳仪置于工作位置，同时开始记时，每 5min 记录一次界面高度。

⑥ 测量 7 个点后停止实验，关闭电泳仪开关，用细绳测量电极两端的距离，测三次，记录数据。

（5）数据处理

计算出电泳速度，根据公式计算出 ζ 电势。

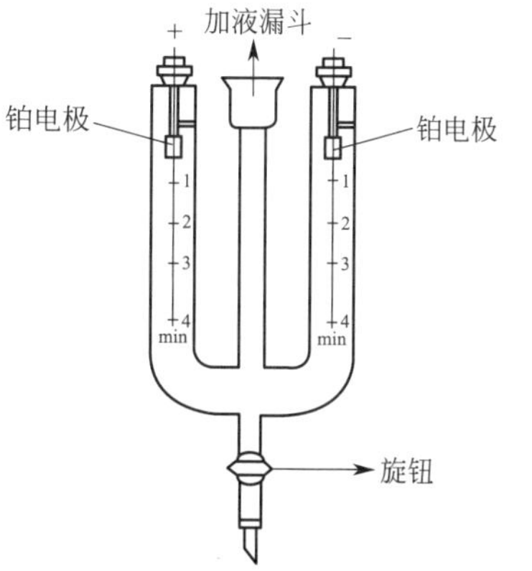

图 3-26 电泳仪及 U 形电泳管示意图

3. 注意事项

（1）制备氢氧化铁溶胶时注意边滴加溶液边搅拌。

（2）测定氢氧化铁溶胶的 ζ 电势时，保证溶胶与辅助液的电导率近似相等。

（3）测定界面移动时的准确性。

五、数据记录及处理

电位 U=____V，实验温度 T=______℃

两极间距离 l/cm：____、____、____，平均值______

实验数据记录见表 3-28。

表 3-28 氢氧化铁溶胶电泳实验数据记录和ζ电势

时间 t/min	5	10	15	20	25	30	35
界面移动距离 d/cm							
电泳速度 u/m·s^{-1}							
ζ电势/V							

六、思考题

1. 制备溶胶时边加三氯化铁边搅拌，加完后沸腾 2～3min 再结束的目的是什么？

2. 制备的 $Fe(OH)_3$ 溶胶为什么要进行纯化？否则对测得的ζ电势结果产生哪些影响？

3. 为什么要使辅助液的电导率和纯化后的 $Fe(OH)_3$ 溶胶的电导率相等，否则会产生什么影响？

4. 加入的辅助液应具备的条件是什么？

附　渗析用火棉胶半透膜袋的制备方法

①将一 500mL 锥形瓶洗净、烘干、冷却后倒入 30mL 6%胶棉液（溶剂为 1∶3 乙醇-乙醚）。

② 小心各角度转动锥形瓶，使胶棉液均匀地附在锥形瓶内壁上形成薄层。

③ 锥形瓶倒置，旋转，倾出多余的胶棉液于回收瓶中。放置 10min 左右，待乙醚挥发完。

④ 放正锥形瓶，注满水（使乙醇溶解），浸泡 10min 左右。

⑤ 倒去水，小心揭开瓶口薄膜，慢慢将水注入夹层，使膜脱离瓶壁，轻轻取出半透膜，检查是否完好。

⑥ 半透膜不用时应在水中保存。

附 录

一、符号说明

物理量	说明	物理量	说明
T	温度	K_{sp}	活度积常数
t	时间	E	原电池电动势
η	黏度	$E^{\ominus}$	标准电池电动势
V	体积	E_{+}	正极的电极电势
p	压力	E_{-}	负极的电极电势
ρ	密度	F	法拉第常数
E_{vis}	流动活化能	$\Delta_r G_m$	摩尔反应吉布斯函数变
R	气体常数	$\Delta_r S_m$	摩尔反应熵变
$\Delta_{vap} H_m$	摩尔汽化焓	Q_r	可逆热
$\Delta_r H_m$	摩尔化学反应热	a	活度
Q_p	等压热	γ	活度系数
Q_V	等容热	Γ	溶液的表面过剩量
C	热容	Γ_{∞}	溶液表面的饱和吸附量
K_p	压力平衡常数	γ	表面张力
$K^{\ominus}$	标准平衡常数	θ	吸附分数(表面覆盖度)
$K^{\ominus}_{a(b)}$	酸(碱)电离平衡常数	k	反应速率常数
x_B	溶液摩尔分数	r	反应速率
y_B	气相摩尔分数	n	反应级数
n^t_D	折射率	α	旋光度
G	电导	A	吸光度
κ	电导率	E_a	活化能
Λ_m	摩尔电导率	F	自由度数
c	物质的量浓度	C	独立组分数
Λ^{∞}_m	无限稀释摩尔电导率	P	相数
α	电离度	w	质量分数
ε	介电常数	ζ	胶体表面的电势

二、实验误差分析

化学实验中，任何测量的实验数据都不可能做到绝对的“准确”。都会或多或少存在一定的误差。

1. 精密度和准确度

(1) 精密度

精密度是一组平行的实验值接近的程度。两者越接近，结果的精密度越高。

(2) 准确度

实验中所说的准确度，是指实验测量值与真实值接近的程度。实验测量值与真实值越接近，误差越小。

精密度和准确度之间的关系，用附图 1 说明。四名人员的实验结果比较分析见附表 1。

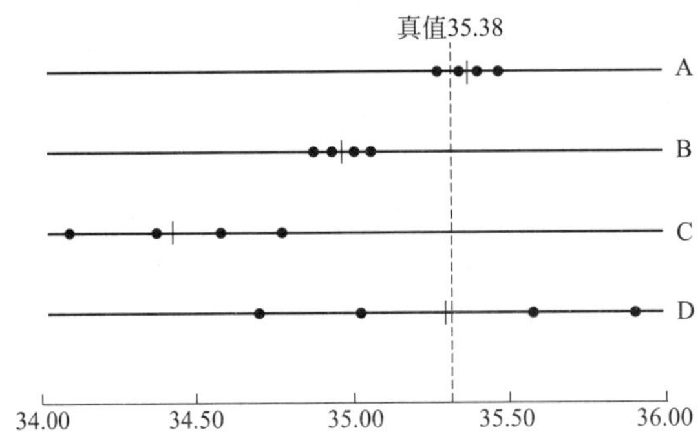

附图 1　不同人员测定同一试样中铁含量的结果

—●—表示测定值；—┼—表示平均值

附表 1　四名人员实验结果比较分析

项目	实验者			
	A	B	C	D
精密度	较好	较好	较差	较差
准确度	较好	较差	较差	较好
可靠性	较好	较差	较差	较差

分析结果可知,在精密度好的前提下,具有很好的准确度,实验结果才可靠,否则即使准确度好,实验结果也是不可靠的。

2. 误差计算

(1)绝对误差

某实验值 x_i 与真实值 z 之差,称为该实验值的绝对误差,用如下公式表示：

$$E_i = x_i - z$$

一组实验值的绝对误差为：

$$E = \bar{x} - z = \frac{\sum x_i}{n} - z = \frac{\sum (x_i - z)}{n}$$

可知，所有实验值的绝对误差为所有实验值的绝对误差的平均值。

（2）相对误差

当绝对误差不能满足对误差的分析，可以进一步用相对误差来评价实验结果，采用如下公式：

$$E_r = \frac{E}{z}$$

相对误差的单位为%。

3. 误差分析

（1）系统误差

系统误差通常是实验过程中某种因素造成的，通常情况下，找到产生的原因，可以进行校正消除。通常的系统误差可能出现在以下几个方面：

① 方法误差，实验方法不完善造成的。

② 仪器和试剂误差，通常是由于仪器装置不良或试剂不纯等造成的。

（2）人为误差

① 操作误差，主要是操作者不正确的操作造成的。

② 个人误差，主要是实验者个人心理或特殊情况造成的实验结果误差。

4. 误差减免

人为造成的误差，实验过程中，严格规范操作。如果是系统误差，对误差的原因进行认真分析，可以进行校正。

（1）仪器装置误差校正：通常情况下采用标准样品进行仪器偏差常数的测定。

（2）空白实验、对照实验：如果是试剂或溶剂问题，可以通过空白实验、对照实验进行校正。

三、国际单位制

国际单位制，简称SI（Système International d'Unités），是我国法定的测量和计量单位。SI单位可分为三大类：基本单位（七个）、辅助单位（两个）和导出单位（见附表2）。在导出单位中有一部分有自己的专门名称，其余没有专门名称的导出单位只能用基本单位、辅助单位和有专门名称的导出单位表示，如表面张力的单位：N/m，读作牛顿每米。SI单位可以与倍数词头（附表3）协同使用，倍数词头与SI单位作为一个整体中间不能加“·”。

SI单位在书写时一律采用正体。除以下两种情况外均采用小写：①源自人名的SI单位第一个字母必须大写，如Pa；②兆和兆以上的大倍数词头必须大写，如MPa。

附表2 SI单位

SI分类	物理量	名称	符号	用SI基本单位和辅助单位表示
基本单位	长度	米	m	m
	质量	千克(公斤)	kg	kg
	时间	秒	s	s
	电流	安[培][①]	A	A
	热力学温度	开[尔文]	K	K
	物质的量	摩[尔]	mol	mol
	发光强度	坎[德拉]	cd	cd

续表

SI分类		物理量	名称	符号	用SI基本单位和辅助单位表示
辅助单位		平面角	弧度	rad	rad
		立体角	球面度	sr	sr
导出单位	具有专门名称的导出单位	频率	赫[兹]	Hz	s^{-1}
		力	牛[顿]	N	$kg\cdot m\cdot s^{-2}$
		压强(压力),应力	帕[斯卡]	Pa	N/m^2 或 $kg\cdot m^{-1}\cdot s^{-2}$
		能量,热量,功	焦[耳]	J	$N\cdot m$ 或 $kg\cdot m^2\cdot s^{-2}$
		功率,辐射通量	瓦[特]	W	J/s 或 $kg\cdot m^2\cdot s^{-3}$
		电荷量	库[仑]	C	$A\cdot s$
		电位,电压,电势	伏[特]	V	W/A 或 $kg\cdot m^2\cdot s^{-3}\cdot A^{-1}$
		电容	法[拉]	F	C/V 或 $A^2\cdot s^4\cdot kg^{-1}\cdot m^{-2}$
		电阻	欧[姆]	Ω	V/A 或 $kg\cdot m^2\cdot s^{-3}\cdot A^{-2}$
		电导	西[门子]	S	Ω^{-1} 或 $A^2\cdot s^3\cdot kg^{-1}\cdot m^{-2}$
		磁通量	韦[伯]	Wb	$V\cdot s$ 或 $kg\cdot m^2\cdot s^{-2}\cdot A^{-1}$
		磁通密度,磁感应强度	特[斯拉]	T	Wb/m^2 或 $kg\cdot m^4\cdot s^{-2}\cdot A^{-1}$
		电感	亨[利]	H	Wb/A 或 $kg\cdot m^2\cdot s^{-2}\cdot A^{-2}$
		摄氏温度	摄氏度	℃	K②
		光通量	流[明]	lm	$cd\cdot sr$
		光照度	勒[克斯]	lx	lm/m^2 或 $cd\cdot sr\cdot m^{-2}$
		放射性活度(放射强度)	贝克[勒尔]	Bq	s^{-1}
		吸收剂量	戈[瑞]	Gy	J/kg 或 $(kg\cdot m\cdot s^{-2})\cdot m/kg$
		剂量当量	希[沃特]	Sv	J/kg 或 $(kg\cdot m\cdot s^{-2})\cdot m/kg$
	部分没有专门名称的导出单位	力矩	牛顿米	$N\cdot m$	$(kg\cdot m\cdot s^{-2})\cdot m$
		比热容,比熵	焦尔每千克开尔文	$J\cdot kg^{-1}\cdot K^{-1}$	$m^2\cdot s^{-2}\cdot K^{-1}$
		动力黏度	帕斯卡秒	$Pa\cdot s$	$kg\cdot m^{-1}\cdot s^{-1}$
		表面张力	牛顿每米	N/m	$kg\cdot s^{-2}$
		热流密度,辐射照度	瓦特每平方米	W/m^2	$kg\cdot s^{-1}$
		热容,熵	焦尔每开尔文	J/K	$kg\cdot m^2\cdot s^{-2}\cdot K^{-1}$
		比能	焦尔每千克	J/kg	$kg\cdot m^2\cdot s^{-2}\cdot kg^{-1}$
		热导率(导热系数)	瓦特每米开尔文	$W/(m\cdot K)$	$kg\cdot m^3\cdot s^{-3}\cdot K^{-1}$
		能量密度	焦耳每立方米	J/m^3	$kg\cdot m^{-1}\cdot s^{-2}$
		电场强度	伏特每米	V/m	$kg\cdot m\cdot s^{-3}\cdot A^{-1}$
		电荷密度	库仑每立方米	C/m^3	$A\cdot s\cdot m^{-3}$
		电位移	库仑每平方米	C/m^2	$A\cdot s\cdot m^{-2}$

续表

SI 分类		物理量	名称	符号	用 SI 基本单位和辅助单位表示
导出单位	部分没有专门名称的导出单位	电容率(介电常数)	法拉每米	F/m	$A^2 \cdot s^4 \cdot kg^{-1} \cdot m^{-3}$
		电导率	亨特每米	H/m	$kg \cdot m \cdot s^{-2} \cdot A^{-2}$
		摩尔能	焦耳每摩尔	J/mol	$kg \cdot m^2 \cdot s^{-2} \cdot mol^{-1}$
		摩尔熵	焦耳每摩尔开尔文	J/(mol·K)	$kg \cdot m^2 \cdot s^{-2} \cdot mol^{-1} \cdot K^{-1}$
		摩尔热容	焦耳每摩尔开尔文	J/(mol·K)	$kg \cdot m^2 \cdot s^{-2} \cdot mol^{-1} \cdot K^{-1}$
		角速度	弧度每秒	rad/s	$rad \cdot s^{-1}$
		角加速度	弧度每平方秒	rad/s^2	$rad \cdot s^{-2}$
		辐射强度	瓦特每球面度	W/sr	$kg \cdot m^2 \cdot s^{-3} \cdot sr^{-1}$
		辐射高度	瓦特每平方米球面度	$W/(m^2 \cdot sr)$	$kg \cdot s^{-3} \cdot sr^{-1}$

① 方括号中的字在不致引起混淆、误解的情况下可以省略。去掉方括号中的字即为其名称的简称。

② $T/K = 273.15 + t/℃$。

附表 3　SI 倍数词头

因数	英文名称	中文名称	符号	因数	英文名称	中文名称	符号
10^{24}	yotta	尧[它]	Y	10^{-24}	yocto	幺[科托]	y
10^{21}	zetta	泽[它]	Z	10^{-21}	zepto	仄[普托]	z
10^{18}	exa	艾[可萨]	E	10^{-18}	atto	阿[托]	a
10^{15}	peta	拍[它]	P	10^{-15}	femto	飞[母托]	f
10^{12}	tera	太[拉]	T	10^{-12}	pico	皮[可]	p
10^{9}	giga	吉[咖]	G	10^{-9}	nano	纳[诺]	n
10^{6}	mega	兆	M	10^{-6}	micro	微	μ
10^{3}	kilo	千	k	10^{-3}	milli	毫	m

注：方括号中的字在不致引起混淆、误解的情况下可以省略。去掉方括号中的字即为其名称的简称。

四、一些重要的物理常数

真空中的光速	$c=2.99792458\times10^{8}$ m/s	摩尔气体常数	$R=8.314510$ J/(mol·K)
电子的电荷	$e=1.60217733\times10^{-19}$ C	阿伏伽德罗常数	$N_A=6.0221367\times10^{23}$ mol^{-1}
原子质量单位	$u=1.6605402\times10^{-27}$ kg	里德堡常数	$R_\infty=1.0973731534\times10^{7}$ m^{-1}
质子静质量	$m_p=1.6726231\times10^{-27}$ kg	法拉第常数	$F=9.6485309\times10^{4}$ C/mol
中子静质量	$m_u=1.6749543\times10^{-27}$ kg	普朗克常数	$h=6.6260755\times10^{-34}$ J·s
电子静质量	$m_e=9.1093897\times10^{-31}$ kg	玻尔兹曼常数	$k=1.380658\times10^{-23}$ J/K
理想气体摩尔体积	$V_m=2.241410\times10^{-2}$ m^3/mol		

五、国际原子量表

表中除了 5 种元素有较大的误差外，所列数值均准确到第四位有效数字，其末位数的误差不超过±1。对于既无稳定同位素又无特征天然同位数的各个元素，均以该元素的一种熟知的放射性同位素来表示，表中用其质量数（写在化学符号的左上角）及原子量标出。

序数	名称	符号	原子量	序数	名称	符号	原子量	序数	名称	符号	原子量
1	氢	H	1.008	38	锶	Sr	87.62	75	铼	Re	186.2
2	氦	He	4.003	39	钇	Y	88.91	76	锇	Os	190.2
3	锂	Li	6.941±2	40	锆	Zr	91.22	77	铱	Ir	192.2
4	铍	Be	9.012	41	铌	Nb	92.91	78	铂	Pt	195.1
5	硼	B	10.81	42	钼	Mo	95.94	79	金	Au	197.0
6	碳	C	12.01	43	锝	^{89}Tc	98.91	80	汞	Hg	200.6
7	氮	N	14.01	44	钌	Ru	101.1	81	铊	Tl	204.4
8	氧	O	16.00	45	铑	Rh	102.9	82	铅	Pb	207.2
9	氟	F	19.00	46	钯	Pd	106.4	83	铋	Bi	209.0
10	氖	Ne	20.18	47	银	Ag	107.9	84	钋	^{210}Po	210.0
11	钠	Na	22.99	48	镉	Cd	112.4	85	砹	^{210}Po	210.0
12	镁	Mg	24.31	49	铟	In	114.8	86	氡	^{222}Rn	222.0
13	铝	Al	26.98	50	锡	Sn	118.7	87	钫	^{223}Fr	223.0
14	硅	Si	28.09	51	锑	Sb	121.8	88	镭	^{226}Ra	226.0
15	磷	P	30.97	52	碲	Te	127.6	89	锕	^{227}Ac	227.0
16	硫	S	32.07	53	碘	I	126.9	90	钍	Th	232.0
17	氯	Cl	35.45	54	氙	Xe	131.3	91	镤	Pa	231.0
18	氩	Ar	39.95	55	铯	Cs	132.9	92	铀	U	238.0
19	钾	K	39.10	56	钡	Ba	137.3	93	镎	^{237}Np	237.0
20	钙	Ca	40.08	57	镧	La	138.9	94	钚	^{239}Pu	239.1
21	钪	Sc	44.96	58	铈	Ce	140.1	95	镅	^{243}Am	243.1
22	钛	Ti	47.88±3	59	镨	Pr	140.9	96	锔	^{247}Cm	247.1
23	钒	V	50.94	60	钕	Nd	144.2	97	锫	^{247}Bk	247.1
24	铬	Cr	52.00	61	钷	Pm	144.9	98	锎	^{252}Cf	252.1
25	锰	Mn	54.94	62	钐	Sm	150.4	99	锿	^{252}Es	252.1
26	铁	Fe	55.85	63	铕	Eu	152.0	100	镄	^{257}Fm	257.1
27	钴	Co	58.93	64	钆	Gd	157.3	101	钔	^{256}Md	256.1
28	镍	Ni	58.69	65	铽	Tb	158.9	102	锘	^{259}No	259.1
29	铜	Cu	63.55	66	镝	Dy	162.5	103	铹	^{260}Lr	260.1
30	锌	Zn	65.39±2	67	钬	Ho	164.9	104	𬬻	^{261}Rf	261.1
31	镓	Ga	79.72	68	铒	Fr	167.3	105	𬭊	^{268}Db	268.1
32	锗	Ge	72.61±3	69	铥	Tm	168.9	106	𬭳	^{271}Sg	271.1
33	砷	As	74.92	70	镱	Yb	173.0	107	𬭛	^{272}Bh	272.1
34	硒	Se	78.96±3	71	镥	Lu	175.0	108	𬭶	^{277}Hs	277.1
35	溴	Br	79.90	72	铪	Hf	178.5	109	鿏	^{276}Mt	276.1
36	氪	Kr	83.80	73	钽	Ta	180.9	110	𫟼	^{281}Ds	281.1
37	铷	Rb	85.47	74	钨	W	183.9	111	𬬭	^{280}Rg	280.1

六、常用化合物摩尔质量

化合物	摩尔质量/(g/mol)	化合物	摩尔质量/(g/mol)
$AgBr$	187.77	$Co(NO_3)_2$	182.94
$AgCl$	143.32	$Co(NO_3)_2 \cdot 6H_2O$	291.03
$AgCN$	133.89	CoS	90.99
$AgSCN$	165.95	$CoSO_4$	154.99
Ag_2CrO_4	331.73	$CoSO_4 \cdot 7H_2O$	281.10
AgI	234.77	$CO(NH_2)_2$	60.06
$AgNO_3$	169.87	$CrCl_3$	158.35
$AlCl_3$	133.34	$CrCl_3 \cdot 6H_2O$	266.45
$AlCl_3 \cdot 6H_2O$	241.43	$Cr(NO_3)_3$	238.01
$Al(NO_3)_3$	213.00	Cr_2O_3	151.99
$Al(NO_3)_3 \cdot 9H_2O$	375.13	$CuCl$	98.999
Al_2O_3	101.96	$CuCl_2$	134.45
$Al(OH)_3$	78.00	$Cu(NO_3)_2$	187.56
$Al_2(SO_4)_3$	342.14	$Cu(NO_3)_2 \cdot 3H_2O$	241.60
$Al_2(SO_4)_3 \cdot 18H_2O$	666.41	CuO	79.545
As_2O_3	197.84	Cu_2O	143.09
As_2O_5	229.84	CuS	95.61
As_2S_3	246.02	$CuSO_4$	159.60
$BaCO_3$	197.34	$CuSO_4 \cdot 5H_2O$	249.68
$BaCl_2$	208.24	$FeCl_2$	126.75
$BaCl_2 \cdot 2H_2O$	244.27	$FeCl_2 \cdot 4H_2O$	198.81
$BaCrO_4$	253.32	$FeCl_3$	162.21
BaO	153.33	$FeCl_3 \cdot 6H_2O$	270.30
$Ba(OH)_2$	171.34	$FeNH_4(SO_4)_2 \cdot 12H_2O$	482.18
$BaSO_4$	233.39	$Fe(NO_3)_3$	241.86
$BiCl_3$	315.34	$Fe(NO_3)_3 \cdot 9H_2O$	404.00
$BiOCl$	260.43	FeO	71.846
CO_2	44.01	Fe_2O_3	159.69
CH_3COOH	60.052	Fe_3O_4	231.54
$C_6H_8O_7 \cdot H_2O$(柠檬酸)	210.14	$Fe(OH)_3$	106.87
$C_4H_6O_6$(酒石酸)	150.09	FeS	87.91
C_6H_5OH	94.11	$FeSO_4$	151.90
$C_2H_2(COOH)_2$(丁烯二酸)	116.07	$FeSO_4 \cdot 7H_2O$	278.01
CaO	56.08	$FeSO_4 \cdot (NH_4)_2SO_4 \cdot 6H_2O$	392.13
$CaCO_3$	100.09	H_3AsO_3	125.94
CaC_2O_4	128.10	H_3AsO_4	141.94
$CaCl_2$	110.99	H_3BO_3	61.83
$CaCl_2 \cdot 6H_2O$	219.08	HBr	80.912
$Ca(NO_3)_2 \cdot 4H_2O$	236.15	HCN	27.026
$Ca(OH)_2$	74.09	$HCOOH$	46.026
$Ca_3(PO_4)_2$	310.18	H_2CO_3	62.025
$CaSO_4$	136.14	$H_2C_2O_4$	90.035
$CdCO_3$	172.42	$H_2C_2O_4 \cdot 2H_2O$	126.07
$CdCl_2$	183.32	HCl	36.461
CdS	144.47	HF	20.006
$Ce(SO_4)_2$	332.24	HI	127.91
$Ce(SO_4)_2 \cdot 4H_2O$	404.30	HIO_3	175.91
$CoCl_2$	129.84	HNO_3	63.013
$CoCl_2 \cdot 6H_2O$	237.93	HNO_2	47.013

续表

化合物	摩尔质量/(g/mol)	化合物	摩尔质量/(g/mol)
H_2O	18.015	$Mn(NO_3)_2 \cdot 6H_2O$	287.04
H_2O_2	34.015	MnO	70.937
H_3PO_4	97.995	MnO_2	86.937
H_2S	34.08	MnS	87.00
H_2SO_3	82.07	$MnSO_4$	151.00
H_2SO_4	98.07	$MnSO_4 \cdot 4H_2O$	223.06
$HgCl_2$	271.50	NO	30.006
Hg_2Cl_2	472.09	NO_2	46.006
HgI_2	454.40	NH_3	17.03
$Hg_2(NO_3)_2$	525.19	CH_3COONH_4	77.083
$Hg_2(NO_3)_2 \cdot 2H_2O$	561.22	NH_4Cl	53.491
$Hg(NO_3)_2$	324.60	$(NH_4)_2CO_3$	96.086
HgO	216.59	$(NH_4)_2C_2O_4$	124.10
HgS	232.65	NH_4SCN	76.12
$HgSO_4$	296.65	NH_4HCO_3	79.055
$KAl(SO_4)_2 \cdot 12H_2O$	474.38	$(NH_4)_2MoO_4$	196.01
KBr	119.00	NH_4NO_3	80.043
$KBrO_3$	167.00	$(NH_4)_2S$	68.14
KCl	74.551	$(NH_4)_2SO_4$	132.13
$KClO_3$	122.55	Na_3AsO_3	191.89
$KClO_4$	138.55	$Na_2B_4O_7$	201.22
KCN	65.116	$Na_2B_4O_7 \cdot 10H_2O$	381.37
$KSCN$	97.18	$NaBiO_3$	279.97
K_2CO_3	138.21	$NaCN$	49.007
K_2CrO_4	194.19	$NaSCN$	81.07
$K_2Cr_2O_7$	294.18	Na_2CO_3	105.99
$K_3Fe(CN)_6$	329.25	$Na_2CO_3 \cdot 10H_2O$	286.14
$K_4Fe(CN)_6$	368.35	$Na_2C_2O_4$	134.00
$KFe(SO_4)_2 \cdot 12H_2O$	503.24	CH_3COONa	82.034
$KHC_4H_4O_6$	188.18	$CH_3COONa \cdot 3H_2O$	136.08
$KHSO_4$	136.16	$NaCl$	58.443
KI	166.00	$NaClO$	74.442
KIO_3	214.00	$NaHCO_3$	84.007
$KMnO_4$	158.03	$Na_2HPO_4 \cdot 12H_2O$	358.14
$KNaC_4H_4O_6 \cdot 4H_2O$	282.22	$Na_2H_2Y \cdot 2H_2O$	372.24
KNO_3	101.10	$NaNO_2$	68.995
KNO_2	85.104	$NaNO_3$	84.995
K_2O	94.196	Na_2O	61.979
KOH	56.106	Na_2O_2	77.978
K_2SO_4	174.25	$NaOH$	39.997
$MgCO_3$	84.314	Na_3PO_4	163.94
$MgCl_2$	95.211	Na_2S	78.04
$MgCl_2 \cdot 6H_2O$	203.30	$Na_2S \cdot 9H_2O$	240.18
$Mg(NO_3)_2 \cdot 6H_2O$	256.41	Na_2SO_3	126.04
MgO	40.304	Na_2SO_4	142.04
$Mg(OH)_2$	58.32	$Na_2S_2O_3$	158.10
$MgSO_4 \cdot 7H_2O$	246.47	$Na_2S_2O_3 \cdot 5H_2O$	248.17
$MnCO_3$	114.95	$NiCl_2 \cdot 6H_2O$	237.69
$MnCl_2 \cdot 4H_2O$	197.91	NiO	74.69

续表

化合物	摩尔质量/(g/mol)	化合物	摩尔质量/(g/mol)
$Ni(NO_3)_2 \cdot 6H_2O$	290.79	Sb_2O_3	291.50
NiS	90.75	Sb_2S_3	339.68
$NiSO_4 \cdot 7H_2O$	280.85	SiF_4	104.08
P_2O_5	141.94	SiO_2	60.084
$PbCO_3$	267.20	$SnCl_2$	189.62
$PbCl_2$	278.10	$SnCl_2 \cdot 2H_2O$	225.65
$PbCrO_4$	323.20	$SnCl_4 \cdot 5H_2O$	350.596
$Pb(CH_3COO)_2$	325.30	SnO_2	150.71
$Pb(CH_3COO)_2 \cdot 3H_2O$	379.30	SnS	150.776
PbI_2	461.00	$SrCO_3$	147.63
$Pb(NO_3)_2$	331.20	$SrSO_4$	183.68
PbO	223.20	$ZnCO_3$	125.39
PbO_2	239.20	$ZnCl_2$	136.29
PbS	239.30	$Zn(CH_3COO)_2$	183.47
$PbSO_4$	303.30	$Zn(NO_3)_2$	189.39
SO_3	80.06	ZnO	81.38
SO_2	64.06	ZnS	97.44
$SbCl_3$	228.11	$ZnSO_4$	161.44
$SbCl_5$	299.02		

七、常用指示剂

1. 酸碱指示剂

名称	变色范围 pH	颜色变化	配制方法
百里酚蓝(1g/L)	1.2～2.8 8.0～9.6	红—黄 黄—蓝	0.1g 指示剂与 4.3mL 0.05mol/L NaOH 溶液一起摇匀，加水稀释成 100mL
甲基橙(1g/L)	3.1～4.4	红—蓝	0.1g 甲基橙溶于 100mL 热水
溴酚蓝(1g/L)	3.0～4.6	黄—紫蓝	0.1g 溴酚蓝与 3mL 0.05mol/L NaOH 溶液一起摇匀，加水稀释成 100mL
溴甲酚绿(1g/L)	3.8～5.4	黄—蓝	0.1g 指示剂与 21mL 0.05mol/L NaOH 溶液一起摇匀，加水稀释成 100mL
甲基红(1g/L)	4.2～6.2	红—黄	0.1g 甲基红溶于 60mL 乙醇中，加水至 100mL
中性红(1g/L)	6.8～8.0	红—黄橙	0.1g 中性红溶于 60mL 乙醇中，加水至 100mL
酚酞(10g/L)	8.2～10.0	无色—淡红	1g 酚酞溶于 90mL 乙醇中，加水至 100mL
百里酚酞(1g/L)	9.4～10.6	无色—蓝色	0.1g 指示剂溶于 90mL 乙醇中，加水至 100mL
茜素黄 R(1g/L)	1.9～3.3 10.1～12.1	红—黄 黄—淡紫	0.1g 茜素黄溶于 100mL 水中
混合指示剂：			
甲基红-溴甲酚绿	5.1	红—绿	3 份 1g/L 的溴甲酚绿乙醇溶液与 1 份 2g/L 的甲基红乙醇溶液混合
甲酚红-百里酚蓝	8.3	黄—紫	1 份 1g/L 的甲酚红钠盐水溶液与 3 份 1g/L 的百里酚蓝钠盐水溶液混合
百里酚酞-茜素黄 R	10.2	黄—紫	0.1g 茜素黄和 0.2g 百里酚酞溶于 100mL 乙醇中

2. 氧化还原指示剂

名称	变色电势 $E^{\ominus}$/V	颜色		配制方法
		氧化态	还原态	
二苯胺(10g/L)	0.76	紫	无色	1g 二苯胺在搅拌下溶于 100mL 浓硫酸，储于棕色瓶中
二苯胺磺酸钠(5g/L)	0.85	紫	无色	0.5g 二苯胺磺酸钠溶于 100mL 水中，必要时过滤

续表

名称	变色电势 $E^{\ominus}$/V	颜色		配制方法
		氧化态	还原态	
邻苯氨基苯甲酸(2g/L)	1.08	红	无色	0.2g 邻苯氨基苯甲酸加热溶解在 100mL $w=0.002$ 的 Na_2CO_3 溶液中，必要时过滤
邻二氮菲 Fe(Ⅱ)	1.06	淡蓝	红	0.965g $FeSO_4$ 加 1.485g 邻二氮菲，溶于 100mL 水中
5-硝基邻二氮菲-Fe(Ⅱ)	1.25	浅蓝	紫红	1.608g 5-硝基邻二氮菲加 0.695g $FeSO_4$，溶于 100mL 水中

3. 沉淀及金属指示剂

名称	颜色		配制方法
	游离态	化合物	
铬酸钾(w=0.05 的水溶液)	黄	砖红	
硫酸铁铵(w=0.40)	无	血红	$NH_4Fe(SO_4)_2\cdot 12H_2O$ 饱和水溶液，加数滴浓 H_2SO_4
荧光黄(5g/L)	绿色荧光	玫瑰红	0.50g 荧光黄溶于乙醇，并用乙醇稀释至 100mL
铬黑 T	蓝	酒红	(1)0.2g 铬黑 T 溶于 15mL 三乙醇胺及 5mL 甲醇中 (2)1g 铬黑 T 与 100g NaCl 研细、混匀
钙指示剂	蓝	红	0.5g 钙指示剂与 100g NaCl 研细、混匀
二甲酚橙(1g/L)	黄	红	0.1g 二甲酚橙溶于 100mL 水中
K-B 指示剂	蓝	红	0.5g 酸性铬蓝 K 加 1.25g 萘酚绿 B，再加 25g K_2SO_4 研细、混匀
磺基水杨酸(10g/L 水溶液)	无	红	1g 磺基水杨酸溶于 100mL 水中
吡啶偶氮萘酚(PAN)(2g/L)	黄	红	0.2g PAN 溶于 100mL 乙醇中
邻苯二酚紫(1g/L)	紫	蓝	0.1g 邻苯二酚紫溶于 100mL 水中

八、常用缓冲溶液

1. 常用 pH 标准缓冲溶液的配制方法

pH 基准试剂	干燥条件 T/K	配 制 方 法	pH 标准值 (298K)
邻苯二甲酸氢钾	378±5，烘 2h	称取 10.12g $KHC_8H_4O_4$，用水溶解后转入 1L 容量瓶中，稀释至刻度，摇匀	4.00±0.01
磷酸氢二钠-磷酸二氢钾	383～393，烘 2～3h	称取 3.533g Na_2HPO_4、3.387g KH_2PO_4，用水溶解后转入 1L 容量瓶中，稀释至刻度，摇匀	6.86±0.01
四硼酸钠	在含 NaCl 蔗糖饱和溶液的干燥器中干燥至恒重	3.80g $Na_2B_4O_7\cdot 10H_2O$ 溶于水后，转入 1L 容量瓶中，稀释至刻度，摇匀	9.18±0.01

注：1. 配制标准缓冲溶液时，所用纯水的电导率应小于 1.5μS/cm。配制碱性溶液时，所用纯水要预先煮沸 15min，以除去溶解的二氧化碳。

2. 缓冲溶液可保存 2～3 个月，若发现有浑浊、沉淀或发霉现象时，则不能再用。

2. 常用缓冲溶液的配制

缓冲溶液组成	pK_a	缓冲溶液 pH	缓冲溶液配制方法
氨基乙酸-HCl	2.35 (pK_{a_1})	2.3	取 150g 氨基乙酸溶于 500mL 水中后，加 80mL 浓 HCl，用水稀至 1L
柠檬酸-Na_2HPO_4		2.5	取 113g $Na_2HPO_4\cdot 12H_2O$ 溶于 200mL 水后，加 387g 柠檬酸，溶解，过滤，用水稀至 1L
一氯乙酸-NaOH	2.86	2.8	取 200g 一氯乙酸溶于 200mL 水中，加 40g NaOH 溶解后，稀至 1L
邻苯二甲酸氢钾-HCl	2.95 (pK_{a_1})	2.9	取 500g 邻苯二甲酸氢钾溶于 500mL 水中，加 80mL 浓 HCl，稀至 1L

续表

缓冲溶液组成	pK_a	缓冲溶液 pH	缓冲溶液配制方法
甲酸-NaOH	3.76	3.7	取 95g 甲酸和 40g NaOH 溶于 500mL 水中，稀至 1L
HAc-NaAc	4.74	4.2	取 3.2g 无水 NaAc 溶于水中，加 50mL 冰醋酸，用水稀至 1L
HAc-NH_4Ac		4.5	取 77g NH_4Ac 溶于 200mL 水中，加 59mL 冰醋酸，稀至 1L
HAc-NaAc	4.74	4.7	取 83g 无水 NaAc 溶于水中，加 60mL 冰醋酸，稀至 1L
HAc-NaAc	4.74	5.0	取 160g 无水 NaAc 溶于水中，加 60mL 冰醋酸，稀至 1L
HAc-NH_4Ac		5.0	取 250g NH_4Ac 溶于水中，加 25mL 冰醋酸，稀至 1L
六亚甲基四胺-HCl	5.15	5.4	取 40g 六亚甲基四胺溶于 200mL 水中，加 10mL 浓 HCl，稀至 1L
HAc-NH_4Ac		6.0	取 600g NH_4Ac 溶于水中，加 20mL 冰醋酸，稀至 1L
NaAc-Na_2HPO_4		8.0	取 50g 无水 NaAc 和 50g $Na_2HPO_4 \cdot 12H_2O$ 溶于水中，稀至 1L
Tris-HCl [三羟甲基氨甲烷 $CNH_2(HOCH_3)_3$]	8.21	8.2	取 25g Tris 试剂溶于水中，加 18mL 浓 HCl，稀至 1L
NH_3-NH_4Cl	9.26	9.2	取 54g NH_4Cl 溶于水，加 63mL 浓氨水，稀至 1L
NH_3-NH_4Cl	9.26	9.5	取 54g NH_4Cl 溶于水，加 126mL 浓氨水，稀至 1L
NH_3-NH_4Cl	9.26	10.0	(1)取 54g NH_4Cl 溶于水中，加 350mL 浓氨水，稀至 1L (2)取 67.5g NH_4Cl，溶于 200mL 水中，加 570mL 浓氨水，用水稀至 1L

九、酸、碱的解离常数

1. 弱酸的解离常数（298.15K）

弱酸	分子式	解离常数 $K_a^\ominus$
砷酸	H_3AsO_4	$5.7\times10^{-3}(K_{a_1}^\ominus)$；$1.7\times10^{-7}(K_{a_2}^\ominus)$；$2.5\times10^{-12}(K_{a_3}^\ominus)$
亚砷酸	H_3AsO_3	$5.9\times10^{-10}(K_{a_1}^\ominus)$
硼酸	H_3BO_3	5.8×10^{-10}
次溴酸	HBrO	2.6×10^{-9}
碳酸	H_2CO_3	$4.2\times10^{-7}(K_{a_1}^\ominus)$；$4.7\times10^{-11}(K_{a_2}^\ominus)$
氢氰酸	HCN	5.8×10^{-10}
铬酸	H_2CrO_4	[$9.55(K_{a_1}^\ominus)$；$3.2\times10^{-7}(K_{a_2}^\ominus)$]
次氯酸	HClO	2.8×10^{-8}
氢氟酸	HF	6.9×10^{-4}
次碘酸	HIO	2.4×10^{-11}
碘酸	HIO_3	0.16
高碘酸	H_5IO_6	$4.4\times10^{-4}(K_{a_1}^\ominus)$；$2\times10^{-7}(K_{a_2}^\ominus)$；$6.3\times10^{-13}(K_{a_3}^\ominus)$①
亚硝酸	HNO_2	6.0×10^{-4}
过氧化氢	H_2O_2	$2.0\times10^{-12}(K_{a_1}^\ominus)$
磷酸	H_3PO_4	$6.7\times10^{-3}(K_{a_1}^\ominus)$；$6.2\times10^{-8}(K_{a_2}^\ominus)$；$4.5\times10^{-13}(K_{a_3}^\ominus)$
焦磷酸	$H_4P_2O_7$	$2.9\times10^{-2}(K_{a_1}^\ominus)$；$5.3\times10^{-3}(K_{a_2}^\ominus)$；$2.2\times10^{-7}(K_{a_3}^\ominus)$；$4.8\times10^{-10}(K_{a_4}^\ominus)$
硫酸	H_2SO_4	$1.0\times10^{-2}(K_{a_2}^\ominus)$
亚硫酸	H_2SO_3	$1.7\times10^{-2}(K_{a_1}^\ominus)$；$6.0\times10^{-8}(K_{a_2}^\ominus)$
氢硒酸	H_2Se	$1.5\times10^{-4}(K_{a_1}^\ominus)$；$1.1\times10^{-15}(K_{a_2}^\ominus)$
氢硫酸	H_2S	$8.9\times10^{-8}(K_{a_1}^\ominus)$；$7.1\times10^{-19}(K_{a_2}^\ominus)$②
硒酸	H_2SeO_4	$1.2\times10^{-2}(K_{a_2}^\ominus)$

续表

弱酸	分子式	解离常数 $K_a^\ominus$
亚硒酸	H_2SeO_3	$2.7\times10^{-2}(K_{a_1}^\ominus)$；$5.0\times10^{-8}(K_{a_2}^\ominus)$
硫氰酸	HSCN	0.14
草酸	$H_2C_2O_4$	$5.4\times10^{-2}(K_{a_1}^\ominus)$；$5.4\times10^{-5}(K_{a_2}^\ominus)$
甲酸	HCOOH	1.8×10^{-4}
乙酸	CH_3COOH	1.8×10^{-5}
氯乙酸	$ClCH_2COOH$	1.4×10^{-3}
乳酸	$CH_3CHOHCOOH$	1.4×10^{-4}
苯甲酸	C_6H_5COOH	6.2×10^{-5}
D-酒石酸	CH(OH)COOH | CH(OH)COOH	$9.1\times10^{-4}(K_{a_1}^\ominus)$；$4.3\times10^{-5}(K_{a_2}^\ominus)$
邻苯二甲酸	$C_6H_4(COOH)_2$	$1.1\times10^{-3}(K_{a_1}^\ominus)$；$3.9\times10^{-6}(K_{a_2}^\ominus)$
柠檬酸	CH_2COOH | C(OH)COOH | CH_2COOH	$7.4\times10^{-4}(K_{a_1}^\ominus)$；$1.7\times10^{-5}(K_{a_2}^\ominus)$；$4.0\times10^{-7}(K_{a_3}^\ominus)$
苯酚	C_6H_5OH	1.1×10^{-10}
乙二胺四乙酸	EDTA	$1.0\times10^{-2}(K_{a_1}^\ominus)$；$2.1\times10^{-3}(K_{a_2}^\ominus)$；$6.9\times10^{-7}(K_{a_3}^\ominus)$；$5.9\times10^{-11}(K_{a_4}^\ominus)$

2. 弱碱的解离常数（298.15K）

弱酸	分子式	解离常数 $K_b^\ominus$
氨水	$NH_3\cdot H_2O$	1.8×10^{-5}
联胺	N_2H_4	9.8×10^{-7}
羟胺	NH_2OH	9.1×10^{-9}
甲胺	CH_3NH_2	4.2×10^{-4}
苯胺	$C_6H_5NH_2$	(4×10^{-10})
六亚甲基四胺	$(CH_2)_6N_4$	(1.4×10^{-9})
乙二胺	$H_2NCH_2CH_2NH_2$	$8.5\times10^{-5}(K_{b_1}^\ominus)$；$7.1\times10^{-8}(K_{b_2}^\ominus)$
吡啶	C_5H_5N	1.7×10^{-9}

注：括号中的数据取自 Lange's Handbook of Chemistry (13th ed，1985)。其余数据均按《NBS化学热力学性质表》(刘天和，赵梦月译．中国标准出版社，1998年6月）中的数据计算得来。

十、溶度积常数

化学式	$K_{sp}^\ominus$	化学式	$K_{sp}^\ominus$
AgAc	1.9×10^{-3}	$Ag_4[Fe(CN)_6]$	8.0×10^{-41}
Ag_3AsO_4	1.0×10^{-22}	AgOH	(2.0×10^{-8})
AgBr	5.3×10^{-13}	$AgIO_3$	3.1×10^{-8}
AgCl	1.8×10^{-10}	AgI	8.3×10^{-17}
Ag_2CO_3	8.3×10^{-12}	Ag_2MoO_4	2.8×10^{-12}
Ag_2CrO_4	1.1×10^{-12}	$AgNO_2$	3.0×10^{-5}
AgCN	5.9×10^{-17}	Ag_3PO_4	8.7×10^{-17}
$Ag_2Cr_2O_7$	(2.0×10^{-7})	Ag_2SO_4	1.2×10^{-5}
$Ag_2C_2O_4$	5.3×10^{-12}	Ag_2SO_3	1.5×10^{-14}

续表

化学式	$K_{sp}^{\ominus}$	化学式	$K_{sp}^{\ominus}$
α-Ag_2S	6.3×10^{-50}	$Ca_3(PO_4)_2$(低温)	2.1×10^{-33}
β-Ag_2S	1.0×10^{-49}	$Ca_3(PO_4)_2$(高温)	8.4×10^{-32}
AgSCN	1.0×10^{-12}	$CaSO_4$	7.1×10^{-5}
$Al(OH)_3$(无定形)	(1.3×10^{-33})	$Cd(OH)_2$	5.3×10^{-15}
AuCl	(2.0×10^{-13})	CdS	1.4×10^{-29}
$AuCl_3$	(3.2×10^{-25})	CeF_3	(8×10^{-16})
$BaCO_3$	2.6×10^{-9}	$Ce(OH)_3$	(1.6×10^{-20})
$BaCrO_4$	1.2×10^{-10}	$Ce(OH)_4$	2×10^{-28}
BaF_2	1.8×10^{-7}	$Co(OH)_2$(新)	9.7×10^{-16}
$Ba(NO_3)_2$	6.4×10^{-4}	$Co(OH)_2$(陈)	2.3×10^{-16}
$Ba_3(PO_4)_2$	(3.4×10^{-23})	$Co(OH)_3$	(1.6×10^{-44})
$BaSO_4$	1.1×10^{-10}	α-CoS	(4.0×10^{-21})
α-$Be(OH)_2$	6.7×10^{-22}	β-CoS	(2.0×10^{-25})
β-$Be(OH)_2$	2.5×10^{-22}	$Cr(OH)_3$	(6.3×10^{-31})
$Bi(OH)_3$	(4×10^{-31})	CuBr	6.9×10^{-9}
BiI_3	7.5×10^{-19}	CuCl	1.7×10^{-7}
$Fe(OH)_2$	4.86×10^{-17}	CuCN	3.5×10^{-20}
$Fe(OH)_3$	2.8×10^{-39}	CuI	1.2×10^{-12}
FeS	1.6×10^{-19}	CuSCN	1.8×10^{-13}
HgI_2	2.8×10^{-29}	$CuCO_3$	(1.4×10^{-10})
$HgCO_3$	3.7×10^{-17}	$Cu(OH)_2$	(2.2×10^{-20})
$HgBr_2$	6.3×10^{-20}	$Cu_2P_2O_7$	7.6×10^{-16}
Hg_2Cl_2	1.4×10^{-18}	CuS	1.2×10^{-36}
Hg_2CrO_4	(2×10^{-9})	Cu_2S	2.2×10^{-48}
Hg_2I_2	5.3×10^{-29}	$FeCO_3$	3.1×10^{-11}
Hg_2SO_4	7.9×10^{-7}	$NiCO_3$	1.4×10^{-7}
Hg_2S	(1.0×10^{-47})	$Ni(OH)_2$(新)	5.0×10^{-16}
HgS(红)	2.0×10^{-53}	α-NiS	1.1×10^{-21}
HgS(黑)	6.4×10^{-53}	β-NiS	(1.0×10^{-24})
$K_2[PtCl_6]$	7.5×10^{-6}	γ-NiS	2.0×10^{-26}
Li_2CO_3	8.1×10^{-4}	$PbCO_3$	1.5×10^{-13}
LiF	1.8×10^{-3}	$PbBr_2$	6.6×10^{-6}
Li_3PO_4	(3.2×10^{-9})	$PbCl_2$	1.7×10^{-5}
$MgCO_3$	6.8×10^{-6}	$PbCrO_4$	(2.8×10^{-13})
MgF_2	7.4×10^{-11}	PbI_2	8.4×10^{-9}
$Mg(OH)_2$	5.1×10^{-12}	$Pb(N_3)_2$(斜方)	2.0×10^{-9}
$Mg_3(PO_4)_2$	1.0×10^{-24}	$PbSO_4$	1.8×10^{-8}
$MnCO_3$	2.2×10^{-11}	PbS	9.0×10^{-29}
$Mn(OH)_2$(am)	2.0×10^{-13}	$Sn(OH)_2$	5.0×10^{-27}
MnS(am)	(2.5×10^{-10})	$Sn(OH)_4$	(1×10^{-56})
MnS(cr)	4.5×10^{-14}	SnS	1.0×10^{-25}
BiOBr	6.7×10^{-9}	$SrCO_3$	5.6×10^{-10}
BiOCl	1.6×10^{-8}	$SrSO_4$	3.4×10^{-7}
$BiONO_3$	4.1×10^{-5}	TlCl	1.9×10^{-4}
$CaCO_3$	4.9×10^{-9}	TlI	5.5×10^{-8}
$CaC_2O_4\cdot H_2O$	2.3×10^{-9}	$Tl(OH)_3$	1.5×10^{-44}
$CaCrO_4$	(7.1×10^{-4})	$ZnCO_3$	1.2×10^{-10}
CaF_2	1.5×10^{-10}	$Zn(OH)_2$	6.8×10^{-17}
$Ca(OH)_2$	4.6×10^{-6}	α-ZnS	(1.6×10^{-24})
$CaHPO_4$	1.8×10^{-7}	β-ZnS	2.5×10^{-22}

注：本数据是根据《NBS 化学热力学性质表》（刘天和，赵梦月译．中国标准出版社，1998 年 6 月）中的数据计算得来的。括号中的数据取自 Lange's Handbook of Chemistry (13th ed，1985)。

十一、某些配离子的标准稳定常数（298.15K）

配离子	$K_f^{\ominus}$	配离子	$K_f^{\ominus}$
$AgCl_2^-$	1.84×10^5	$Cu(CNS)_4^{3-}$	8.66×10^9
$AgBr_2^-$	1.93×10^7	$Cu(SO_3)_2^{3-}$	4.13×10^8
AgI_2^-	4.80×10^{10}	$Cu(NH_3)_4^{2+}$	2.30×10^{12}
$Ag(NH_3)^+$	2.07×10^3	$Cu(P_2O_7)_2^{6-}$	8.24×10^8
$Ag(NH_3)_2^+$	1.67×10^7	$Cu(C_2O_4)_2^{2-}$	2.35×10^9
$Ag(CN)_2^-$	2.48×10^{20}	$Cu(EDTA)^{2-}$	(5.0×10^{18})
$Ag(SCN)_2^-$	2.04×10^8	FeF^{2+}	7.1×10^6
$Ag(S_2O_3)_2^{3-}$	(2.9×10^{13})	FeF_2^+	3.8×10^{11}
$Ag(en)_2^+$	(5.0×10^7)	$Fe(CN)_6^{3-}$	4.1×10^{52}
$Ag(EDTA)^{3-}$	(2.1×10^7)	$Fe(CN)_6^{4-}$	4.2×10^{45}
$Al(OH)_4^-$	3.31×10^{33}	$Fe(NCS)^{2+}$	9.1×10^2
AlF_6^{3-}	(6.9×10^{19})	$FeCl^{2+}$	24.9
$Al(EDTA)^-$	(1.3×10^{16})	$Fe(EDTA)^{2-}$	(2.1×10^{14})
$Ba(EDTA)^{2-}$	(6.0×10^7)	$Fe(EDTA)^-$	(1.7×10^{24})
$Be(EDTA)^{2-}$	(2×10^9)	$HgCl^+$	5.73×10^6
$BiCl_4^-$	7.96×10^6	$HgCl_2$	1.46×10^{13}
$BiCl_6^{3-}$	2.45×10^7	$HgCl_3^-$	9.6×10^{13}
$BiBr_4^-$	5.92×10^7	$HgCl_4^{2-}$	1.31×10^{15}
BiI_4^-	8.88×10^{14}	$HgBr_4^{2-}$	9.22×10^{20}
$Bi(EDTA)^-$	(6.3×10^{22})	HgI_4^{2-}	5.66×10^{29}
$Ca(EDTA)^{2-}$	(1×10^{11})	HgS_2^{2-}	3.36×10^{51}
$Cd(NH_3)_4^{2+}$	2.78×10^7	$Hg(NH_3)_4^{2+}$	1.95×10^{19}
$Cd(CN)_4^{2-}$	1.95×10^{18}	$Hg(CN)_4^{2-}$	1.82×10^{41}
$Cd(OH)_4^{2-}$	1.20×10^9	$Hg(CNS)_4^{2-}$	4.98×10^{21}
CdI_4^{2-}	4.05×10^5	$Hg(EDTA)^{2-}$	(6.3×10^{21})
$Cd(en)_3^{2+}$	(1.2×10^{12})	$Ni(NH_3)_6^{2+}$	8.97×10^8
$Cd(EDTA)^{2-}$	(2.5×10^{16})	$Ni(CN)_4^{2-}$	1.31×10^{30}
$Co(NH_3)_6^{2+}$	1.3×10^5	$Ni(N_2H_4)_6^{2+}$	1.04×10^{12}
$Co(NH_3)_6^{3+}$	(1.6×10^{35})	$Ni(EDTA)^{2-}$	(3.6×10^{18})
$Co(EDTA)^{2-}$	(2.0×10^{16})	$Pb(OH)_3^-$	8.27×10^{13}
$Co(EDTA)^-$	(1×10^{36})	$PbCl_3^-$	27.2
$CuCl_2^-$	6.91×10^4	$PbBr_3^-$	15.5
$CuCl_3^{2-}$	4.55×10^5	PbI_3^-	2.67×10^3
$Cu(CN)_2^-$	9.98×10^{23}	PbI_4^{2-}	1.66×10^4
$Cu(CN)_3^{2-}$	4.21×10^{28}	$Pb(CH_3CO_2)^+$	152
$Cu(CN)_4^{3-}$	2.03×10^{30}	$Pb(CH_3CO_2)_2$	826
$Pd(EDTA)^{2-}$	(2×10^{18})	$PtBr_4^{2-}$	6.47×10^{17}
$PdCl_3^-$	2.10×10^{10}	$Pt(NH_3)_4^{2+}$	2.18×10^{35}
$PdBr_4^{2-}$	6.05×10^{13}	$Zn(OH)_3^-$	1.64×10^{13}
PdI_4^{2-}	4.36×10^{22}	$Zn(OH)_4^{2-}$	2.83×10^{14}
$Pd(NH_3)_4^{2+}$	3.10×10^{25}	$Zn(NH_3)_4^{2+}$	3.60×10^8
$Pd(CN)_4^{2-}$	5.20×10^{41}	$Zn(CN)_4^{2-}$	5.71×10^{16}
$Pd(CNS)_4^{2-}$	9.43×10^{23}	$Zn(CNS)_4^{2-}$	19.6
$Pd(EDTA)^{2-}$	3.2×10^{18}	$Zn(C_2O_4)_2^{2-}$	2.96×10^7
$PtCl_4^{2-}$	9.86×10^{15}	$Zn(EDTA)^{2-}$	(2.5×10^{16})

注：本数据是根据《NBS化学热力学性质表》（刘天和，赵梦月译．中国标准出版社，1998年6月）中的数据计算得来的。括号中的数据取自 Lang's Handbook of Chemistry. 13th ed，1985。

十二、标准电极电势（298.15K）

电极反应		$E^{\ominus}$/V
氧化型	还原型	
$Li^{+}(aq)+e^{-} \rightleftharpoons Li(s)$		−3.040
$Cs^{+}(aq)+e^{-} \rightleftharpoons Cs(s)$		−3.027
$Rb^{+}(aq)+e^{-} \rightleftharpoons Rb(s)$		−2.943
$K^{+}(aq)+e^{-} \rightleftharpoons K(s)$		−2.936
$Ra^{2+}(aq)+2e^{-} \rightleftharpoons Ra(s)$		−2.910
$Ba^{2+}(aq)+2e^{-} \rightleftharpoons Ba(s)$		−2.906
$Sr^{2+}(aq)+2e^{-} \rightleftharpoons Sr(s)$		−2.899
$Ca^{2+}(aq)+2e^{-} \rightleftharpoons Ca(s)$		−2.869
$Na^{+}(aq)+e^{-} \rightleftharpoons Na(s)$		−2.714
$La^{3+}(aq)+3e^{-} \rightleftharpoons La(s)$		−2.362
$Mg^{2+}(aq)+2e^{-} \rightleftharpoons Mg(s)$		−2.357
$Sc^{3+}(aq)+3e^{-} \rightleftharpoons Sc(s)$		−2.027
$Be^{2+}(aq)+2e^{-} \rightleftharpoons Be(s)$		−1.968
$Al^{3+}(aq)+3e^{-} \rightleftharpoons Al(s)$		−1.68
$[SiF_6]^{2-}(aq)+4e^{-} \rightleftharpoons Si(s)+6F^{-}(aq)$		−1.365
$Mn^{2+}(aq)+2e^{-} \rightleftharpoons Mn(s)$		−1.182
$SiO_2(am)+4H^{+}(aq)+4e^{-} \rightleftharpoons Si(s)+2H_2O$		−0.9754
* $SO_4^{2-}(aq)+H_2O(l)+2e^{-} \rightleftharpoons SO_3^{2-}(aq)+2OH^{-}(aq)$		−0.9362
* $Fe(OH)_2(s)+2e^{-} \rightleftharpoons Fe(s)+2OH^{-}(aq)$		−0.8914
$H_3BO_3(s)+3H^{+}+3e^{-} \rightleftharpoons B(s)+3H_2O(l)$		−0.8894
$Zn^{2+}(aq)+2e^{-} \rightleftharpoons Zn(s)$		−0.7621
$Cr^{3+}(aq)+3e^{-} \rightleftharpoons Cr(s)$		(−0.74)
* $FeCO_3(s)+2e^{-} \rightleftharpoons Fe(s)+CO_3^{2-}(aq)$		−0.7196
$2CO_2(g)+2H^{+}(aq)+2e^{-} \rightleftharpoons H_2C_2O_4(aq)$		−0.5950
* $2SO_3^{2-}(s)+3H_2O(l)+4e^{-} \rightleftharpoons S_2O_3^{2-}(aq)+6OH^{-}(aq)$		−0.5659
$Ga^{3+}(aq)+3e^{-} \rightleftharpoons Ga(s)$		−0.5493
* $Fe(OH)_3(s)+e^{-} \rightleftharpoons Fe(OH)_2(s)+OH^{-}(aq)$		−0.5468
$Sb(s)+3H^{+}(aq)+3e^{-} \rightleftharpoons SbH_3(g)$		−0.5104
* $S(s)+2e^{-} \rightleftharpoons S^{2-}(aq)$		−0.445
$Cr^{3+}(aq)+e^{-} \rightleftharpoons Cr^{2+}(aq)$		(−0.41)
$Fe^{2+}(aq)+2e^{-} \rightleftharpoons Fe(s)$		−0.4089
* $Ag(CN)_2^{-}(aq)+e^{-} \rightleftharpoons Ag(s)+2CN^{-}(aq)$		−0.4073
$Cd^{2+}(aq)+2e^{-} \rightleftharpoons Cd(s)$		−0.4022
$PbI_2(s)+2e^{-} \rightleftharpoons Pb(s)+2I^{-}(aq)$		−0.3653
* $Cu_2O(s)+H_2O(l)+2e^{-} \rightleftharpoons 2Cu(s)+2OH^{-}(aq)$		−0.3557
$PbSO_4(s)+2e^{-} \rightleftharpoons Pb(s)+SO_4^{2-}(aq)$		−0.3555
$In^{3+}(aq)+3e^{-} \rightleftharpoons In(s)$		−0.338
$Tl^{+}+e^{-} \rightleftharpoons Tl(s)$		−0.3358
$Co^{2+}(aq)+2e^{-} \rightleftharpoons Co(s)$		−0.282
$PbBr_2(s)+2e^{-} \rightleftharpoons Pb(s)+2Br^{-}(aq)$		−0.2798
$PbCl_2(s)+2e^{-} \rightleftharpoons Pb(s)+2Cl^{-}(aq)$		−0.2676
$As(s)+3H^{+}(aq)+3e^{-} \rightleftharpoons AsH_3(g)$		−0.2381
$Ni^{2+}(aq)+2e^{-} \rightleftharpoons Ni(s)$		−0.2363
$VO_2^{+}(aq)+4H^{+}+5e^{-} \rightleftharpoons V(s)+2H_2O(l)$		−0.2337
$CuI(s)+e^{-} \rightleftharpoons Cu(s)+I^{-}(aq)$		−0.1858
$AgCN(s)+e^{-} \rightleftharpoons Ag(s)+CN^{-}(aq)$		−0.1606
$AgI(s)+e^{-} \rightleftharpoons Ag(s)+I^{-}(aq)$		−0.1515
$Sn^{2+}(aq)+2e^{-} \rightleftharpoons Sn(s)$		−0.1410

续表

电极反应		$E^{\ominus}$/V
氧化型	还原型	
$Pb^{2+}(aq)+2e^- \rightleftharpoons Pb(s)$		−0.1266
* $CrO_4^{2-}(aq)+2H_2O(l)+3e^- \rightleftharpoons CrO_2^-(aq)+4OH^-(aq)$		(−0.12)
$Se(s)+2H^+(aq)+2e^- \rightleftharpoons H_2Se(aq)$		−0.1150
$WO_3(s)+6H^+(aq)+6e^- \rightleftharpoons W(s)+3H_2O(l)$		−0.0909
* $2Cu(OH)_2(s)+2e^- \rightleftharpoons Cu_2O(s)+2OH^-(aq)+H_2O(l)$		(−0.08)
$MnO_2(s)+2H_2O(l)+2e^- \rightleftharpoons Mn(OH)_2(s)+2OH^-(aq)$		−0.0514
$[HgI_4]^{2+}(aq)+2e^- \rightleftharpoons Hg(l)+4I^-(aq)$		−0.02809
$2H^+(aq)+2e^- \rightleftharpoons H_2(g)$		0
* $NO_3^-(aq)+H_2O(l)+2e^- \rightleftharpoons NO_2^-(aq)+2OH^-(aq)$		0.00849
$S_4O_6^{2-}(aq)+2e^- \rightleftharpoons 2S_2O_3^{2-}(aq)$		0.02384
$AgBr(s)+e^- \rightleftharpoons Ag(s)+Br^-(aq)$		0.07317
$S(s)+2H^+(aq)+2e^- \rightleftharpoons H_2S(aq)$		0.1442
$Sn^{4+}(aq)+2e^- \rightleftharpoons Sn^{2+}(aq)$		0.1539
$SO_4^{2-}(aq)+4H^+(aq)+2e^- \rightleftharpoons H_2SO_3(aq)+H_2O(l)$		0.1576
$Cu^{2+}(aq)+e^- \rightleftharpoons Cu^+(aq)$		0.1607
$AgCl(s)+e^- \rightleftharpoons Ag(s)+Cl^-$		0.2222
$[HgBr_4]^{2-}(aq)+2e^- \rightleftharpoons Hg(l)+4Br^-(aq)$		0.2318
$HAsO_2(aq)+3H^+(aq)+3e^- \rightleftharpoons As(s)+2H_2O(l)$		0.2473
$PbO_2(s)+H_2O(l)+2e^- \rightleftharpoons$ PbO(s,黄色) $+2OH^-(aq)$		0.2483
$Hg_2Cl_2(s)+2e^- \rightleftharpoons 2Hg(l)+2Cl^-(aq)$		0.2680
$BiO^+(aq)+2H^+(aq)+3e^- \rightleftharpoons Bi(s)+H_2O(l)$		0.3134
$Cu^{2+}(aq)+2e^- \rightleftharpoons Cu(s)$		0.3394
* $Ag_2O(s)+H_2O(l)+2e^- \rightleftharpoons 2Ag(s)+2OH^-(aq)$		0.3428
$[Fe(CN)_6]^{3-}(aq)+e^- \rightleftharpoons [Fe(CN)_6]^{4-}(aq)$		0.3557
$[Ag(NH_3)_2]^+(aq)+e^- \rightleftharpoons Ag(s)+2NH_3(aq)$		0.3719
* $ClO_4^-(aq)+H_2O(l)+2e^- \rightleftharpoons ClO_3^-(aq)+2OH^-(aq)$		0.3979
* $O_2(g)+2H_2O(l)+4e^- \rightleftharpoons 4OH^-(aq)$		0.4009
$2H_2SO_3(aq)+2H^+(aq)+4e^- \rightleftharpoons S_2O_3^{2-}(aq)+3H_2O(l)$		0.4101
$Ag_2CrO_4(s)+2e^- \rightleftharpoons 2Ag(s)+CrO_4^{2-}(aq)$		0.4456
$H_2SO_3(aq)+4H^+(aq)+4e^- \rightleftharpoons S(s)+3H_2O(l)$		0.4497
$Cu^+(aq)+e^- \rightleftharpoons Cu(s)$		0.5180
$I_2(s)+2e^- \rightleftharpoons 2I^-(aq)$		0.5345
$MnO_4^-(aq)+e^- \rightleftharpoons MnO_4^{2-}(aq)$		0.5545
$H_3AsO_4(aq)+2H^+(aq)+2e^- \rightleftharpoons H_3AsO_3(aq)+H_2O(l)$		0.5748
* $MnO_4^-(aq)+2H_2O(l)+3e^- \rightleftharpoons MnO_2(s)+4OH^-(aq)$		0.5965
* $BrO_3^-(aq)+3H_2O(l)+6e^- \rightleftharpoons Br^-(aq)+6OH^-(aq)$		0.6126
* $MnO_4^{2-}(aq)+2H_2O(l)+2e^- \rightleftharpoons MnO_2(s)+4OH^-(aq)$		0.6175
$2HgCl_2(aq)+2e^- \rightleftharpoons Hg_2Cl_2(s)+2Cl^-(aq)$		0.6571
* $ClO_2^-(aq)+H_2O(l)+2e^- \rightleftharpoons ClO^-(aq)+2OH^-(aq)$		0.6807
$O_2(g)+2H^+(aq)+2e^- \rightleftharpoons H_2O_2(aq)$		0.6945
$Fe^{3+}(aq)+e^- \rightleftharpoons Fe^{2+}(aq)$		0.769
$Hg_2^{2+}(aq)+2e^- \rightleftharpoons 2Hg(l)$		0.7956
$H_2O_2(aq)+2H^+(aq)+2e^- \rightleftharpoons 2H_2O(l)$		1.763
$S_2O_8^{2-}(aq)+2e^- \rightleftharpoons 2SO_4^{2-}(aq)$		1.939
$Co^{3+}(aq)+e^- \rightleftharpoons Co^{2+}(aq)$		1.95
$Ag^{2+}(aq)+e^- \rightleftharpoons Ag^+(aq)$		1.989
$O_3(g)+2H^+(aq)+2e^- \rightleftharpoons O_2(g)+H_2O(l)$		2.075
$F_2(g)+2e^- \rightleftharpoons 2F^-(aq)$		2.889
$F_2(g)+2H^+(aq)+2e^- \rightleftharpoons 2HF(aq)$		3.076

注：本数据是根据《NBS化学热力学性质表》（刘天和，赵梦月译．中国标准出版社，1998年6月）中的数据计算得来的。括号中的数据取自 Lange's Handbook of Chemistry. 13th ed，1985。

十三、常用有机化合物的基本物性参数

1. 常用有机溶剂的沸点和相对密度

名称	沸点/℃	d_4^{20}	名称	沸点/℃	d_4^{20}
甲醇	64.9	0.7914	苯	80.1	0.8787
乙醇	78.5	0.7893	甲苯	110.6	0.8669
乙醚	34.5	0.7137	二甲苯(*o*-,*m*-,*p*-)	约 140.0	
丙酮	56.2	0.7899	氯仿	61.7	1.4832
乙酸	117.9	1.0492	四氯化碳	76.5	1.5940
乙酐	139.5	1.0820	二硫化碳	46.2	1.2632
乙酸乙酯	77.0	0.9003	硝基苯	210.8	1.2037
二氧六环	101.7	1.0037	正丁醇	117.2	0.8098

2. 几种常用液体的折射率

物质	折射率 n_D		物质	折射率 n_D	
	15℃	20℃		15℃	20℃
苯	1.50439	1.50110	环己烷	1.42900	—
丙酮	1.38175	1.35911	硝基苯	1.5547	1.5524
甲苯	1.4998	1.4968	正丁醇	—	1.39909
乙酸	1.3776	1.3717	二硫化碳	—	1.62546
氯苯	1.52748	1.52460	丁酸乙酯	—	1.3928
氯仿	1.44853	1.44550	乙酸正丁酯	—	1.3961
四氯化碳	1.46305	1.46044	正丁酸	—	1.3980
乙醇	1.36330	1.36139	溴苯	—	1.5604

3. 几种液体的黏度

温度 T/℃	黏度 $\eta/\times10^{-4}$ Pa·s		
	水	苯	氯仿
0	1.787	0.912	0.699
10	1.307	0.758	0.625
15	1.139	0.698	0.597
16	1.109	0.685	0.591
17	1.081	0.677	0.586
18	1.053	0.666	0.580
19	1.027	0.656	0.574
20	1.002	0.647	0.568
21	0.9779	0.638	0.562
22	0.9548	0.629	0.556
23	0.9325	0.621	0.551
24	0.9111	0.611	0.545
25	0.8904	0.601	0.540
30	0.7975	0.566	0.514
40	0.6529	0.482	0.464
50	0.5468	0.436	0.424
60	0.4665	0.395	0.389

4. 某些化合物的临界温度及表面张力和黏度与温度的关系

名称	临界温度 T_c/K	表面张力与温度的关系 $\sigma/(\mathrm{mN/m})=a-b(T/℃)$		温度范围 T/℃	黏度与温度的关系 $\ln[\eta/(\mathrm{mPa\cdot s})]=A/T-B$		温度范围 T/K
		a	b		A/K	B	
苯	562.09	31.315	0.126	10～80	1254.6	7.0341	283～353
甲苯	591.72	30.9	0.1189	10～100	1074.4	6.5146	283～383
乙苯	617.09	31.48	0.1094	10～100	1088.8	6.4253	283～373
氯苯	632.35	35.97	0.1191	10～130	1084.9	6.2236	283～403
硝基苯	718.45	46.34	0.1157	40～200	1431.9	6.5004	283～483
甲醇	512.58	24	0.0773	10～60	1276.6	7.2038	283～333
乙醇	516.15	24.05	0.0832	10～70	1581.6	7.5616	283～343
丙醇	536.65	25.26	0.0777	10～90	2187.5	8.9711	283～363
正丁醇	562.93	27.18	0.0898	10～100	2266.7	8.9506	283～383
乙二醇	645.15	50.21	0.089	20～140	3305.8	11.26	283～463
三甘醇	710.15	47.33	0.088	20～140	3532.7	11.26	283～553
乙醛	461.15	23.9	0.136	10～50	693.84	6.1178	253～293
丙酮	508.05	26.26	0.112	25～50	858.55	6.3471	283～323
乙酸	594.35	29.58	0.0994	20～90	1381.8	6.8175	293～383
乙酸乙酯	523.25	26.29	0.1161	10～100	983.15	6.4718	283～343
乙胺	456.15	22.63	0.1372	15～40	784.53	6.3803	243～383
乙二胺	593.15	44.77	0.1398	20～90	1932.7	8.4130	293～383
二苯胺	817.15	45.36	0.1017	60～200	2642.3	8.8205	333～573
苯酚	694.15	43.54	0.1068	40～140	2968.5	10.249	323～453

十四、水的物性数据

温度 T/℃	蒸气压 p/kPa	密度 ρ/(kg/L)	黏度 $\eta/\times10^{-4}\mathrm{Pa\cdot s}$	表面张力 σ/(mN/m)	折射率 n_D
0	0.6105	0.9999	1.787	75.64	1.33395
10	1.227	0.9997	1.307	74.22	1.33368
15	1.705	0.9992	1.139	73.49	1.33337
20	2.338	0.9983	1.002	72.75	1.33300
25	3.167	0.9971	0.8904	71.97	1.33254
30	4.243	0.9958	0.7975	71.18	1.33192
35	5.623	0.9941	0.7194	70.38	
40	7.376	0.9922	0.6529	69.56	1.33051
45	9.579	0.9903	0.596	68.74	
50	12.334	0.9881	0.5468	67.91	1.32894
55	15.737	0.9857	0.504		
60	19.916	0.9832	0.4665	66.18	
65	25.003	0.9806	0.4335		

续表

温度 T/℃	蒸气压 p/kPa	密度 ρ/(kg/L)	黏度 η/$\times10^{-4}$Pa·s	表面张力 σ/(mN/m)	折射率 n_D
70	31.157	0.9778	0.4042	64.4	
75	38.544	0.9749	0.3781		
80	47.343		0.3547	62.6	
85	57.809		0.3337		
90	70.096		0.3147		
95	84.513		0.2975		
100	101.33		0.2818		

十五、乙醇的含量（体积分数 φ）与折射率

φ/%	n_D	φ/%	n_D	φ/%	n_D	φ/%	n_D
0.50	1.3333	9.50	1.3392	34.00	1.3557	70.00	1.3652
1.00	1.3336	10.00	1.3395	36.00	1.3566	72.00	1.3654
1.50	1.3339	11.00	1.3403	38.00	1.3575	74.00	1.3655
2.00	1.3342	12.00	1.3410	40.00	1.3583	76.00	1.3657
2.50	1.3345	13.00	1.3417	42.00	1.3590	78.00	1.3657
3.00	1.3348	14.00	1.3425	44.00	1.3598	80.00	1.3658
3.50	1.3351	15.00	1.3432	46.00	1.3604	82.00	1.3657
4.00	1.3354	16.00	1.3440	48.00	1.3610	84.00	1.3656
4.50	1.3357	17.00	1.3447	50.00	1.3616	86.00	1.3655
5.00	1.3360	18.00	1.3455	52.00	1.3621	88.00	1.3653
5.50	1.3364	19.00	1.3462	54.00	1.3626	90.00	1.3650
6.00	1.3367	20.00	1.3469	56.00	1.3630	92.00	1.3646
6.50	1.3370	22.00	1.3484	58.00	1.3634	94.00	1.3642
7.00	1.3374	24.00	1.3498	60.00	1.3638	96.00	1.3636
7.50	1.3377	26.00	1.3511	62.00	1.3641	98.00	1.3630
8.00	1.3381	28.00	1.3524	64.00	1.3644	100.00	1.3614
8.50	1.3384	30.00	1.3535	66.00	1.3647		
9.00	1.3388	32.00	1.3546	68.00	1.3650		

十六、不同温度下的饱和水蒸气的压力

单位：Pa

温度/℃	0.0	0.2	0.4	0.6	0.8
0	6.105×10^2	6.195×10^2	6.286×10^2	6.379×10^2	6.473×10^2
1	6.567×10^2	6.650×1^2	6.759×10^2	6.858×10^2	6.958×10^2
2	7.058×10^2	7.159×10^2	7.262×10^2	7.366×10^2	7.473×10^2
3	7.579×10^2	7.687×10^2	7.797×10^2	7.907×10^2	8.019×10^2
4	8.134×10^2	8.249×10^2	8.365×10^2	8.483×10^2	8.603×10^2
5	8.723×10^2	8.846×10^2	8.970×10^2	9.095×10^2	9.222×10^2
6	9.350×10^2	9.481×10^2	9.611×10^2	9.745×10^2	9.880×10^2
7	1.002×10^3	1.016×10^3	1.030×10^3	1.044×10^3	1.058×10^3
8	1.073×10^3	1.087×10^3	1.102×10^3	1.117×10^3	1.132×10^3
9	1.148×10^3	1.164×10^3	1.179×10^3	1.195×10^3	1.211×10^3
10	1.228×10^3	1.244×10^3	1.261×10^3	1.278×10^3	1.295×10^3
11	1.312×10^3	1.330×10^3	1.348×10^3	1.366×10^3	1.384×10^3
12	1.402×10^3	1.421×10^3	1.440×10^3	1.459×10^3	1.478×10^3
13	1.497×10^3	1.517×10^3	1.537×10^3	1.558×10^3	1.578×10^3
14	1.598×10^3	1.619×10^3	1.640×10^3	1.661×10^3	1.683×10^3

续表

温度/℃	0.0	0.2	0.4	0.6	0.8
15	1.705×10^3	1.727×10^3	1.749×10^3	1.772×10^3	1.795×10^3
16	1.818×10^3	1.841×10^3	1.865×10^3	1.889×10^3	1.913×10^3
17	1.937×10^3	1.962×10^3	1.987×10^3	2.012×10^3	2.038×10^3
18	2.063×10^3	2.090×10^3	2.116×10^3	2.143×10^3	2.169×10^3
19	2.197×10^3	2.224×10^3	2.252×10^3	2.280×10^3	2.309×10^3
20	2.338×10^3	2.367×10^3	2.396×10^3	2.426×10^3	2.456×10^3
21	2.486×10^3	2.517×10^3	2.548×10^3	2.580×10^3	2.611×10^3
22	2.643×10^3	2.676×10^3	2.709×10^3	2.742×10^3	2.755×10^3
23	2.809×10^3	2.843×10^3	2.877×10^3	2.912×10^3	2.948×10^3
24	2.983×10^3	3.019×10^3	3.056×10^3	3.093×10^3	3.130×10^3
25	3.167×10^3	3.205×10^3	3.243×10^3	3.282×10^3	3.321×10^3
26	3.361×10^3	3.401×10^3	3.441×10^3	2.490×10^3	3.523×10^3
27	3.565×10^3	3.607×10^3	3.650×10^3	3.692×10^3	3.736×10^3
28	3.780×10^3	3.824×10^3	3.868×10^3	3.914×10^3	3.959×10^3
29	4.005×10^3	4.052×10^3	4.099×10^3	4.147×10^3	4.194×10^3
30	4.243×10^3	4.292×10^3	4.341×10^3	4.391×10^3	4.441×10^3
31	4.492×10^3	4.544×10^3	4.596×10^3	4.648×10^3	4.701×10^3
32	4.755×10^3	4.809×10^3	4.863×10^3	4.918×10^3	4.974×10^3
33	5.030×10^3	5.087×10^3	5.144×10^3	5.202×10^3	5.260×10^3
34	5.319×10^3	5.379×10^3	5.439×10^3	5.500×10^3	5.561×10^3
35	5.623×10^3	5.685×10^3	5.748×10^3	5.812×10^3	5.877×10^3
36	5.941×10^3	6.007×10^3	6.073×10^3	6.139×10^3	6.207×10^3
37	6.275×10^3	6.344×10^3	6.413×10^3	6.483×10^3	6.554×10^3
38	6.625×10^3	6.697×10^3	6.769×10^3	6.842×10^2	6.917×10^3
39	6.992×10^3	7.068×10^3	7.143×10^3	7.220×10^3	7.298×10^3
40	7.376×10^3	7.454×10^3	7.534×10^3	7.614×10^3	7.695×10^3
41	7.778×10^3	7.861×10^3	7.943×10^3	8.029×10^3	8.114×10^3
42	8.199×10^3	8.285×10^3	8.373×10^3	8.461×10^3	8.549×10^3
43	8.639×10^3	8.730×10^3	8.821×10^3	8.914×10^3	9.007×10^3
44	9.101×10^3	9.195×10^3	9.291×10^3	9.387×10^3	9.485×10^3
45	9.583×10^3	9.682×10^3	9.781×10^4	9.882×10^3	9.983×10^3

十七、共沸混合物的性质

1. 二元共沸混合物的性质

混合物的组分	760mmHg[②]时的沸点/℃		质量分数/%	
	纯组分	共沸物	第一组分	第二组分
水[①]	100			
甲苯	110.8	84.1	19.6	81.4
苯	80.2	69.3	8.9	91.1
乙酸乙酯	77.1	70.4	8.2	91.8
正丁酸丁酯	125	90.2	26.7	73.3
异丁酸丁酯	117.2	87.5	19.5	80.5
苯甲酸乙酯	212.4	99.4	84.0	16.0
2-戊酮	102.25	82.9	13.5	86.5
乙醇	78.4	78.1	4.5	95.5
正丁醇	117.8	92.4	38	62
异丁醇	108.0	90.0	33.2	66.8
仲丁醇	99.5	88.5	32.1	67.9
叔丁醇	82.8	79.9	11.7	88.3
苄醇	205.2	99.9	91	9

续表

混合物的组分	760mmHg②时的沸点/℃		质量分数/%	
	纯组分	共沸物	第一组分	第二组分
烯丙醇	97.0	88.2	27.1	72.9
甲酸	100.8	107.3(最高)	22.5	77.5
硝酸	86.0	120.5(最高)	32	68
氢碘酸	−34	127(最高)	43	57
氢溴酸	67	126(最高)	52.5	47.5
氢氯酸	−84	110(最高)	79.76	20.2
乙醚	34.5	34.2	1.3	98.7
丁醛	75.7	68	6	94
三聚乙醛	115	91.4	30	70
乙酸乙酯	77.1			
二硫化碳	46.3	46.1	7.3	92.7
己烷	69			
苯	80.2	68.8	95	5
氯仿	61.2	60.8	28	72
丙酮	56.5			
二硫化碳	46.3	39.2	34	66
异丙醚	69.0	54.2	61	39
氯仿	61.2	65.5	20	80
四氯化碳	76.8			
乙酸乙酯	77.1	74.8	57	43
环己烷	80.8			
苯	80.2	77.8	45	55

① 有“～～”符号者为第一组分。

② 760mmHg=101.325kPa。

2. 三元共沸混合物的性质

第一组分		第二组分		第三组分		沸点/℃
名称	质量分数/%	名称	质量分数/%	名称	质量分数/%	
水	7.8	乙醇	9.0	乙酸乙酯	83.2	70.0
水	4.3	乙醇	9.7	四氯化碳	86.0	61.8
水	7.4	乙醇	18.5	苯	74.1	64.9
水	7	乙醇	17	环己烷	76	62.1
水	3.5	乙醇	4.0	氯仿	92.5	55.5
水	7.5	异丙醇	18.7	苯	73.8	66.5
水	0.81	二硫化碳	75.21	丙酮	23.98	38.042

十八、正交表

(1) $L_4(2^3)$

列号 / 试验号	1	2	3
1	1	1	1
2	1	2	2
3	2	1	2
4	2	2	1

注：任意两列间的交互作用出现于另一列。

(2) $L_8(2^7)$

试验号 \ 列号	1	2	3	4	5	6	7
1	1	1	1	1	1	1	1
2	1	1	1	2	2	2	2
3	1	2	2	1	1	2	2
4	1	2	2	2	2	1	1
5	2	1	2	1	2	1	2
6	2	1	2	2	1	2	1
7	2	2	1	1	2	2	1
8	2	2	1	2	1	1	2

$L_8(2^7)$ 两列间的交互作用表

列号 \ 列号	1	2	3	4	5	6	7
	(1)	3 (2)	2 1 (3)	5 6 7 (4)	4 7 6 1 (5)	7 4 5 2 3 (6)	6 5 4 3 2 1

$L_8(2^7)$ 表头设计

因素数 \ 列号	1	2	3	4	5	6	7
3	A	B	A×B	C	A×C	B×C	
4	A	B	A×B C×D	C	A×C B×D	B×C A×D	D
4	A	B C×D	A×B	C B×D	A×C	D B×C	A×D
5	A D×E	B C×D	A×B C×E	C B×D	A×C B×E	D A×E B×C	E A×D

(3) $L_9(3^4)$

试验号 \ 列号	1	2	3	4
1	1	1	1	1
2	1	2	2	2
3	1	3	3	3
4	2	1	2	3
5	2	2	3	1
6	2	3	1	2
7	3	1	3	2
8	3	2	1	3
9	3	3	2	1

注：任意两列间的交互作用出现于另外两列。

（4）　　$L_{18}(3^7)$

试验号 \ 列号	1	2	3	4	5	6	7
1	1	1	1	1	1	1	1
2	1	2	2	2	2	2	2
3	1	3	3	3	3	3	3
4	2	1	1	2	2	3	3
5	2	2	2	3	3	1	1
6	2	3	3	1	1	2	2
7	3	1	2	1	3	2	3
8	3	2	3	2	1	3	1
9	3	3	1	3	2	1	2
10	1	1	3	3	2	2	1
11	1	2	1	1	3	3	2
12	1	3	2	2	1	1	3
13	2	1	2	3	1	3	2
14	2	2	3	1	2	1	3
15	2	3	1	2	3	2	1
16	3	1	3	2	3	1	2
17	3	2	1	3	1	2	3
18	3	3	2	1	2	3	1

（5）　　$L_{27}(3^{13})$

试验号 \ 列号	1	2	3	4	5	6	7	8	9	10	11	12	13
1	1	1	1	1	1	1	1	1	1	1	1	1	1
2	1	1	1	1	2	2	2	2	2	2	2	2	2
3	1	1	1	1	3	3	3	3	3	3	3	3	3
4	1	2	2	2	1	1	1	2	2	2	3	3	3
5	1	2	2	2	2	2	2	3	3	3	1	1	1
6	1	2	2	2	3	3	3	1	1	1	2	2	2
7	1	3	3	3	1	1	1	3	3	3	2	2	2
8	1	3	3	3	2	2	2	1	1	1	3	3	3
9	1	3	3	3	3	3	3	2	2	2	1	1	1
10	2	1	2	3	1	2	3	1	2	3	1	2	3
11	2	1	2	3	2	3	1	2	3	1	2	3	1
12	2	1	2	3	3	1	2	3	1	2	3	1	2
13	2	2	3	1	1	2	3	2	3	1	3	1	2
14	2	2	3	1	2	3	1	3	1	2	1	2	3
15	2	2	3	1	3	1	2	1	2	3	2	3	1
16	2	3	1	2	1	2	3	3	1	2	2	3	1
17	2	3	1	2	2	3	1	1	2	3	3	1	2
18	2	3	1	2	3	1	2	2	3	1	1	2	3
19	3	1	3	2	1	3	2	1	3	2	1	3	2
20	3	1	3	2	2	1	3	2	1	3	2	1	3
21	3	1	3	2	3	2	1	3	2	1	3	2	1
22	3	2	1	3	1	3	2	2	1	3	3	2	1
23	3	2	1	3	2	1	3	3	2	1	1	3	2
24	3	2	1	3	3	2	1	1	3	2	2	1	3
25	3	3	2	1	1	3	2	3	2	1	2	1	3
26	3	3	2	1	2	1	3	1	3	2	3	2	1
27	3	3	2	1	3	2	1	2	1	3	1	3	2

$L_{27}(3^{13})$ 二列间的交互作用表

列号 \ 列号	1	2	3	4	5	6	7	8	9	10	11	12	13
	(1)	3 4	2 4	2 3	6 7	5 7	5 6	9 10	8 10	8 9	12 13	11 13	11 12
		(2)	1 4	1 3	8 11	9 12	10 13	5 11	6 12	7 13	5 8	6 9	7 10
			(3)	1 2	9 13	10 11	8 12	7 12	5 13	6 11	6 10	7 8	5 9
				(4)	10 12	8 13	9 11	6 13	7 11	5 12	7 9	5 10	6 8
					(5)	1 7	1 6	2 11	8 13	4 12	2 8	4 10	3 9
						(6)	1 5	4 13	2 12	2 11	3 10	2 9	4 8
							(7)	3 12	4 11	2 12	4 9	3 8	2 10
								(8)	1 10	1 9	2 5	3 7	4 6
									(9)	1 8	4 7	2 6	3 5
										(10)	3 6	4 5	2 7
											(11)	1 13	1 12
												(12)	1 11

$L_{27}(3^{13})$ 表头设计

因素数 \ 列号	1	2	3	4	5	6	7	8	9	10	11	12	13
3	A	B	$(A\times B)_1$	$(A\times B)_2$	C	$(A\times C)_1$	$(A\times C)_2$	$(B\times C)_1$			$(B\times C)_2$		
4	A	B	$(A\times B)_1$ $(C\times D)_2$	$(A\times B)_2$	C	$(A\times C)_1$ $(B\times D)_2$	$(A\times C)_2$	$(B\times C)_1$ $(A\times D)_2$	D	$(A\times D)_1$	$(B\times C)_2$	$(B\times D)_1$	$(C\times D)_1$

(6)

$L_{16}(4^5)$

试验号 \ 列号	1	2	3	4	5
1	1	1	1	1	1
2	1	2	2	2	2
3	1	3	3	3	3
4	1	4	4	4	4
5	2	1	2	3	4
6	2	2	1	4	3
7	2	3	4	1	2
8	2	4	3	2	1
9	3	1	3	4	2
10	3	2	4	3	1

续表

列号 / 试验号	1	2	3	4	5
11	3	3	1	2	4
12	3	4	2	1	3
13	4	1	4	2	3
14	4	2	3	1	4
15	4	3	2	4	1
16	4	4	1	3	2

注：任意两列间的交互作用出现于其他三列。

(7) $L_{25}(5^6)$

列号 / 试验号	1	2	3	4	5	6
1	1	1	1	1	1	1
2	1	2	2	2	2	2
3	1	3	3	3	3	3
4	1	4	4	4	4	4
5	1	5	5	5	5	5
6	2	1	2	3	4	5
7	2	2	3	4	5	1
8	2	3	4	5	1	2
9	2	4	5	1	2	3
10	2	5	1	2	3	4
11	3	1	3	5	2	4
12	3	2	4	1	3	5
13	3	3	5	2	4	1
14	3	4	1	3	5	2
15	3	5	2	4	1	3
16	4	1	4	2	5	3
17	4	2	5	3	1	4
18	4	3	1	4	2	5
19	4	4	2	5	3	1
20	4	5	3	1	4	2
21	5	1	5	4	3	2
22	5	2	1	5	4	3
23	5	3	2	1	5	4
24	5	4	3	2	1	5
25	5	5	4	3	2	1

(8) $L_8(4\times 2^4)$

列号 / 试验号	1	2	3	4	5
1	1	1	1	1	1
2	1	2	2	2	2
3	2	1	1	2	2
4	2	2	2	1	1
5	3	1	2	1	2
6	3	2	1	2	1
7	4	1	2	2	1
8	4	2	1	1	2

$L_8(4\times2^4)$ 表头设计

因素数 \ 列号	1	2	3	4	5
2	A	B	$(A\times B)_1$	$(A\times B)_2$	$(A\times B)_3$
3	A	B	C		
4	A	B	C	D	
5	A	B	C	D	E

(9) $L_{16}(4^2\times2^9)$

试验号 \ 列号	1	2	3	4	5	6	7	8	9	10	11
1	1	1	1	1	1	1	1	1	1	1	1
2	1	2	1	1	1	2	2	2	2	2	2
3	1	3	2	2	2	1	1	1	2	2	2
4	1	4	2	2	2	2	2	2	1	1	1
5	2	1	1	2	2	1	2	2	1	2	2
6	2	2	1	2	2	2	1	1	2	1	1
7	2	3	2	1	1	1	2	2	2	1	1
8	2	4	2	1	1	2	1	1	1	2	2
9	3	1	2	1	2	2	1	2	2	1	2
10	3	2	2	1	2	1	2	1	1	2	1
11	3	3	1	2	1	2	1	2	1	2	1
12	3	4	1	2	1	1	2	1	2	1	2
13	4	1	2	2	1	2	2	1	2	2	1
14	4	2	2	2	1	1	1	2	1	1	2
15	4	3	1	1	2	2	2	1	1	1	2
16	4	4	1	1	2	1	1	2	2	2	1

(10) $L_{16}(4^3\times2^8)$

试验号 \ 列号	1	2	3	4	5	6	7	8	9
1	1	1	1	1	1	1	1	1	1
2	1	2	2	1	1	2	2	2	2
3	1	3	3	2	2	1	1	2	2
4	1	4	4	2	2	2	2	1	1
5	2	1	2	2	2	1	2	1	2
6	2	2	1	2	2	2	1	2	1
7	2	3	4	1	1	1	2	2	1
8	2	4	3	1	1	2	1	1	2
9	3	1	3	1	2	2	2	2	1
10	3	2	4	1	2	1	1	1	2
11	3	3	1	2	1	2	2	1	2
12	3	4	2	2	1	1	1	2	1
13	4	1	4	2	1	2	1	2	2
14	4	2	3	2	1	1	2	1	1
15	4	3	2	1	2	2	1	1	1
16	4	4	1	1	2	1	2	2	2

(11) $L_{16}(4^4 \times 2^3)$

试验号＼列号	1	2	3	4	5	6	7
1	1	1	1	1	1	1	1
2	1	2	2	2	1	2	2
3	1	3	3	3	2	1	2
4	1	4	4	4	2	2	1
5	2	1	2	3	2	2	1
6	2	2	1	4	2	1	2
7	2	3	4	1	1	2	2
8	2	4	3	2	1	1	1
9	3	1	3	4	1	2	2
10	3	2	4	3	1	1	1
11	3	3	1	2	2	2	1
12	3	4	2	1	2	1	2
13	4	1	4	2	2	1	2
14	4	2	3	1	2	2	1
15	4	3	2	4	1	1	1
16	4	4	1	3	1	2	2

十九、均匀设计表

(1) $U_5(5^4)$

试验号＼列号	1	2	3	4
1	1	2	3	4
2	2	4	1	3
3	3	1	4	2
4	4	3	2	1
5	5	5	5	5

$U_5(5^4)$ 表的使用

因素数	列号			
2	1	2		
3	1	2	4	
4	1	2	3	4

(2) $U_7(7^6)$

试验号＼列号	1	2	3	4	5	6
1	1	2	3	4	5	6
2	2	4	6	1	3	5
3	3	6	2	5	1	4
4	4	1	5	2	6	3
5	5	3	1	6	4	2
6	6	5	4	3	2	1
7	7	7	7	7	7	7

$U_7(7^6)$ 表的使用

因素数	列号					
2	1	3				
3	1	2	3			
4	1	2	3	6		
5	1	2	3	4	6	
6	1	2	3	4	5	6

(3) $U_9(9^6)$

试验号＼列号	1	2	3	4	5	6
1	1	2	4	5	7	8
2	2	4	8	1	5	7
3	3	6	3	6	3	6
4	4	8	7	2	1	5
5	5	1	2	7	8	4
6	6	3	6	3	6	3
7	7	5	1	8	4	2
8	8	7	5	4	2	1
9	9	9	9	9	9	9

$U_9(9^6)$ 表的使用

因素数	列号					
2	1	3				
3	1	3	5			
4	1	2	3	5		
5	1	2	3	4	5	
6	1	2	3	4	5	6

（4） $U_{11}(11^{10})$

试验号＼列号	1	2	3	4	5	6	7	8	9	10
1	1	2	3	4	5	6	7	8	9	10
2	2	4	6	8	10	1	3	5	7	9
3	3	6	9	1	4	7	10	2	5	8
4	4	8	1	5	9	2	6	10	3	7
5	5	10	4	9	3	8	2	7	1	6
6	6	1	7	2	8	3	9	4	10	5
7	7	3	10	6	2	9	5	1	8	4
8	8	5	2	10	7	4	1	9	6	3
9	9	7	5	3	1	10	8	6	4	2
10	10	9	8	7	6	5	4	3	2	1
11	11	11	11	11	11	11	11	11	11	11

$U_{11}(11^{10})$ 表的使用

因素数	列号									
2	1	7								
3	1	5	7							
4	1	2	5	7						
5	1	2	3	5	7					
6	1	2	3	5	7	10				
7	1	2	3	4	5	7	10			
8	1	2	3	4	5	6	7	10		
9	1	2	3	4	5	6	7	9	10	
10	1	2	3	4	5	6	7	8	9	10

（5） $U_{13}(13^{12})$

试验号＼列号	1	2	3	4	5	6	7	8	9	10	11	12
1	1	2	3	4	5	6	7	8	9	10	11	12
2	2	4	6	8	10	12	1	3	5	7	9	11
3	3	6	9	12	2	5	8	11	1	4	7	10
4	4	8	12	3	7	11	2	6	10	1	5	9
5	5	10	2	7	12	4	9	1	6	11	3	8
6	6	12	5	11	4	10	3	9	2	8	1	7
7	7	1	8	2	9	3	10	4	11	5	12	6
8	8	3	11	6	1	9	4	12	7	2	10	5
9	9	5	1	10	6	2	11	7	3	12	8	4
10	10	7	4	1	11	8	5	2	12	9	6	3
11	11	9	7	5	3	1	12	10	8	6	4	2
12	12	11	10	9	8	7	6	5	4	3	2	1
13	13	13	13	13	13	13	13	13	13	13	13	13

$U_{13}(13^{12})$ 表的使用

因素数	列号											
2	1	5										
3	1	3	4									
4	1	6	8	10								
5	1	6	8	9	10							
6	1	2	6	8	9	10						
7	1	2	6	8	9	10	12					
8	1	2	6	7	8	9	10	12				
9	1	2	3	6	7	8	9	10	12			
10	1	2	3	5	6	7	8	9	10	12		
11	1	2	3	4	5	6	7	8	9	10	12	
12	1	2	3	4	5	6	7	8	9	10	11	12

（6） $U_{15}(15^8)$

试验号＼列号	1	2	3	4	5	6	7	8
1	1	2	4	7	8	11	13	14
2	2	4	8	14	1	7	11	13
3	3	6	12	6	9	3	9	12
4	4	8	1	13	2	14	7	11
5	5	10	5	5	10	10	5	10
6	6	12	9	12	3	6	3	9
7	7	14	13	4	11	2	1	8
8	8	1	2	11	4	13	14	7
9	9	3	6	3	12	9	12	6
10	10	5	10	10	5	5	10	5
11	11	7	14	2	13	1	8	4
12	12	9	3	9	6	12	6	3
13	13	11	7	1	14	8	4	2
14	14	13	11	8	7	4	2	1
15	15	15	15	15	15	15	15	15

$U_{15}(15^8)$ 表的使用

因素数	列号							
2	1	6						
3	1	3	4					
4	1	3	4	7				
5	1	2	3	4	7			
6	1	2	3	4	6	8		
7	1	2	3	4	6	7	8	
8	1	2	3	4	5	6	7	8

（7） $U_{17}(17^{16})$

试验号＼列号	1	2	3	4	5	6	7	8	9	10	11	12	13	14	15	16
1	1	2	3	4	5	6	7	8	9	10	11	12	13	14	15	16
2	2	4	6	8	10	12	14	16	1	3	5	7	9	11	13	15
3	3	6	9	12	15	1	4	7	10	13	16	2	5	8	11	14
4	4	8	12	16	3	7	11	15	2	6	10	14	1	5	9	13
5	5	10	15	3	8	13	1	6	11	16	4	9	14	2	7	12
6	6	12	1	7	13	2	8	14	3	9	15	4	10	16	5	11
7	7	14	4	11	1	8	15	5	12	2	9	16	6	13	3	10
8	8	16	7	15	6	14	5	13	4	12	3	11	2	10	1	9
9	9	1	10	2	11	3	12	4	13	5	14	6	15	7	16	8
10	10	3	13	6	16	9	2	12	5	15	8	1	11	4	14	7
11	11	5	16	10	4	15	9	3	14	8	2	13	7	1	12	6
12	12	7	2	14	9	4	16	11	6	1	13	8	3	15	10	5
13	13	9	5	1	14	10	6	2	15	11	7	3	16	12	8	4
14	14	11	8	5	2	16	13	10	7	4	1	15	12	9	6	3
15	15	13	11	9	7	5	3	1	16	14	12	10	8	6	4	2
16	16	15	14	13	12	11	10	9	8	7	6	5	4	3	2	1
17	17	17	17	17	17	17	17	17	17	17	17	17	17	17	17	17

$U_{17}(17^{16})$ 表的使用

因素数	列号															
2	1	10														
3	1	10	15													
4	1	10	14	15												
5	1	4	10	14	15											
6	1	4	6	10	14	15										
7	1	4	6	9	10	14	15									
8	1	4	5	6	9	10	14	15								
9	1	4	5	6	9	10	14	15	16							
10	1	4	5	6	7	9	10	14	15	16						
11	1	2	4	5	6	7	9	10	14	15	16					
12	1	2	3	4	5	6	7	9	10	14	15	16				
13	1	2	3	4	5	6	7	9	10	13	14	15	16			
14	1	2	3	4	5	6	7	9	10	11	13	14	15	16		
15	1	2	3	4	5	6	7	9	9	10	11	13	14	15	16	
16	1	2	3	4	5	6	7	9	9	10	11	12	13	15	15	16

(8) $U_{19}(19^{18})$

试验号＼列号	1	2	3	4	5	6	7	8	9	10	11	12	13	14	15	16	17	18
1	1	2	3	4	5	6	7	8	9	10	11	12	13	14	15	16	17	18
2	2	4	6	8	10	12	14	16	18	1	3	5	7	9	11	13	15	17
3	3	6	9	12	15	18	2	5	8	11	14	17	1	4	7	10	13	16
4	4	8	12	16	1	5	9	13	17	2	6	10	14	18	3	7	11	15
5	5	10	15	1	6	11	16	2	7	12	17	3	8	13	18	4	9	14
6	6	12	18	5	11	17	4	10	16	3	9	15	2	8	14	1	7	13
7	7	14	2	9	16	4	11	18	6	13	1	8	15	3	10	17	5	12
8	8	16	5	13	2	10	18	7	15	4	12	1	9	17	6	14	3	11
9	9	18	8	17	7	16	6	15	5	14	4	13	3	12	2	11	1	10
10	10	1	11	2	12	3	13	4	14	5	15	6	16	7	17	8	18	9
11	11	3	14	6	17	9	1	12	4	15	7	18	10	2	13	5	16	8
12	12	5	17	10	3	15	8	1	13	6	18	11	4	16	9	2	14	7
13	13	7	1	14	8	2	15	9	3	16	10	4	17	11	5	18	12	6
14	14	9	4	18	13	8	3	17	12	7	2	16	11	6	1	15	10	5
15	15	11	7	3	18	14	10	6	2	17	13	9	5	1	16	12	8	4
16	16	13	10	7	4	1	17	14	11	8	5	2	18	15	12	9	6	3
17	17	15	13	11	9	7	5	3	1	18	16	14	12	10	8	6	4	2
18	18	17	16	15	14	13	12	11	10	9	8	7	6	5	4	3	2	1
19	19	19	19	19	19	19	19	19	19	19	19	19	19	19	19	19	19	19

$U_{19}(19^{18})$ 表的使用

因素数	列号																	
2	1	8																
3	1	7	8															
4	1	6	8	14														
5	1	6	8	14	17													
6	1	6	8	10	14	17												
7	1	6	7	8	10	14	17											
8	1	3	6	7	8	10	14	17										
9	1	3	4	6	7	8	10	14	17									
10	1	3	4	6	7	8	10	14	17	18								
11	1	3	4	5	6	7	8	10	14	17	18							
12	1	3	4	5	6	7	8	10	13	14	17	18						
13	1	3	4	5	6	7	8	10	11	13	14	17	18					
14	1	2	3	4	5	6	7	8	10	11	13	14	17	18				
15	1	2	3	4	5	6	7	8	9	10	11	13	14	17	18			
16	1	2	3	4	5	6	7	8	9	10	11	12	13	14	17	18		
17	1	2	3	4	5	6	7	8	9	10	11	12	13	14	16	17	18	
18	1	2	3	4	5	6	7	8	9	10	11	12	13	14	15	16	17	18

(9) $U_{21}(21^{12})$

试验号＼列号	1	2	3	4	5	6	7	8	9	10	11	12
1	1	2	4	5	8	10	11	13	16	17	19	20
2	2	4	8	10	16	20	1	5	11	13	17	19
3	3	6	12	15	3	9	12	18	6	9	15	18
4	4	8	16	20	11	19	2	10	1	5	13	17
5	5	10	20	4	19	8	13	2	17	1	11	16
6	6	12	3	9	6	18	3	15	12	18	9	15
7	7	14	1	14	14	7	14	7	7	14	7	14
8	8	16	11	19	1	17	4	20	2	10	5	13
9	9	18	15	3	9	6	15	12	18	6	3	12
10	10	20	19	8	17	16	5	4	13	2	1	11
11	11	1	2	13	4	5	16	17	8	19	20	10
12	12	3	6	18	12	15	6	9	3	15	18	9
13	13	5	10	2	20	4	17	1	19	11	16	8

续表

试验号＼列号	1	2	3	4	5	6	7	8	9	10	11	12
14	14	7	14	7	7	14	7	14	14	7	14	7
15	15	9	18	12	15	3	18	6	9	3	12	6
16	16	11	1	17	2	13	8	19	4	20	10	5
17	17	13	5	1	10	2	19	11	20	16	8	4
18	18	15	9	6	18	12	9	3	15	12	6	3
19	19	17	13	11	5	1	20	16	10	8	4	2
20	20	19	17	16	13	11	10	8	5	4	2	1
21	21	21	21	21	21	21	21	21	21	21	21	21

$U_{21}(21^{12})$ 表的使用

因素数	列号											
2	1	13										
3	1	4	10									
4	1	4	10	13								
5	1	4	10	16	19							
6	1	4	10	13	16	19						
7	1	4	10	13	16	19	20					
8	1	4	5	8	10	11	17	19				
9	1	2	4	5	8	10	11	17	19			
10	1	2	4	5	8	10	11	16	17	19		
11	1	2	4	5	8	10	11	13	16	17	19	
12	1	2	4	5	8	10	11	13	16	17	19	20

二十、某些物质的临界参数

物质		临界温度 T_c/℃	临界压力 p_c/MPa	临界密度 ρ_c/kg·m^{-3}	临界压缩因子 Z_c
He	氦	−267.96	0.227	69.8	0.301
Ar	氩	−122.4	4.87	533	0.291
H_2	氢	−239.9	1.297	31	0.305
N_2	氮	−147	3.39	313	0.29
O_2	氧	−118.57	5.043	436	0.288
F_2	氟	−128.84	5.215	574	0.288
Cl_2	氯	144	7.7	573	0.275
Br_2	溴	311	10.3	1260	0.27
H_2O	水	373.91	22.05	320	0.23
NH_3	氨	132.33	11.313	236	0.242
HCl	氯化氢	51.5	8.31	450	0.25
H_2S	硫化氢	100	8.94	346	0.284
CO	一氧化碳	140.23	3.499	301	0.295
CO_2	二氧化碳	30.98	7.375	4658	0.275
SO_2	二氧化硫	157.5	7.884	525	0.268
CH_4	甲烷	−82.62	4.596	163	0.286
C_2H_6	乙烷	32.18	4.872	204	0.283
C_3H_8	丙烷	96.59	4.254	214	0.285
C_2H_4	乙烯	9.19	5.039	215	0.281
C_3H_6	丙烯	91.8	4.62	233	0.275
C_2H_2	乙炔	35.18	6.139	231	0.271
$CHCl_3$	氯仿	262.9	5.329	491	0.201
CCl_4	四氯化碳	283.15	4.558	557	0.272
CH_3OH	甲醇	239.43	8.1	272	0.224
C_2H_6OH	乙醇	240.77	6.148	276	0.24
C_6H_6	苯	288.95	4.898	306	0.268
$C_6H_5CH_3$	甲苯	318.57	4.109	290	0.266

二十一、一些气体的摩尔定压热容和温度的关系

$$C_{p,m}=a+bT+cT^2$$

物质		a/J·mol^{-1}·K^{-1}	b/(10^{-3}J·mol^{-1}·K^{-1})	c/(10^{-6} J·mol^{-1}·K^{-1})	温度范围/K
H_2	氢	29.09	0.836	−0.3265	273～3800
Cl_2	氯	31.696	10.144	−4.038	300～1500
Br_2	溴	35.241	4.075	−1.487	300～1500
O_2	氧	36.16	0.845	−0.7494	273～3800
N_2	氮	27.32	6.226	−0.9502	273～3800
HCl	氯化氢	28.17	1.81	1.547	300～1500
H_2O	水	30	10.7	−2.022	273～3800
CO	一氧化碳	26.537	7.6831	−1.172	300～1500
CO_2	二氧化碳	26.75	42.258	−14.25	300～1500
CH_4	甲烷	14.15	75.496	−17.99	298～1500
C_2H_6	乙烷	9.401	159.83	−46.299	298～1500
C_2H_4	乙烯	11.84	119.67	−36.51	298～1500
C_3H_6	丙烯	9.427	188.77	−57.488	298～1500
C_2H_2	乙炔	30.67	52.81	−16.27	298～1500
C_3H_4	丙炔	26.5	120.66	−39.57	298～1500
C_6H_6	苯	−1.71	324.77	−110.58	298～1500
$C_6H_5CH_3$	甲苯	2.41	391.17	−130.65	298～1500
CH_3OH	甲醇	18.4	101.56	−28.68	273～1000
C_2H_5HO	乙醇	29.25	166.28	−48.898	298～1500
$(C_2H_5)_2O$	乙醚	−103.9	1417	−248	300～400
HCHO	甲醛	18.82	58.379	−15.61	291～1500
CH_3CHO	乙醛	31.05	121.46	−36.58	298～1500
$(CH_3)_2CO$	丙酮	22.47	205.97	−63.521	298～1500
HCOOH	甲酸	30.7	89.2	−34.54	300～700
$CHCl_3$	氯仿	29.51	148.94	−90.734	273～273

二十二、一些物质 298K 下的热力学数据

物质	$\Delta_f H_m^\ominus$/(kJ·mol^{-1})	$S_m^\ominus$/(J·K^{-1}·mol^{-1})	$\Delta_f G_m^\ominus$/(kJ·mol^{-1})	$C_{p,m}^\ominus$/(J·K^{-1}·mol^{-1})
Ag(s)	0	42.5	0	25.351
AgBr(s)	−100.37	107.1	−96.9	52.38
AgCl(s)	−127.068	96.2	−109.789	50.79
AgI(s)	−61.84	115.5	−66.19	56.82
$AgNO_3$(s)	−124.39	140.92	−33.41	93.05
Ag_2CO_3(s)	−505.8	167.4	−436.8	112.26
Ag_2O(s)	−31.05	121.3	−11.2	65.86
Al_2O_3(s，刚玉)	−1675.7	50.92	−1582.3	79.04
Br_2(l)	0	152.231	0	75.689

续表

物质	$\Delta_f H_m^\ominus/(kJ \cdot mol^{-1})$	$S_m^\ominus/(J \cdot K^{-1} \cdot mol^{-1})$	$\Delta_f G_m^\ominus/(kJ \cdot mol^{-1})$	$C_{p,m}^\ominus/(J \cdot K^{-1} \cdot mol^{-1})$
Br_2(g)	30.907	245.463	3.11	36.02
C(s,石墨)	0	5.74	0	8.527
C(s,金刚石)	1.895	2.377	2.9	6.113
CO(g)	−110.525	197.674	−137.168	29.142
CO_2(g)	−393.509	213.74	−394.359	37.11
CS_2(g)	117.36	237.84	67.12	45.4
CaC_2(s)	−59.8	69.96	−64.9	62.72
$CaCO_3$(方解石)	−1206.92	92.9	−1128.79	81.88
$CaCl_2$(s)	−795.8	104.6	−748.1	72.59
CaO(s)	−635.09	39.75	−604.03	42.8
Cl_2(g)	0	223.066	0	33.907
CuO(s)	−157.3	42.63	−129.7	42.3
$CuSO_4$(s)	−771.36	109	−661.8	100
Cu_2O(s)	−168.6	93.14	−146	63.64
F_2(g)	0	202.78	0	31.3
$Fe_{0.974}O$(s,方铁矿)	−266.27	57.49	245.12	48.12
FeO(s)	−272	—	—	—
FeS_2(s)	−178.2	52.93	−166.9	62.17
Fe_2O_3(s)	−824.2	87.4	−742.2	103.85
Fe_3O_4(s)	−1118.4	146.4	−1015.4	143.43
H_2(g)	0	130.684	0	28.824
HBr(g)	−36.4	198.695	−53.45	29.142
HCl(g)	−92.307	186.908	−95.299	29.12
HF(g)	−271.1	173.779	−273.2	29.12
HI(g)	26.48	206.594	1.7	29.158
HCN(g)	135.1	201.78	124.7	35.86
HNO_3(l)	−174.1	155.6	−80.71	109.87
HNO_3(g)	−135.06	266.38	−74.72	53.85
H_2O(l)	−285.83	69.91	−237.129	75.291
H_2O(g)	−241.818	188.825	−228.572	33.577
H_2O_2(l)	−187.78	109.6	−120.35	89.1
H_2O_2(g)	−136.31	232.7	−105.57	43.1
H_2S(g)	−20.63	205.79	−33.56	34.23
H_2SO_4(l)	−813.989	156.904	−690.003	138.91
$HgCl_2$(s)	−224.3	146	−178.6	—
HgO(s,正交)	−90.83	70.29	−58.539	44.06
Hg_2Cl_2(s)	−265.22	192.5	−210.756	—
Hg_2SO_4(s)	−743.12	200.66	−625.815	131.96
I_2(s)	0	116.135	0	54.438
I_2(g)	62.438	260.69	19.327	36.9
KCl(s)	−436.747	82.59	−409.14	51.3
KI(s)	−327.9	106.32	−324.892	52.93
KNO_3(s)	−494.63	133.05	−394.86	96.4
K_2SO_4(s)	−1437.79	175.56	−1321.37	130.46
$KHSO_4$(s)	−1160.6	138.1	−1031.3	—
N_2(g)	0	191.61	0	29.12
NH_3(g)	−46.11	192.45	−16.45	35.06

续表

物质	$\Delta_f H_m^\ominus$/(kJ·mol^{-1})	$S_m^\ominus$/(J·K^{-1}·mol^{-1})	$\Delta_f G_m^\ominus$/(kJ·mol^{-1})	$C_{p,m}^\ominus$/(J·K^{-1}·mol^{-1})
NH_4Cl(s)	314.43	94.6	202.87	84.1
$(NH_4)_2SO_4$(s)	−1180.85	220.1	−901.67	187.49
NO(g)	90.25	210.761	86.55	29.83
NO_2(g)	33.18	240.06	51.31	37.07
N_2O(g)	82.05	219.85	104.2	38.45
N_2O_4(g)	9.16	304.29	97.89	77.28
N_2O_5(g)	11.3	355.7	115.1	84.5
NaCl(s)	−411.153	72.13	−384.138	50.5
$NaNO_3$(s)	−467.85	116.52	−367	92.88
NaOH(s)	−425.609	64.455	−379.494	59.54
Na_2CO_3(s)	−1130.68	134.98	−1044.44	112.3
$NaHCO_3$(s)	−950.81	101.7	−851	87.61
Na_2SO_4(s,正交)	−1387.08	149.58	−1270.16	128.2
O_2(g)	0	205.138	0	29.355
O_3(g)	142.7	238.93	163.2	39.2
PCl_3(g)	−287	311.78	−267.8	71.84
PCl_5(g)	−374.9	364.58	−305	112.8
S(s,正交)	0	31.8	0	22.64
SO_2(g)	−296.83	248.22	−300.194	39.87
SO_3(g)	−395.72	256.76	−371.06	50.67
SiO_2(s)	−910.94	41.84	−856.64	44.43
ZnO(s)	−348.28	43.63	−318.3	40.25
CH_4(g,甲烷)	−74.81	186.264	−50.72	35.309
C_2H_6(g,乙烷)	−84.68	229.6	−32.82	52.63
C_3H_8(g,丙烷)	−103.85	270.02	−23.37	73.51
C_4H_{10}(g,正丁烷)	−126.15	310.23	−17.02	97.45
C_4H_{10}(g,异丁烷)	−134.52	294.75	−20.75	96.82
C_5H_{12}(g,正戊烷)	−146.44	349.06	−8.21	120.21
C_5H_{12}(g,异戊烷)	−154.47	343.2	−14.56	118.78
C_6H_{14}(g,正己烷)	−167.19	388.51	−0.05	143.09
C_7H_{16}(g,庚烷)	−187.78	428.01	8.22	165.98
C_8H_{18}(g,辛烷)	−208.45	466.84	16.66	188.87
C_2H_4(g,乙烯)	52.2	291.56	68.15	43.56
C_3H_6(g,丙烯)	20.42	267.05	62.79	63.89
C_4H_8(g,1-丁烯)	−0.13	305.71	71.4	85.65
C_4H_6(g,1,3-丁二烯)	110.16	278.85	150.74	79.54
C_2H_2(g,乙炔)	226.73	200.94	209.2	43.93
C_3H_4(g,丙炔)	185.43	248.22	194.46	60.67
C_3H_6(g,环丙烷)	53.3	237.55	104.46	55.94
C_6H_{12}(g,环己烷)	−123.14	298.35	31.92	106.27
C_6H_{10}(g,环己烯)	−5.36	310.86	106.99	105.02
C_6H_6(l,苯)	49.04	173.26	124.45	—
C_6H_6(g,苯)	82.93	269.31	129.73	81.67
C_7H_8(l,甲苯)	12.01	220.96	113.89	—
C_7H_8(g,甲苯)	50	320.77	122.11	103.64
C_8H_{10}(l,乙苯)	−12.47	255.18	119.86	—
C_8H_{10}(g,乙苯)	29.79	360.56	130.71	128.41

续表

物质	$\Delta_f H_m^\ominus$/(kJ·mol^{-1})	$S_m^\ominus$/(J·K^{-1}·mol^{-1})	$\Delta_f G_m^\ominus$/(kJ·mol^{-1})	$C_{p,m}^\ominus$/(J·K^{-1}·mol^{-1})
C_8H_{10}(l,间二甲苯)	-25.4	252.17	107.81	—
C_8H_{10}(g,间二甲苯)	17.24	357.8	119	127.57
C_8H_{10}(l,邻二甲苯)	−24.43	246.02	110.62	—
C_8H_{10}(g,邻二甲苯)	19	352.86	122.22	133.26
C_8H_{10}(l,对二甲苯)	−24.43	247.69	110.12	—
C_8H_{10}(g,对二甲苯)	17.95	352.53	121.26	126.86
C_8H_8(l,苯乙烯)	103.89	237.57	202.51	—
C_8H_8(g,苯乙烯)	147.36	345.21	213.9	122.09
$C_{10}H_8$(s,萘)	78.07	166.9	201.17	—
$C_{10}H_8$(g,萘)	150.96	335.75	223.69	132.55
C_2H_6(g,甲醚)	−184.05	266.38	−112.59	64.39
C_3H_8O(g,甲乙醚)	−216.44	310.73	−117.54	89.75
$C_4H_{10}O$(l,乙醚)	−279.5	253.1	−122.75	—
$C_4H_{10}O$(g,乙醚)	−252.21	342.78	−112.19	122.51
C_2H_4O(g,环氧乙烷)	−52.63	242.53	−13.01	47.91
C_3H_6O(g,环氧丙烷)	−92.76	286.84	−25.69	72.34
CH_4O(l,甲醇)	−238.66	126.8	−166.27	81.6
CH_4O(g,甲醇)	−200.66	239.81	−161.96	43.89
C_2H_6O(l,乙醇)	−277.69	160.7	−174.78	111.46
C_2H_6O(g,乙醇)	−235.1	282.7	−168.49	65.44
C_3H_8O(l,丙醇)	−304.55	192.9	−170.52	—
C_3H_8O(g,丙醇)	−257.53	324.91	−162.86	87.11
C_3H_8O(l,异丙醇)	−318	180.58	−180.26	—
C_3H_8O(g,异丙醇)	−272.59	310.02	−173.48	88.74
C_4H_{10}(l,丁醇)	−325.81	225.73	−160	—
C_4H_{10}(g,丁醇)	−274.42	363.28	−150.52	110.5
$C_2H_5O_2$(l,乙二醇)	−454.8	166.9	−323.08	149.8
CH_2O(g,甲醛)	−108.57	218.77	−102.53	35.4
C_2H_4O(g,乙醛)	−192.3	160.2	−128.12	—
C_2H_4O(l,乙醛)	−166.19	250.3	−128.86	54.64
C_3H_6O(g,丙酮)	−248.1	200.4	−133.28	—
C_3H_6O(l,丙酮)	−217.57	295.04	−152.97	74.89
CH_2O_2(g,甲酸)	−424.72	128.95	−361.35	99.04
CH_2O_2(l,甲酸)	−378.57	—	—	—
$C_2H_4O_2$(l,乙酸)	−484.5	159.8	−389.9	124.3
$C_2H_4O_2$(g,乙酸)	−432.25	282.5	−374	66.53
$C_4H_6O_3$(l,乙酐)	−624	268.61	−488.67	—
$C_4H_6O_3$(g,乙酐)	−575.72	390.06	−476.57	99.5
$C_3H_4O_2$(l,丙烯酸)	−384.1	—	—	—
$C_3H_4O_2$(g,丙烯酸)	−336.23	315.12	−285.99	77.78
$C_7H_6O_2$(s,苯甲酸)	−385.14	167.57	−245.14	—
$C_7H_6O_2$(g,苯甲酸)	−290.2	369.1	−210.31	103.47
$C_2H_4O_2$(l,甲酸甲酯)	−379.07	—	—	121
$C_2H_4O_2$(g,甲酸甲酯)	−350.2	—	—	—
$C_4H_8O_2$(l,乙酸乙酯)	−479.03	259.4	−332.55	—
$C_4H_8O_2$(g,乙酸乙酯)	−442.92	362.86	−327.27	113.64
C_6H_6O(s,苯酚)	−165.02	144.01	−50.31	—

续表

物质	$\Delta_f H_m^\ominus/(kJ \cdot mol^{-1})$	$S_m^\ominus/(J \cdot K^{-1} \cdot mol^{-1})$	$\Delta_f G_m^\ominus/(kJ \cdot mol^{-1})$	$C_{p,m}^\ominus/(J \cdot K^{-1} \cdot mol^{-1})$
C_6H_6O(g,苯酚)	−96.36	315.71	−32.81	103.55
C_7H_8O(l,间甲酚)	−193.26	—	—	—
C_7H_8O(g,间甲酚)	−132.34	356.88	−40.43	122.47
C_7H_8O(s,邻甲酚)	−204.35	—	—	—
C_7H_8O(g,邻甲酚)	−128.62	357.72	−36.96	130.33
C_7H_8O(s,对甲酚)	−199.2	—	—	—
C_7H_8O(g,对甲酚)	−125.39	347.76	−30.77	124.47
CH_5N(l,甲胺)	−47.3	150.21	35.7	—
CH_5N(g,甲胺)	−22.97	243.41	32.16	53.1
C_2H_7N(l,乙胺)	−74.1	—	—	130
C_2H_7N(g,乙胺)	−47.15	—	—	69.9
$C_4H_{11}N$(l,二乙胺)	−103.73	—	—	—
$C_4H_{11}N$(g,二乙胺)	−72.38	352.32	72.25	115.73
C_5H_5N(l,吡啶)	100	177.9	181.43	—
C_5H_5N(g,吡啶)	140.16	282.91	190.27	78.12
C_6H_7N(l,苯胺)	31.09	191.29	149.21	—
C_6H_7N(g,苯胺)	86.86	319.27	166.79	108.41
C_2H_3N(l,乙腈)	31.38	149.62	77.22	91.46
C_2H_3N(g,乙腈)	65.23	245.12	82.58	52.22
C_3H_3N(l,丙烯腈)	150.2	—	—	—
C_3H_3N(g,丙烯腈)	184.93	274.04	195.34	63.76
CH_3NO_2(l,硝基甲烷)	−113.09	171.75	−14.42	105.98
CH_3NO_2(g,硝基甲烷)	−74.73	274.96	−6.84	57.32
$C_6H_5NO_2$(l,硝基苯)	12.5	—	—	185.8
CH_3F(g,一氟甲烷)	—	222.91	—	37.49
CH_2F_2(g,二氟甲烷)	−446.9	246.71	−419.2	42.89
CHF_3(g,三氟甲烷)	−688.3	259.68	−653.9	51.04
CF_4(g,四氟甲烷)	−925	261.61	−879	61.09
C_2F_6(g,六氟乙烷)	−1297	332.3	−1213	106.7
CH_3Cl(g,一氯甲烷)	−80.83	234.58	−57.37	40.75
CH_2Cl_2(l,二氯甲烷)	−121.46	177.8	−67.26	100
CH_2Cl_2(g,二氯甲烷)	−92.47	270.23	−65.87	50.96
$CHCl_3$(l,氯仿)	−134.47	201.7	−73.66	113.8
$CHCl_3$(g,氯仿)	−103.14	295.71	−70.34	65.69
CCl_4(l,四氯化碳)	−135.44	216.4	−65.21	131.75
CCl_4(g,四氯化碳)	−102.9	309.85	−60.59	83.3
C_2H_5Cl(l,氯乙烷)	−136.52	190.79	−59.31	104.35
C_2H_5Cl(g,氯乙烷)	−112.17	276	−60.39	62.8
$C_2H_4Cl_2$(l,1,2-二氯乙烷)	−165.23	208.53	−79.52	129.3
$C_2H_4Cl_2$(g,1,2-二氯乙烷)	−129.79	308.39	−73.78	78.7
C_2H_3Cl(g,氯乙烯)	35.6	263.99	51.9	53.72
C_6H_5Cl(l,氯苯)	10.79	209.2	89.3	—
C_6H_5Cl(g,氯苯)	51.84	313.58	99.23	98.03
CH_3Br(g,溴甲烷)	−35.1	246.38	−25.9	42.43
CH_3I(g,碘甲烷)	13	254.12	14.7	44.27
CH_4S(g,甲硫醇)	−22.34	255.17	−9.3	50.25

[1] 柯以侃，王桂花. 大学化学实验 [M]. 2 版. 北京：化学工业出版社，2010.
[2] 天津大学无机化学教研室. 大学化学实验 [M]. 天津：天津大学出版社，1998.
[3] 胡立江，尤宏. 工科大学化学实验 [M]. 哈尔滨：哈尔滨工业大学出版社，1991.
[4] 大学化学实验改革课题组. 大学化学新实验 [M]. 杭州：浙江大学出版社，1990.
[5] 大学化学实验改革课题组. 大学化学新实验（二）[M]. 兰州：兰州大学出版社，1993.
[6] 张小林，余淑娴，彭在姜，等. 化学实验教程 [M]. 北京：化学工业出版社，2019.
[7] 陈六平，邹世春. 现代化学实验与技术 [M]. 北京：科学出版社，2007.
[8] 华东化工学院无机化学教研组. 无机化学实验 [M]. 3 版. 北京：高等教育出版社，1990.
[9] 武汉大学. 仪器分析 [M]. 6 版. 北京：高等教育出版社，2012.
[10] 杭州大学化学系分析化学教研室. 分析化学手册：第一分册 基础知识与安全知识 [M]. 2 版. 北京：化学工业出版社，1997.
[11] 华中师范学院，东北师范大学，陕西师范大学. 分析化学实验 [M]. 北京：人民教育出版社，1981.
[12] 柯以侃，周心如，王崇臣，等. 化验员基本操作与实验技术 [M]. 北京：化学工业出版社，2008.
[13] 邓勃，王庚辰，汪正范. 分析仪器与仪器分析概论 [M]. 北京：化学工业出版社，2005.
[14] 兰州大学，复旦大学化学系有机教研室组. 有机化学实验 [M]. 2 版. 北京：高等教育出版社，1998.
[15] 北京大学化学学院有机化学研究所. 有机化学实验 [M]. 关烨第，李翠娟，葛树丰，修订. 2 版. 北京：北京大学出版社，2002.
[16] Furniss B S，Hannaford A J，Smith P W C，et al. Vogel's Textbook of Practical Organic Chemistry [M]，5th edition. Great Britain：The bath Press，1989.
[17] 李华民，蒋福宾，赵云岑. 基础化学实验操作规范 [M]. 北京：北京师范大学出版社，2010.
[18] 曾昭琼. 有机化学实验 [M]. 北京：高等教育出版社，2004.
[19] 李兆陇. 有机化学实验 [M]. 北京：清华大学出版社，2001.
[20] 高占先. 有机化学实验 [M]. 4 版. 北京：高等教育出版社，2004.
[21] 李妙葵，贾瑜，高翔，等. 大学有机化学实验 [M]. 上海：复旦大学出版社，2006.
[22] 查正根，郑小琦，汪志勇，等. 有机化学实验 [M]. 2 版. 合肥：中国科学技术大学出版社，2010.
[23] 天津大学物理化学教研室. 物理化学：上、下册 [M]. 6 版. 北京：高等教育出版社，2017.
[24] 傅献彩. 物理化学：上、下册 [M]. 5 版. 北京：高等教育出版社，2009.
[25] 杨宏孝. 无机化学简明教程 [M]. 北京：高等教育出版社，2010.
[26] 高占先，姜文凤，于丽梅. 有机化学简明教程 [M]. 北京：高等教育出版社，2011.
[27] 陈恒武. 分析化学简明教程 [M]. 北京：高等教育出版社，2010.
[28] 张丽丹，马丽景，贾建光，等. 物理化学简明教程 [M]. 北京：高等教育出版社，2011.
[29] 刘约权，李敬慈，杨丽华，等. 实验化学：上、下册 [M]. 3 版. 北京：高等教育出版社，2005.
[30] Frost A A，et al. Kinetics and Mechanism [M]. 2nd ed. New York：Wiley，1961.
[31] Daniels F，Albert R，Williams J W，et al. Experimental Physical Chemistry [M]. 6th ed. New York：McGraw-Hill Inc，1975.
[32] Salzberg H W，et al. Physical Chemistry Laboratory [M]. New York：Macmillan Publishing Co Inc，1978.

[33] John M 怀特. 物理化学实验 [M]. 钱三鸿，吕颐慷，译. 北京：人民教育出版社，1981.

[34] 周伟舫. 电化学测量 [M]. 上海：上海科学技术出版社，1985.

[35] 杨文治. 电化学基础 [M]. 北京：北京大学出版社，1982.

[36] Rossini F D, et al. Selected Values of Chemical Thermodynamic Properties, National Burean of Standards, 1952.

[37] American P I. Selected Values of Properties of Hydrocarbons and Related Compounds, API Research Project , 1972.

[38] 谢传欣，石宁，徐伟. 30%过氧化氢溶液分解特性研究 [J]. 2008 年第二届全国石油和化工生产安全与控制技术交流会会议，2008：198-202.

二维码索引